Deepen Your Mind

Deepen Your Mind

前 言

原諒我這一生不羈放縱愛自由。

——Beyond，《海闊天空》

電影《駭客任務》中，人們生活在由電腦創造的虛擬世界 Matrix 裡，這是個時尚光鮮、賞心悅目的現代化大都市，人們在這裡辛勤工作、努力奮鬥，上演自己的人生故事；而在真實世界，他們渾身插滿管子躺在吊艙中，靠營養液維持生命。少數人從吊艙中醒來，發現身處由機器控制的大工廠，人只是為機器提供能源的電池。這些醒來的人中，有些人選擇回到 Matrix，忘掉真實世界，另一部分人則努力擺脫被機器控制的命運，奪回在陽光下自由生活的權利。

隨著資訊技術的快速發展，我們的資訊媒介從電報升級到電話，再升級到文字、語音、視訊流暢傳輸的網際網路，Matrix 與真實世界的差距越來越小——人們被外表可愛、使用貼心的各種應用包圍著，在演算法的悉心"照料"下，聽"想聽"的話、看"想看"的劇，沉浸在"作為世界主宰者"的感覺裡。

但這終究不是生活的全部，總有那麼一些時刻，我們希望能夠從塑膠感十足的"烏托邦"中抽身而出，回到真實世界，雖然辛苦，卻更有意義。

互動列就是我們從 Matrix 回到真實世界的那部電話。它不是一張單程票，我們仍然可以繼續使用那些熟悉的圖形化使用者介面應用，它只是提供了對於未來的另一種選擇，或說一種更本質、更優雅的解決方案。對於數位世界的消費者，它外表古怪不討人喜歡，而對於真實世界中的創造者和探索者，它卻是日常工作不可或缺的可靠夥伴。

為什麼要學習互動列

我們平時使用的"應用"大多是圖形化使用者介面應用 [a]（以下簡稱"圖形應用"），例如我們在手機、Windows 筆記型電腦上用的聊天、購物、遊戲、音樂應用；偶爾你還會注意到一些人透過鍵盤在"黑色的視窗"裡輸入字元執行程式，這個黑色的視窗我們習慣上叫它"互動列"（command line，或 console），那些執行在裡面的程式就叫"互動列介面應用"（以下簡稱"互動列應用"）。如果你覺得前面的 Matrix 雖然很酷，但有點摸不著頭腦，那麼接下來，我們就分三點簡單直白地說說與圖形應用相比，互動列應用的主要特點。

• 學習曲線雖然先陡後平，但是掌握新工具的綜合成本很低 ———

圖形應用用來娛樂和購物確實很方便，作為開發工具呢，一開始也是很方便的，但圖形化的展示方式和開發模式，導致不同應用之間協作工作的難度很大，使用者常常為了分析資料學習 Excel，為了做 Web 後端開發學習在 PyCharm 裡寫 Django 程式，為了開發 Java 程式學習 Eclipse、IntelliJ，為了管理程式學習 Sourcetree……好吧，那我們就拼命一個一個地學習，可是當我們終於熟悉了這些應用之後，發現大家又在用 Python 做資料分析，用 VS Code 寫 Java 程式了，之前學的 Excel 幫不上忙不說，又冒出來個 Anaconda 要學習……工具層出不窮，跟著走學不勝學，不跟著走又怕落伍。互動列應用正好相反，一開始需要花點時間熟悉它的套路，一旦掌握之後你就會發現：所有互動列應用的使用方法基本一樣——一通百通，掌握新工具的成本接近於零。

---

[a] "圖形化使用者介面"的英文為 graphical user interface（GUI）。對於圖形化使用者介面應用，使用者使用圖形與之進行互動。"互動行介面"的英文為 command-line interface（CLI）。對於互動列介面應用，使用者使用文字互動與之進行互動

• 功能強大效率高，硬體設定要求低

一個互動列應用就像一塊積木，可以方便地與其他互動列應用組合在一起，進而完成高度複雜的工作。這就像只要掌握 26 個字母，就可以組合出近乎無限的單字。

你輸入的每行指令都可以儲存到檔案裡，變成指令稿自動執行，還能透過自動補全功能將重複工作幾乎減少到零。

相較於互動列如此豐富、自動化的應用，它卻幾乎沒有 "啟動" 這個概念，按下確認鍵立刻開始工作。即使執行 Windows、macOS 卡頓的老舊電腦，也能在互動列的世界裡重返青春。

• 開放原始碼、免費、開放

絕大多數互動列應用是開發者為了解決自己遇到的問題而撰寫的，而非專門為 "使用者" 開發的，因為這一點，互動列應用的豐富程度遠高於圖形應用。而且互動列應用多採用開放原始碼方式分發，免費使用。如果你對實現原理有興趣，可以方便地閱讀、偵錯程式，還可以提出問題，與作者互動，甚至傳送自己的改進，成為貢獻者（contributor）——像那些科學家、藝術大師一樣，在人類技術發展的長河裡留下自己的名字。

為什麼要用這本書學習互動列

假設你已經下定決心開始學習互動列了，而關於互動列的免費網路資料、圖書多到讓人眼花繚亂，為什麼要唯獨選擇這一本呢？先來看看你屬於哪一種讀者。

1. 目標讀者

如果你符合以下任何一種情況，這本書正是為你而寫：

① 準備從零上手 Linux 系統管理員的工作，學習讓日常系統管理工作自動化；

② Linux 系統愛好者，但還不熟悉 Linux 系統和互動列的常見操作；

③ 主要在 Windows、Android 等圖形介面和 IDE 中程式設計，但渴望架設並使用 Linux 系統；

④ 厭倦了一眼望不到頭的業務程式，不想 35 歲學不動的時候被掃地出門；

⑤ 曾經想像過自己也能像電影裡的駭客一樣 "運籌帷幄之中，決勝千里之外"。

歸納一下，本書適合所有想入門互動列開發的讀者，尤其是參考其他圖書或資料學習有困難的讀者。本書不敢說一定教會，但只要你願意下功夫，定能學有所成。此外，對 Python 語言、資料分析和開放原始碼技術有興趣的讀者均可閱讀本書。

現在，你已經確定自己屬於本書的目標讀者了，那麼在真正開啟閱讀之前，先來了解一下這本書的特色吧——所謂 "知己知彼，百戰百勝"，更進一步地認識一本書，才能更高效率地學習一本書。首先用簡單的項目跟大家交代一下圖書的核心特點，其次介紹一下全書章節的組織結構，最後聊一下大家重視的內容時效性問題。

2. 核心特點

• 針對初學者

這本書簡單易學，絕不在一開始就堆砌專業術語，而是注重趣味性和參與感，學習的過程就像你一邊敲鍵盤，我們一邊在你身旁聊一聊那些讓你疑惑的點，聊著聊著你就學會了。除了帶大家一步步操作，書中還會重點講解想法與方法，說明不同部分之間的內在關聯和區別，以便大家建立知識網，知其然亦知其所以然。

- 強調實用性 ──────────────────

書中每個概念、工具都儘量配合程式範例，方便各位自學。隨書程式開放原始碼[a]，以容器形式提供完整的作業環境，大家既可以手動架設環境，也可以先體驗效果，再決定要不要深入了解。除了介紹應用的使用方法，書中還包含安裝和移除方法──裝卸自如，大家可以根據個人情況靈活取捨。

- 注重準確性 ──────────────────

網路資源浩如煙海，但準確性參差不齊，大家篩選的過程需要耗費大量精力。而我們經過多年的學習，本身已經掌握了大量互動列知識並閱讀消化了不少資料，因此，我們在寫作本書的過程中遵循了一個原則：儘量使用第一手資料，避免大家被不可靠的轉述帶著走冤枉路。

- 針對多種作業系統 ────────────────

本書以 Linux 使用者為主，兼顧 macOS 和 Windows 使用者：介紹了在 3 種平台上架設互動列環境的方法，範例程式在 Linux Mint 20、macOS 和 Windows（WSL：Ubuntu 20.04 LTS）下通過測試。

另外，還需要強調一點，這本書的寫作離不開開放原始碼工具和社區，期待讀者也能以開放的心態閱讀本書，學成之後可以積極參與開放原始碼活動，力爭為開放原始碼技術貢獻一份力量。

3. 章節組織和閱讀建議

你可以將本書內容看作對一個問題的回答：如何愉快、高效率地使用互動列工具，使之成為日常工作的得力幫手？圍繞這個主題，本書正文由 8 章組成，可分為兩部分。

─────────────

[a]　可至本公司官網下載。

□ 第一部分為前 5 章，介紹互動列工具的基本概念和使用方法。從第 1 章一步步帶大家架設 Linux 系統開始，我們便擺開架勢要從 0 到 1 大幹一場；第 2 章我們來學習處於 Linux 系統核心位置的檔案系統；第 3 章我們需要研究一下如何對琳琅滿目的互動列應用和包進行有效管理；第 4 章我們來攻克互動列世界最重要的工具——shell；第 5 章我們要掌握如何處理文字資料。

□ 第二部分為後 3 章，每章各討論一個主題，彼此之間內容相對獨立，分別詳細展示了如何使用互動列進行資料分析、文字編輯和執行緒管理。

對於沒有特殊偏好、希望了解 Linux 系統基本概念和使用方法、未來可能嘗試將 Linux 作為主要工作環境的讀者，可以在讀完第一部分後留出一段時間多練習，待熟練使用後再進入第二部分。

對資料分析有興趣的讀者，由於未來主要使用 Python（以及 R、Julia）等語言，而 Python 社區的大部分開發者和使用者使用 Linux/macOS（統稱為 *nix）系統，因此了解 *nix 系統基礎知識、熟練使用 *nix 系統是用好 Python 的基本功。第 6 章介紹如何使用多種互動列應用進行資料概覽、資料篩選、數值計算、資料分組等工作，它們短小精悍，使用方便，和 Python 互為補充，相得益彰。建議這部分讀者按順序閱讀 1 ～ 6 章，掌握相關內容不論對於學習 Python 還是做以 Python 為基礎的資料分析工作，都有很好的促進作用。

對 Linux 系統運行維護、資料庫管理（DBA）或後端應用（Web 服務端、中介軟體等）開發有興趣的讀者，可以先跳過第 6 章，以後有需要時再閱讀。

對於輕度互動列使用者（例如大多數時間在 macOS、Windows 下使用圖形應用，只是偶爾需要登入伺服器修改一下設定檔、執行一個應用、啟動一個服務等），讀完第一部分後，再看看 7.1 節，就足以應付日常工作了，以後可以在工作中慢慢熟悉其他部分。

最後需要特別提一下，附錄 A 和附錄 B 包含了幾個專題，雖然不屬於本書主題範圍，但與之密切相關。例如不熟悉鍵盤盲打的讀者，不妨看一下附錄 A，這樣掌握互動列工具將獲得事半功倍的效果；例如對開放原始碼文化有興趣的讀者，不妨讀讀附錄 B 推薦的圖書，將會有助大家深刻認識開放原始碼運動及其未來發展。

4. 內容會不會很快過時

在這個技術發展日新月異的時代，資訊產生和過時的速度越來越快，大家投入時間和精力閱讀某本書或學習某項技能的同時常常會擔心：如果剛學會就過時了怎麼辦？作為長年的技術書籍閱讀者，筆者完全了解這種心情，本書採用下面的方法解決內容的時效性問題。

☐ 首先，在各章主題的選擇上，堅持抓大放小，將基礎、核心的內容講透，不追求大而全。

☐ 其次，每章內容都採用從原理到實現的順序，即從一般到特殊，從穩定到善變。

以文字編輯為例：我們首先介紹模式編輯的基本原理，只要人類還在使用以字母為單位的輸入裝置，模式編輯就不會過時；然後我們介紹標準 Vim，即 Vim 各種版本都具有的最核心的功能——不論 Vim 如何變化，其核心是穩定的，雖然穩定程度相較模式編輯稍遜一籌；最後我們透過外掛程式拓展 Vim 的功能，仍然採用從原理到實現的順序，例如使用 ack.vim 外掛程式實現全文檢索搜尋——雖然 ack.vim 或許不會陪伴我們很長時間，但對全文檢索搜尋的需求是穩定存在的，即使不用 Vim，我們仍然要從是否能方便地開啟專案檔案、是否能方便地進行全文檢索搜尋等幾個維度檢查其他編輯器。

借助這種原理和實現分離的結構，筆者可以方便地更新善變的那部分內容，進一步保證內容的時效性。當然，我們更希望看到你的意見和建議（作者聯絡方式見"互動與勘誤"一節），讓更多人掌握互動列這一強大的生產力工具。

致謝

本書的問世首先要感謝人民郵電出版社圖靈公司的劉美英編輯，她給予了我們專業的指導和熱情的幫助，並對內容編排提出了很有價值的建議。

將多年的思考寫成一本書似乎不缺素材，但寫起來慢慢發現，花大量時間進行構思、討論、撰寫和修改是必不可少的。感謝父母和夫人承擔了許多壓力，給予一個老大不小的理想主義者足夠的時間和信任，這本書裡也有你們默默的付出（李超）。

感謝曉傑同學閱讀了本書的初稿，並提出了許多寶貴意見。

最後，請允許我們向全世界的開放原始碼貢獻者致以最崇高的敬意。在這個"拜物教"和"成功學"盛行的時代，幾代開放原始碼貢獻者堅持理想、辛勤工作，創造了無數藝術和技術結合的精品，用行動讓這個世界變得更真實、更公平、更美好。

人的生命是短暫的，但文字和程式永存。

雖然在寫作過程中，我們已經竭盡所能地力求準確，但由於個體的認知總是有限的，疏忽在所難免。因此，正在閱讀本書的你，如果發現任何問題，請隨時與我們交流。大家可以透過電子郵件聯絡我們。

- 李超：leechau@126.com
- 王曉晨：wanty7788@163.com

目　錄

第 3 章

調兵遣將：
應用和套件管理

第 4 章

王者歸來：
互動列及 shell 強化

第 5 章

縱橫捭闔：
文字瀏覽與處理

第 8 章

運籌帷幄：
執行緒管理和工作空間組織

附錄 A

盲打指南

## 第 1 章

開關鴻蒙：
從零架設互動列環境

你是電，你是光，你是唯一的神話。

——S.H.E，《Super Star》

138 億年前，宇宙在大爆炸中誕生；44 億年前，飄蕩在宇宙間的星塵聚集熔合成了地球；又過了 4 億年，原始生命出現在海洋中；在這之後，經歷了漫長的 40 億年和無數曲折反覆，人類靠著發達的智力在自然界中站穩腳跟，並在最近半個多世紀裡發展出了以電子技術為基礎的資訊科技。今天，我們正熱火朝天地嘗試創造智力在數位世界中的映射——人工智慧。

與自然界中智慧生命出現的漫長歷程相比，人工智慧出現的時間不足 50 年，但其發展速度之快令自然生命望塵莫及。如果十年後你的手機（如果還叫這個名字的話）提出問題："我所生活的宇宙是怎麼來的？"你大概不會特別驚訝，何況答案其實也很簡單：數位世界的宇宙是由一台台人類創造的電子裝置組成的。

作為本書的第 1 章，我們來為數位世界中的智慧體構造它們賴以生存的宇宙，更具體地說，是為執行千姿百態的互動列應用架設一個基礎平台：作業系統。

所有作業系統，不論是伺服器、個人電腦上執行的 Windows、macOS、Linux，還是行動裝置上的 Android、iOS 等，都能執行互動列，但不同系統上執行的方便程度、應用的選擇範圍有很大差別。其中 Linux 系統由於功能強大、執行穩定、自由開放等特點，在伺服器和個人電腦上變得越來越流行，行動裝置上的 Android 系統也使用了它的核心，所以本書使用 Linux 作為主要示範環境。

◎ 1.1 架設系統方案選擇

嘗試 Linux 系統的最佳方法是在一台舊電腦上安裝全新的 Linux 發行版本，不必擔心電腦太舊、硬體規格太低無法執行，Linux 系統對硬體的要求非常低。

如果暫時不打算採用這個方案，還有下面幾種方案供選擇。

首先，可以買一台預先安裝了 Linux 系統的個人電腦（桌上型電腦或筆記型電腦都可以）。目前市面上預先安裝的 Linux 發行版本幾乎只有 Ubuntu 一種，與本書使用的 Linux Mint 系統高度相容。若你採用這個方案，可以直接從第 2 章開始閱讀。

如果你是蘋果使用者，macOS 上的互動列和 Linux 互動列是 "近親"，都屬於 *nix（或叫類 Unix）家族，從 macOS Catalina 開始系統附帶的互動列 Zsh 也正是本書使用的互動列環境。除非特別指出，否則後續章節中的大部分範例程式可以在 macOS 上直接執行。

如果你有一台安裝了 Windows 10 系統的電腦，並且沒有舊電腦可以裝 Linux 系統，可以使用 Windows 10 的 WSL 作為類 Linux 系統，實際方法見 1.7.1 節。

最後，如果你的系統是 Windows 10 以前的版本，可以採用虛擬機器的方式架設 Linux 系統以及互動列執行環境，實際方法見 1.7.2 節。

回到正題，在一台電腦上安裝 Linux 系統包含 4 步。

(1) 製作 Linux 體驗隨身碟：用一台安裝 Windows 系統的電腦將一個容量不小於 8GB 的隨身碟做成體驗隨身碟。

(2) 用體驗隨身碟啟動待安裝 Linux 系統的電腦，進入體驗系統。

(3) 驗證硬體相容性。

(4) 安裝正式的 Linux 系統。

你看，這個過程並不複雜。下面我們就從製作 Linux 體驗隨身碟開始。

◎ 1.2 製作 Linux 體驗隨身碟

大多數情況下，電腦啟動時從硬碟上載入作業系統。不過當我們想要試用新系統時，先把它安裝到硬碟上會比較麻煩，比較好的方法是把系統安裝到隨身碟上，讓電腦啟動時從隨身碟上載入系統，進入系統後，對各方面測試都滿意了再將其安裝到硬碟。這種安裝在隨身碟上的作業系統叫作"體驗隨身碟"（live USB）。製作體驗隨身碟的工具很多，本書使用 YUMI 作為製作工具，它可以在一個隨身碟上安裝多個 Linux 發行版本、Windows 或其他工具，而不必為每個發行版本準備一個隨身碟。

 什麼是 Linux 發行版本？

我們平時所說的 "Linux" 的全稱是 GNU/Linux，只是一個作業系統的核心（kernel），單獨的核心是不能供使用者使用的，就好比引擎自己跑不起來，還得給它加上輪子、底盤、駕駛室、方向盤、座椅等，才能變成一輛可以駕駛的車。Linux 的發行版本（distribution）在核心外面搭配了各種應用，變成一個類似於 Android、Windows 那樣能夠供人使用的系統。我們平時所說的 Ubuntu、CentOS、Red Hat、Arch 等都是比較流行的 Linux 發行版本。

有些發行版本歷史悠久、穩定可靠，形成了比較穩定的開發者、維護者社區，社區中有些使用者雖然對它的大部分功能比較滿意，但仍然希望在某些功能上加以改進。這時他們常常不會從頭開發新的發行版本，而是在原有基礎上加以改進，這樣開發出來的發行版本就成了原來發行版本的子代，子代發行版本又可能被其他開發者再次改進，形成孫代發行版本，最終形成枝繁葉茂的發行版本家族。其中最大的 3 個家族如下所示。

□ Debian 系：Debian 是最古老的 Linux 發行版本之一，始於 1993 年，強調應用的自由和開放原始碼屬性。在這個家族中，Ubuntu 和 Linux Mint（以 Ubuntu 為基礎）是使用比較廣泛的發行版本。

□ RPM 系：包含著名的商業發行版本 Red Hat Linux 以及它的開放原始碼複製版 CentOS，這兩個發行版本主要面對企業使用者，強調穩定和連續，社區支援的 Fedora 則偏向於使用新版本應用，更快地向使用者提供最新功能。另一個頗具影響力的分支是面對企業使用者的 SUSE Linux Enterprise Server 和完全開放原始碼的 openSUSE 系列。

□ Pacman 系：這個家族裡有偏極客風的 Arch Linux 和近來人氣頗旺的 Manjaro，它們都採用捲動發行策略，能夠比採用固定發佈模式的發行版本更快地引用應用的新版本；代價是穩定性稍差，有時會出現升級失敗的情況，需要使用者對 Linux 系統有比較深的了解和一定的錯誤排除技能。

Linux Mint 在 Ubuntu 的基礎上增加了很多實用功能，例如對不同硬體的支援、方便地選擇速度最快的軟體來源、方便地進行系統備份和恢復等。本書使用它作為示範發行版本。在瀏覽器裡開啟 Linux Mint 官網，點擊頁面上部的 "Download" 連結進入下載頁面，其中提供了 3 種桌面環境

（desktop environment）：Cinnamon、MATE 和 Xfce，我們選擇兼具便利性和高顏值的 Cinnamon，如圖 1-1 所示。

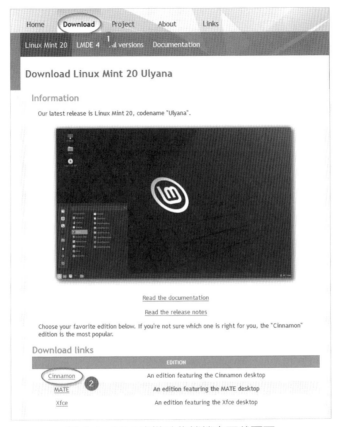

圖 1-1　Mint 安裝映像檔檔案下載頁面

然後在下面的下載連結清單中選擇離我們最近的下載映像檔，這裡我們選擇映像檔網站 TUNA，如圖 1-2 所示。

	Bangladesh	XeonBD
	China	Beijing Foreign Studies University
	China	TUNA

圖 1-2　從 TUNA 映像檔網站下載 Live 系統 ISO 檔案

下載的檔案名稱為 linuxmint-<version_number>-cinnamon-64bit.iso，例如 2020 年 11 月的穩定版本是 20，所以檔案名稱為 linuxmint-20-cinnamon-64bit.iso。如果你看到的版本是 20.1 甚至更高，就下載最新版本，安裝和使用方法基本一樣。

接下來在瀏覽器裡開啟 YUMI 官網，下載可執行檔，例如目前是 2.0 版本，對應的可執行檔名為 YUMI-2.0.7.8.exe（小版本編號不同不影響安裝和使用方法）。這是個免安裝軟體，不需要安裝，點擊兩下啟動後首先在使用者協定視窗點擊 "I Agree" 按鈕，然後進入映像檔安裝視窗，這裡的設定由 3 部分組成（如圖 1-3 所示）。

(1) 選擇隨身碟對應的磁碟代號：體驗系統將安裝到該碟上。

(2) 選擇要安裝的發行版本：這裡選擇 "Linux Mint"。

(3) 選擇安裝映像檔檔案：點擊 "Browse" 按鈕後，在檔案選擇交談視窗中選擇剛才下載的 ISO 檔案並確認。

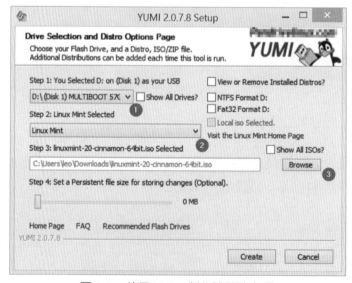

圖 1-3　使用 YUMI 製作體驗隨身碟

設定完畢後點擊 "Create" 按鈕，確認各項參數沒有問題，安裝過程就開始了，幾分鐘後 Linux Mint Cinnamon 就燒錄到隨身碟上了。

◎ 1.3 啟動 Linux 體驗系統

現在我們有了一個能啟動 Linux Mint 系統的隨身碟，接下來要做的是選擇一台執行體驗系統的電腦，既可以是剛才製作體驗系統的那台（安裝雙系統），也可以找一台幾年前購買的、已經不能流暢執行 Windows 10、扔在角落裡吃灰的老舊機器。（是的，Linux 可以讓你的老夥計重新運轉如飛！）

怎麼讓電腦啟動時不載入硬碟上的作業系統，而是從隨身碟載入呢？理想情況下，把隨身碟插到電腦 USB 通訊埠並按下電源鍵後，電腦會發現這個能作為開機磁碟的隨身碟的存在，並出現一個交談視窗：請問是否需要從隨身碟啟動系統？

你可能會覺得電腦哪有這麼聰明，其實大多數電腦具備這個功能，只不過需要手動開啟：在電腦剛啟動後，根據螢幕上的提示，按下開啟 "啟動選單"（boot menu）的某個鍵，例如圖 1-4 中的 <F12> to Boot Menu 就提示我們按 F12 鍵。

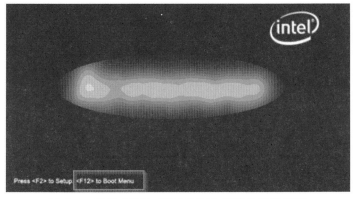

圖 1-4　啟動介面上提示按 F12 鍵進入啟動選單

按下 F12 鍵後，可以看到如圖 1-5 所示的啟動選項選單。

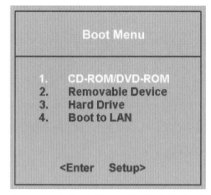

圖 1-5　在啟動選單裡選擇啟動裝置

選擇 "Removable Device" 並按確認鍵後，就進入了 YUMI 的系統選項選單，如圖 1-6 所示。

圖 1-6　YUMI 的系統選項選單

選擇 "Linux Distributions" 選項，按確認鍵後進入 Linux 發行版本選項選
單，如圖 1-7 所示。

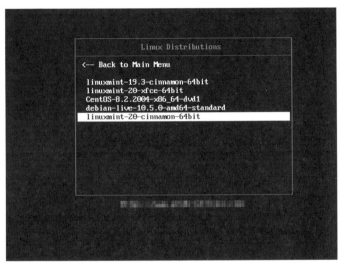

圖 1-7　YUMI 的 Linux 發行版本選項選單

選擇 "linuxmint-20-cinnamon-64bit" 並按確認鍵，Linux Mint 就啟動了！

用同樣的方法下載其他發行版本的 ISO 檔案，透過 YUMI 安裝到隨身碟
裡，你就擁有了一個 Linux 發行版本合集。例如圖 1-7 就包含了 Linux
Mint 19、Linux Mint 20、CentOS 8.2 等 5 個不同類型、不同版本的發行
版本體驗系統。

◎ 1.4 驗證硬體相容性

如果 Mint 啟動過程沒有發生例外，你會看到如圖 1-8 所示的桌面環境。

圖 1-8　Cinnamon 桌面環境

是不是很酷？它的使用方法和 Windows 類似。點擊左下角的開始按鈕，選擇有興趣的應用執行一下，最重要的當然是瀏覽器 Firefox、互動列 Terminal 以及檔案瀏覽器 Files，其他的還有相當於微軟 Office 的辦公套件 LibreOffice、相當於 Windows 控制台 System Settings 等。盡可以隨意開啟體驗一下，所有應用都與後面正式安裝的 Linux Mint 完全一樣，可以確保你的使用體驗流暢順滑。

前面提到使用體驗系統的好處是快速靈活，其實還有一個重要原因：驗證硬體相容性。當我們在一台電腦上安裝並啟動作業系統後，之所以能使用電腦上的各種實體裝置，例如螢幕、鍵盤、觸控板、網路卡、音效卡，透過 USB 通訊埠連接各種外部裝置，是因為作業系統的核心管理著這些裝置的驅動程式，每種裝置都可能來自不同的生產商，每個生產商會提供自己的驅動程式供作業系統使用。在理想的世界裡，每種作業系統都包含所有裝置的驅動程式，在任何電腦上安裝任何作業系統後，都能正確地載入驅動程式並管理這些裝置。

但在現實世界裡，很多因素（例如商業模式、智慧財產權、版本更新等）導致一個作業系統只能使用部分裝置廠商的驅動程式。當一個系統找不到某個裝置的驅動程式時，就無法使用這個裝置了。例如在一些舊的筆記型電腦上安裝 Windows XP 時，由於系統沒有包含網路卡的驅動程式，導致無法連接網路，這類問題叫作硬體不相容。

Linux 系統避免硬體相容性問題的方法是，儘量把開放原始碼驅動程式包含進發行版本，它在對老舊裝置的相容性方面表現不錯，但仍然不能保證相容所有電腦上的所有裝置。所以我們使用體驗系統時必須做的一件事是：驗證系統是否能識別電腦的硬體裝置。按照重要性從高至低的順序，我們要驗證下面這些裝置是否能正常執行。

□ 網路卡：對於有無線網路卡的筆記型電腦，點擊螢幕右下方的網路圖示，能否搜尋到 Wi-Fi 列表。如果沒有無線網路卡，插入網線後能否正常連接網路。圖 1-9 和圖 1-10 展示了有限網路的連接狀態。

□ 顯示卡：圖形介面和字型顯示是否正常，螢幕解析度是否能達到要求，例如 14 英吋螢幕的筆記型電腦一般螢幕解析度不低於 1920px×1080px。

□ USB 介面：插上隨身碟後系統是否能正常讀取上面的檔案，是否能在隨身碟上建立新目錄和新檔案。

□ 音效卡：螢幕右下角系統時間的左邊是否有聲音圖示。可以下載一些音訊或視訊檔案儲存在隨身碟上，在體驗系統裡掛載隨身碟後，點擊兩下播放這些檔案，看看效果如何。

□ 觸控板：是否可以點擊（tap to click，在觸控板上實現滑鼠點擊操作），是否支援二指捲動、水平捲動等。

圖 1-9　檢視網路連接清單

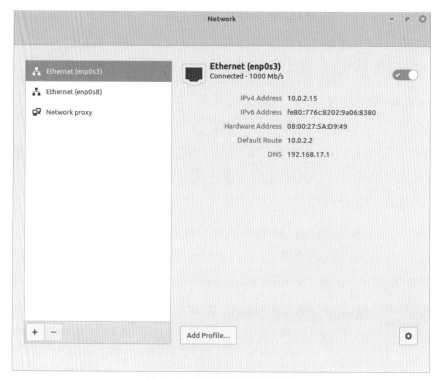

圖 1-10　檢視網路連接狀態

如果這些裝置都沒有問題，就可以進行下一步了；如果有裝置不能正常執行，可以嘗試用驅動管理員（driver manager）尋找裝置的驅動程式並安裝。在開始選單裡輸入 dri，點擊隨之出現的 "Driver Manager" 圖示，Mint 系統會嘗試搜尋可行的裝置驅動，如圖 1-11 所示。

如果驅動管理員沒有找到合適的驅動，或安裝後裝置仍然不能正常執行，就只能換一台電腦了，或採用前面推薦的其他方法架設互動列環境。

◎ 1.5　安裝並啟動正式的 Linux 系統

我們已經透過體驗系統驗證了硬體相容性，嘗試了幾個常見應用，準備好開始 Linux 探索之旅了。這一節我們把隨身碟上的系統搬到電腦上（準確地說是電腦的硬碟上）。由於體驗系統只是臨時使用環境，因此我們將安裝到硬碟上的系統稱為"正式"系統。

在體驗系統裡，桌面上有個光碟形狀的圖示，下面的文字是"Install Linux Mint"，點擊兩下它就可以安裝你的第一個 Linux 系統了。

安裝精靈啟動後，前 3 步不需要做任何更改，直接點擊"Continue"按鈕進入下一步。在第 4 步"Installation type"中，如果你選擇在目前使用的 Windows 筆記型電腦上安裝雙系統，就選擇"Install Linux Mint alongside Windows"這一項；如果你在一台舊電腦上安裝 Linux，則不需要保留原來的作業系統（比雙系統更方便）。確認硬碟上有價值的東西已經備份出來之後，選擇"Erase disk and install Linux Mint"並點擊"Install Now"按鈕。

接下來設定時區，台灣讀者使用的是中原標準時間，點擊台北的位置即可。

下面的"Who are you?"頁面比較重要，你將在這裡設定系統的使用者名稱、密碼和主機名稱，後面會多次用到這裡的設定。為了說明方便，本書用 achao 作為示範的使用者名稱（在"Pick a username"後面輸入），主機名稱設定為 starship（在"Your computer's name"後面輸入），登入密碼也是 achao（在"Choose a password"和"Confirm your password"後面分別輸入一次），如圖 1-12 所示。

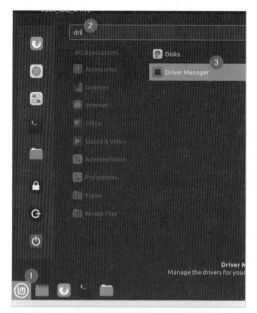

圖 1-11　啟動驅動管理員安裝裝置驅動

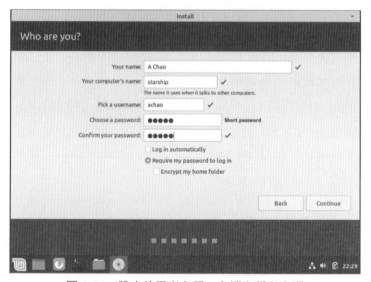

圖 1-12　設定使用者名稱、主機名稱和密碼

點擊 "Continue" 按鈕，開始安裝系統，正常情況下，幾分鐘後就安裝完畢了。之後會出現安裝過程結束交談視窗，點擊 "Restart Now" 按鈕，

這時系統執行退出程式,關閉並重新啟動電腦。為了避免重新啟動時再次
啟動體驗系統,電腦關閉後記得拔下隨身碟。

◎ 1.6 系統初始設定

現在我們進入了嶄新的 Linux Mint 系統,系統啟動後會自動出現歡迎視
窗,如圖 1-13 所示。

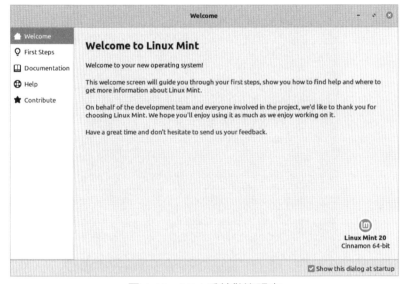

圖 1-13 Mint 系統歡迎視窗

 沒有歡迎視窗怎麼辦?

　　如果系統啟動後沒有出現歡迎視窗,可以點擊桌面左下角的開始圖
示,在輸入框中輸入 wel,這時應用列表裡會出現 Welcome Screen 應
用。點擊該應用,或直接按確認鍵就開啟了歡迎視窗,如圖 1-14 所示。

用輸入應用名稱開頭字母的方法可以快速啟動任何已安裝的應用，例如輸入 keyboard 啟動鍵盤和快速鍵管理員、輸入 files 啟動 Mint 的檔案管理員、輸入 writer 啟動辦公套件 LibreOffice 的文字處理器 Writer 等。Mint 會在你輸入時即時更新搜尋結果，一般情況下輸入三四個字母就可以找到應用。

圖 1-14

首先要完成一些基本的設定工作，實際包含以下內容：

(1) 安裝硬體驅動（可選，參見 1.6.1 節）；

(2) 設定軟體來源映像檔位置，加強應用下載速度（參見 1.6.1 節）；

(3) 更新系統和應用（參見 1.6.1 節）；

(4) 安裝中文輸入法（參見 1.6.2 節）；

(5) 設定系統自動備份（參見 1.6.3 節）。

1.6.1 更新系統應用

點擊左側清單中的"First Steps"按鈕，進入設定視窗。如果在 1.4 節透過驅動管理員安裝了額外的驅動，這時要點擊"Driver Manager"下面的"Launch"按鈕再安裝一次。然後向下找到"Update Manager"，點擊"Launch"按鈕，如圖 1-15 所示。

圖 1-15　Mint 系統備份精靈

更新管理員（Update Manager）啟動後，檢測到目前設定的軟體來源不是本機的，於是詢問我們是否需要切換到本機軟體來源（以加強應用下載速度），如圖 1-16 所示。

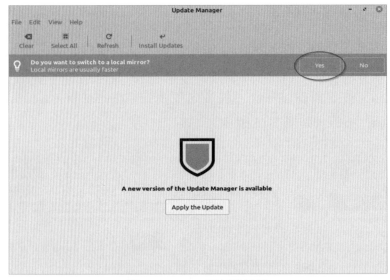

圖 1-16　Mint 更新管理員

選擇 "Yes"，輸入密碼後進入軟體來源選擇視窗，如圖 1-17 所示。

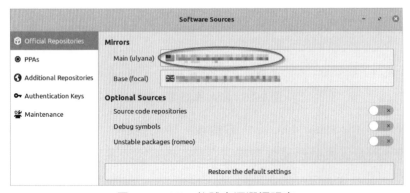

圖 1-17　Mint 軟體來源選擇視窗

點擊 Main 後面的文字標籤，進入映像檔選擇視窗，這時 Mint 開始測試所有軟體來源映像檔的連線速度，並從大到小排列，我們選擇速度最快的 TUNA 映像檔，並點擊 "Apply" 按鈕，如圖 1-18 所示。

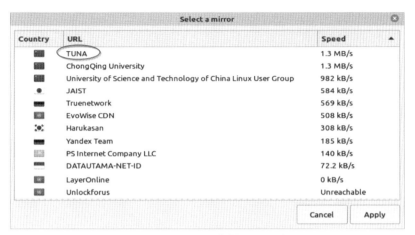

圖 1-18　Mint 映像檔選擇視窗

回到軟體來源選擇視窗，點擊 Base 後面的文字標籤，選擇一個速度快的映像檔。這裡我們仍然選擇 TUNA，如圖 1-19 所示。

圖 1-19　Mint 映像檔選擇視窗

點擊 "Apply" 按鈕返回軟體來源選擇視窗，這時出現提示：是否需要軟體來源快取？我們選擇 "OK"，如圖 1-20 所示。

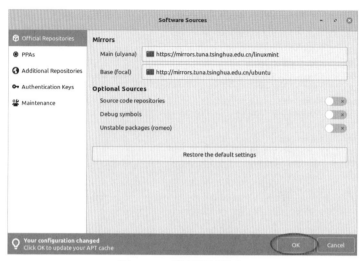

圖 1-20 確認更新設定

更新完成後，關閉軟體來源選擇視窗，回到更新管理員。這時需要更新的
應用已經列出來了，我們點擊 "Install Updates" 按鈕執行更新，如圖 1-21
所示。

這裡包括一些新概念，例如軟體來源（software source）、來源映像檔
（source mirror）等，我們會在第 3 章詳細說明。

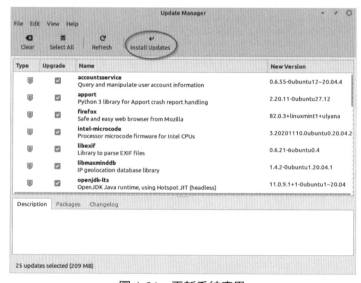

圖 1-21 更新系統應用

1.6.2 安裝中文輸入法

應用更新完成後進入第 4 步：安裝中文輸入法。在開始選單的輸入框裡輸入 inp，啟動 Input method 應用，如圖 1-22 和圖 1-23 所示。

圖 1-22　從桌面啟動輸入管理員

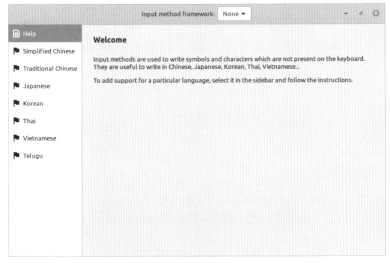

圖 1-23　輸入管理員視窗

點擊左側清單中的 "Traditional Chinese" 選項，然後點擊右側安裝步驟清單中第一步 "Install the language support packages" 右側的 "Install" 按鈕，如圖 1-24 所示。

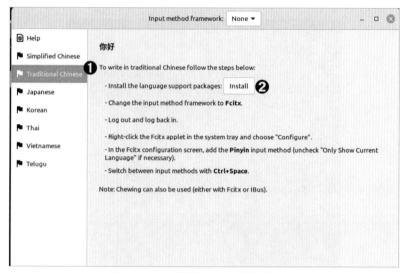

圖 1-24　安裝輸入法相關軟體套件

在隨後出現的 "Additional software has to be installed" 視窗中點擊 "Continue" 按鈕，輸入使用者密碼後安裝輸入法相關軟體套件。

安裝完成後，點擊輸入法管理員視窗上部 "Input method framework" 右側的下拉式功能表，選擇其中的 Fcitx（如圖 1-25 所示），然後關閉輸入法管理員視窗。

圖 1-25　將輸入法框架改為 Fcitx

這樣輸入法框架 Fcitx 就安裝好了，需要重新登入使設定生效。從開始選單中退出（Log Out）目前帳號，如圖 1-26 和圖 1-27 所示。

再次登入後，螢幕右下角出現輸入法圖示，說明輸入法框架啟動成功。接下來我們安裝注音輸入法，右鍵點擊此圖示，並在出現選單中選擇 "Configure"，如圖 1-28 所示。

圖 1-27　確認退出

圖 1-26　在開始選單中選擇退出按鈕

圖 1-28　設定輸入法

在出現的 "Input Method Configuration" 視窗中點擊左下角的加號按鈕，如圖 1-29 所示。

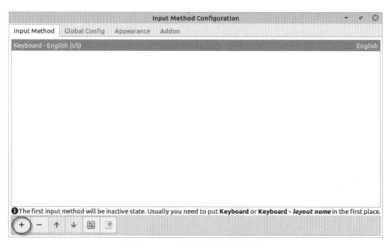

圖 1-29　增加新的輸入法

在 "Add input method" 視 窗 中 首 先 取 消 選 取 "Only Show Current
Language"，然後在下拉選單中選擇 "Chewing"，並點擊 "OK" 增加
輸入法，如圖 1-30 所示。

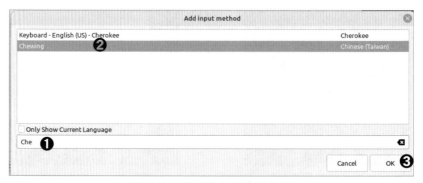

圖 1-30　增加中文注音輸入法

現在輸入法就安裝好了，開啟互動列應用（點擊螢幕下方工具列的第 3 個
圖示），點擊螢幕左下角的輸入法圖示，這時輸入法圖示會變成紅色的
"酷"字，表示切換到了中文輸入法（如圖 1-31 所示）。再次點擊會返
回英文輸入狀態，也可以用左 Shift 鍵切換中英文輸入法。這樣就可以在
互動列（以及其他需要輸入文字的地方）中輸入中文字了。

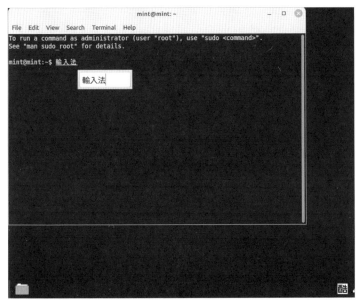

圖 1-31　增加新的輸入法

1.6.3　備份系統

經過前面這一番折騰，一個集功能和顏值於一身的 Linux 系統就出現在了我們面前。可是面對它我們心裡卻有點矛盾，既想馬上開始大展一番拳腳，又怕不小心把什麼地方弄 "壞" 了，還得重新安裝設定一遍。

作為以對新人友善為本身特色的發行版本，Mint 解決這個問題的方法是內建了系統快照和恢復應用 Timeshift。在開始選單中輸入 timeshift 啟動 Timeshift，第一次執行會自動進入設定精靈視窗。

第 1 步，設定快照類型，保持預設值 RSYNC 不變，點擊 "Next" 按鈕，如圖 1-32 所示。

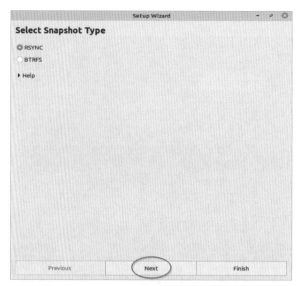

圖 1-32　Timeshift 設定精靈：快照類型

第 2 步，選擇儲存快照檔案的位置，使用預設值，點擊 "Next" 按鈕，進入快照等級設定介面，如圖 1-33 所示。

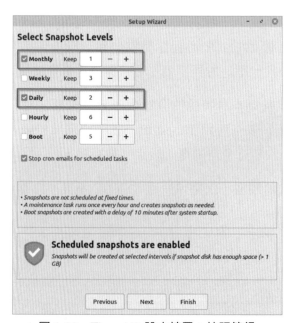

圖 1-33　Timeshift 設定精靈：快照等級

Mint 提供了 5 級快照供選擇。

☐ Monthly：以月為單位產生系統快照。

☐ Weekly：以周為單位產生系統快照。

☐ Daily：以天為單位產生系統快照。

☐ Hourly：以小時為單位產生系統快照。

☐ Boot：以系統啟動為單位制作快照。

每個選項後面的數字表示保留最近幾次備份。例如圖 1-33 選取了 "Monthly" 和 "Daily"，後面的數字分別是 1 和 2，表示每月產生一次系統快照，保留最近 1 個月的快照，在此基礎上，每天再生成一次快照，保留最近兩天的快照。

這一步設定完成後，點擊 "Next" 按鈕進入使用者目錄設定，由於 Timeshift 是一個系統備份工具，因此預設不備份使用者資料，以保證快照不會佔用太多磁碟空間，以及產生快照的時間不會太長。這一步也是使用預設值，點擊 "Next" 按鈕進入 "Setup Complete" 介面，這裡對如何加強快照的安全性等進行了一些說明，點擊 "Finish" 按鈕就完成了設定精靈。

現在我們進入了 Timeshift 應用主視窗，開始為目前系統製作一個 "初始系統" 快照，這樣我們就可以放心大膽地探索它了。任何時候出了問題，或想從頭開始，用這個快照就能夠回復到今天的狀態。

首先點擊視窗工具列的第一個圖示 "Create"，Timeshift 開始為系統產生快照，如圖 1-34 所示。

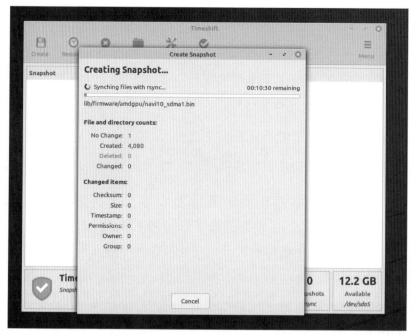

圖 1-34　Timeshift 產生系統快照

幾分鐘後，製作好的快照出現在快照列表裡，我們為這個快照增加一段說明，以便將來區分不同的快照。點擊 "Comments" 列對應的文字標籤，輸入 Base System，如圖 1-35 所示。

未來需要使用這個快照還原系統時，只要啟動 Timeshift，選取 "Base System" 快照，然後點擊工具列上的 "Restore" 按鈕就能夠 "昨日重現" 了。

最後回到系統歡迎視窗（如果還沒把它關掉的話），取消選取右下角的 "Show this dialog at startup"，這樣下次啟動系統時這個視窗就不會出現了。

圖 1-35　為快照增加說明

至此，我們的互動列"小宇宙"就架設完成了。如果由於各種原因不能在硬體上安裝 Linux 系統，可以嘗試下面的變通方法。

1.7　其他架設方案

1.7.1　在 Windows 上執行 Linux 互動列應用

由於開放原始碼運動的蓬勃發展和 Linux 的日趨流行，微軟對開放原始碼的參與力道越來越大，CEO 高調表示 "Microsoft Loves Linux"，近來還推出了以 Visual Studio Code、Windows Terminal 為代表的一批開放原始碼精品，受到了社區的廣泛歡迎。

WSL 全稱是 Windows Subsystem for Linux，顧名思義，這是一個在 Windows 上執行的 Linux 子系統。微軟這些年花大力氣打磨這個產品，搭配 2019 年在 GitHub 上開放原始碼的 Windows Terminal，極大地提升了 Windows 系統中 Linux（包含互動列應用和圖形應用）的使用體驗。

WSL 的安裝方法很簡單，在 Microsoft Store 裡搜尋 Ubuntu，在搜尋結果中選擇 Ubuntu 20.04 LTS，安裝並啟動後，按照提示輸入使用者名稱和密碼，系統就能夠正常啟動了。注意，輸入密碼時不回應（輸入的字母和星號都不顯示），所以不要懷疑鍵盤壞了，請大膽輸入。輸完密碼後按確認鍵，這時系統會提示你再次輸入密碼（仍然沒有回應）。輸入完畢按確認鍵，如果兩次的輸入一致，新密碼就生效了。

接下來仍然在 Windows Store 裡搜尋 terminal，在搜尋結果中選擇 Windows Terminal 並安裝。Windows Terminal 啟動後預設執行 PowerShell，你可以將 Ubuntu 20.04 設定為預設執行環境，方法是：點擊頂部標籤欄的倒三角圖示，在出現的下拉選單中選擇 "Settings"，這時會出現設定檔編輯視窗，在 profiles 的 list 下找到 Ubuntu-20.04 對應的 guid 並將它複製到 defaultProfile 後面，如程式清單 1-1 所示。

程式清單 1-1　設定 Windows Terminal 預設設定檔

```
{
    "defaultProfile": "{07b52e3e-de2c-5db4-bd2d-ba144ed6c273}",      ❶
    "profiles":
    {
      "list":
        [
        {
          "guid": "{61c54bbd-c2c6-5271-96e7-009a87ff44bf}",
          "name": "Windows PowerShell",
          ...
        },
        {
          "guid": "{07b52e3e-de2c-5db4-bd2d-ba144ed6c273}",
          "name": "Ubuntu-20.04",
          "startingDirectory" : "//wsl$/Ubuntu-20.04/home/achao"      ❷
          ...
        },
        ...
```

```
        ]
    },
    ...
}
```

❶ 將 Ubuntu 20.04 的 guid 複製到這裡
❷ 將啟動目錄設定為使用者 HOME 目錄

這裡 Ubuntu 20.04 的 guid 是 07b52e3e-de2c-5db4-bd2d-ba144ed6c273，我們將它複製到了 defaultProfile 值的位置，因此 Windows Terminal 啟動時會自動開啟一個 Ubuntu 20.04 互動列視窗。

WSL 預設啟動的目錄為 Windows 使用者根目錄 C:\Users\<UserName>，而非 Linux 系統中使用者的 HOME 目錄，所以這裡我們在設定檔裡更改一下。關於 HOME 目錄的實際含義，我們會在第 2 章詳細說明。

 快速開啟和關閉互動列視窗

在 Ubuntu、Linux Mint 等系統的預設桌面環境中，可以透過快速鍵 Ctrl-Alt-t（同時按住 Ctrl 鍵和 Alt 鍵，再按下 t 鍵）開啟一個互動列視窗。

為 Windows 10 系統安裝 Ubuntu 20.04 和 Windows Terminal 後，在後者的程式圖示上，右鍵點擊 "固定到開始螢幕"，或選擇 "更多" 選單項下面的 "固定到工作列"，都可以實現快速啟動 Ubuntu 20.04 互動列環境。

要結束一個互動列階段，輸入 exit 指令並按確認鍵即可。不過這樣畢竟需要按 5 次鍵盤，更簡單的方法是使用 Ctrl-d 快速鍵直接關閉互動列階段。

1.7.2　在虛擬機器中執行 Linux 系統

在作業系統內部，用特定的應用類比硬體裝置（CPU、記憶體、磁碟、網路卡等），執行另一個作業系統，這樣的應用就叫作虛擬機器。執行虛擬機器的主機叫作宿主機（host），在虛擬機器裡執行的系統叫作客戶系統（guest）。在硬體資源允許的情況下，一台宿主機上可以（同時）安裝和執行多個客戶系統。

在虛擬機器中安裝和執行 Linux 系統的優點是：

☐ 不需要專門的硬體；

☐ 可用全套 Linux 發行版本，包含桌面環境；

☐ 可以給系統做快照，當需要恢復到以前的某個狀態時，找到那個快照選擇恢復即可。

缺點是你需要學習如何安裝虛擬機器應用，如何在虛擬機器上為客戶系統組態網路、磁碟以及其他裝置，為了解決和宿主機的檔案共用問題，可能還需要設定共用目錄。

另外，由於要用 CPU 和記憶體類比出一套完整的硬體系統，因此對系統組態的要求也比較高。如果你的電腦記憶體小於 16GB，空閒磁碟空間小於 50GB，使用虛擬機器很難達到理想效果，不過體驗一下基本的 Linux 環境是沒問題的。

Windows 上常用的虛擬機器軟體有 VirtualBox 和 VMware，前者是開放原始碼軟體，可以免費使用；後者是商務軟體，需要付費使用。下面以 VirtualBox 為例簡要說明在 Windows 系統上製作 Linux 虛擬機器的步驟。

(1)　準備虛擬機器和系統

　　a. 開啟 VirtualBox 官網，點擊左側的 "Downloads" 連結開啟下載頁，在 VirtualBox x.x.x platform packages 下點擊 "Windows hosts" 連

結（其中 x.x.x 表示目前 VirtualBox 版本編號，例如 6.1.16），下載 VirtualBox 安裝套件。

b. 下載完成後，點擊兩下安裝套件檔案，安裝 VirtualBox 虛擬機器應用。

c. 下載 Linux Mint 系統 ISO 檔案，參見 1.2 節的說明。

(2) 建立虛擬機器

a. 啟動 VirtualBox，點擊工具列上的 "New" 按鈕，建立新的虛擬機器。

b. 設定虛擬機器參數。

i. 名稱（Name）：mint20。

ii. 系統類型（Type）：Linux。

iii. 系統版本（Version）：Ubuntu (64-bit)。

c. 接下來的 Memory 和 Hard disk 都選擇預設值，點擊 "Create" 建立虛擬機器。

(3) 啟動虛擬機器

a. 虛擬機器建立完成後，左側虛擬機器列表中出現一個名為 mint20 的虛擬機器，選取後點擊工具列的 "Start" 按鈕。

b. 提供系統磁碟：虛擬機器啟動後出現 "Select start up disk" 視窗，在下面的檔案選擇交談視窗中選中前面下載的 ISO 檔案。

c. 在隨後出現的啟動項選單中選擇 "Start Linux Mint" 並按確認鍵。

(4) 安裝系統：從這裡開始，操作與 1.4 節相同，不再贅述。

1.8 小結

本章我們為後面學習和使用互動列架設了硬體環境。首先介紹了不同安裝方式的適用場景。

推薦方案：在專門的機器上安裝 Linux 系統。

☐ 不折騰族、"壕"：購買預先安裝 Ubuntu 發行版本的個人電腦。

☐ "果粉"：使用 macOS 系統。

☐ Windows 10 單機使用者：使用 WSL 系統。

☐ 舊版 Windows 單機使用者：在虛擬機器中安裝和執行 Linux 系統。

然後詳細說明了安裝和設定 Linux Mint 發行版本的過程。

最後別忘了 Linux 桌面環境中啟動互動列的快速鍵：Ctrl-Alt-t。

好，讓我們開始激動人心的互動列探索之旅吧！

第 2 章

腳踏實地：
檔案系統及其管理

Everything is a file.

——Unix 哲學

有了作業系統，本章我們來為互動列世界建構堅實的大地：檔案系統。在開始介紹一大堆技術名詞之前，先要搞清楚一個問題：檔案系統不就是複製剪貼檔案嗎，有必要絮絮叨叨地用一章來說嗎？

對 Linux 系統來說，還真是有必要。為什麼這麼說呢？原來 Linux 的檔案系統不僅管理檔案，它將所有的計算資源，例如鍵盤、滑鼠、顯示器、磁碟、網路連接等，當然也包含磁碟上的檔案，映射到檔案樹的一些檔案上，方便系統管理。我們操作鍵盤和滑鼠輸入資訊、發出指令讓電腦處理資訊，並將結果展示到螢幕上，整個過程都依賴檔案系統和其上執行的核心（kernel），只有兩者通力協作才能保證我們發出的指令能夠被資訊處理元件（例如 CPU、記憶體等）正確執行，並透過輸出裝置展示結果。沒有檔案系統，可不僅是無處存放檔案，整台電腦都變成了一堆無法使用的廢鐵。於是人們將 Unix/Linux 系統的這一特點歸納為一句話：

一切皆檔案。

換句話說，檔案（而非應用）處在系統的核心位置。為了能大幅發揮 Linux 系統的優勢，下面我們來了解一下檔案系統的基本概念以及一些常用的檔案管理指令。

⊙ 2.1　檔案樹和目錄跳躍

大家對圖形桌面已經很熟悉了，不論是 Android、iOS 還是 Windows，外觀大同小異，都由一個桌面和許多圖示組成。想執行什麼程式，點擊對應的圖示就行了。

互動列則是另外一種風格，當我們開啟一個互動列視窗後，仿佛看到了一塊空白的黑板，只在左上角有一小段文字，後面跟著一個不斷閃動的光點——我們叫它游標（cursor），也就是你輸入的文字出現的地方。用過聊天工具的人可能會覺得它像一個黑色背景的聊天視窗，這個感覺很準確，只不過聊天物件不是人，而是一個"系統"。好消息是，它相當可靠，不論我們問任何問題或發出任何指令，它一定會回答，不過彼此間使用的語言不是平時聊天用的自然語言，而是更精確、更嚴謹的 shell 指令碼語言（shell script）。shell 有很多種，Mint 預設提供的叫 Bash。

當我們談論互動列時，我們在談論什麼？

作業系統核心將各種硬體裝置抽象成計算資源，進一步實現對硬體的管理，但人類無法直接使用核心，需要一種溝通媒介，確保文字寫成的指令能夠轉化成核心指令。因為這個媒介包裹在作業系統最外層，像一層殼，所以人們叫它 shell。

shell 分兩種，最初使用文字指令互動的叫作互動列介面（command-line interface，CLI），後來發展出使用圖形進行互動的方式，叫作圖形化使用者介面（graphical user interface，GUI），我們平時所說的互動列，指的是前一種。後續章節提到互動列、shell、CLI 時，只要沒有專門說明是 GUI，都指互動列介面。

現在我們來問第一個問題：我在哪兒？翻譯成 shell 指令稿是 pwd，這個指令執行的效果（開啟互動列視窗的方法請參照 1.7.1 節末）如程式清單 2-1 所示。

程式清單 2-1　pwd 指令效果

```
achao@starship:~$ pwd ❶
/home/achao          ❷
achao@starship:~$ _  ❸
```

❶ 在提示符號後面輸入指令並按確認鍵
❷ 指令的輸出
❸ 新的提示符號和游標

幾乎按下確認鍵的瞬間就得到了答案，雖然簡短，內涵卻很豐富，我們來分析一下。

第 1 行在輸入指令前就存在的 achao@starship:~ 叫作互動提示字元（shell prompt）。顧名思義，它們會出現在每一行等待我們輸入的指令前，起提示作用，例如第 3 行。那麼這段文字的意義是什麼呢？

它是由下面幾個部分組成的。

(1) achao：第 1 章安裝系統時指定的使用者名稱。如果你安裝系統時設定的使用者名稱是 bob，這裡就會顯示 bob。

(2) 分隔符號 @：讀作 at，表示（某人）在某處。

(3) starship：代表系統所在主機的名字，一般是安裝系統（見第 1 章）時使用者指定的。如果你當時輸入的名字是 mypc，這裡就會顯示 mypc。

(4) :：分隔符號，用來隔開主機名稱和目前的目錄。

(5) 目前的目錄 ~：使用者目前所在目錄。當你在不同目錄間跳躍時，它也隨之改變，類似於互動列世界裡的 GPS 定位。~ 這個符號是 HOME 目錄的簡寫，其含義後文會說明。

綜合起來，這個提示符號要表達的意思是：現在使用者 achao 在主機 starship 的 ~ 目錄下。

提示符號後面的 $ 也是一個分隔符號，用來分隔提示符號和使用者輸入的指令。

指令 pwd 是 print working directory（列印工作目錄）的字首縮寫。Linux 互動列的常用指令繼承了 Unix 的命名傳統，一般採用英文指令的字首縮寫，且全部使用小寫字母。如果你使用過 Windows 的互動列，大概知道 Windows 互動列不區分大小寫。而 Unix/Linux 系統是區分大小寫的，不論是指令還是目錄、檔案名稱，大小寫不同，代表的含義不同，即 pwd、Pwd、pWd 是 3 個不同的指令，myhome 和 myHome 是兩個不同的目錄。

Windows 的檔案系統一般有多個磁碟代號，例如 C:、D: 等，每個磁碟代號下面又有目錄或檔案，目錄下面還有子目錄或檔案，如圖 2-1 所示。

當我們要說明某個檔案放在某處時，要從根也就是磁碟代號開始，用反斜線 \ 分隔每一級目錄，例如 C:\Users\achao\myfile.txt。

Linux 的檔案系統則像一棵倒長的樹，如圖 2-2 所示。

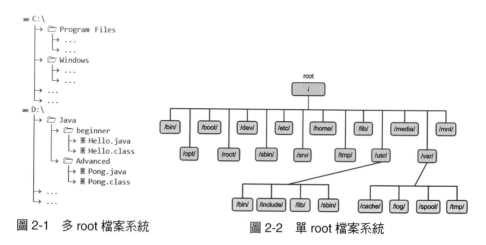

圖 2-1　多 root 檔案系統　　　圖 2-2　單 root 檔案系統

與 Windows 檔案系統不同的是，它只有一個根:/（似乎比多根樹更簡潔）。根目錄下面有許多子目錄和檔案，子目錄下又有自己的子目錄，目錄之間用斜線 / 分隔。上面的 Windows 系統中的檔案 myfile.txt，在 Linux 下對

應的位置是 /home/achao/myfile.txt。人們有時將目錄稱為 "資料夾"，是個很形象的比喻：資料夾裡可以繼續放資料夾和檔案，而檔案裡不能再放資料夾了。我們將外面的叫作父資料夾或父目錄，裡面的叫作子資料夾或子目錄。而剛才的問題 pwd 自然就是 "報告目前開啟的是哪個資料夾" 的意思了。

現在你應該猜到 pwd 的回答 /home/achao 是什麼意思了：進入互動列世界後最初所在的目錄，它有自己專門的名字 HOME，是不是相當恰如其分呢。

知道了自己在哪兒，很自然地會想到下一個問題：這裡有哪些檔案和目錄呢？翻譯成 shell 指令是 ls（list 的簡寫）。如果你在 Linux Mint 系統中執行這個指令，效果如程式清單 2-2 所示。

程式清單 2-2　Linux Mint 下的 ls 指令

```
achao@starship:~$ ls
Desktop
Documents
Downloads
Music
Pictures
Public
Templates
Videos
achao@starship:~$ _
```

在 WSL 系統中執行它的效果如程式清單 2-3 所示。

程式清單 2-3　WSL 下的 ls 指令

```
achao@starship:~$ ls
achao@starship:~$ _
```

Mint 預設為我們建立了幾個資料夾，類似於 Windows 系統預設建立的 "文件”“下載”“音樂”“圖片”等目錄，WSL 預設不在 HOME 目錄下建立任何目錄，但是不是也沒有任何檔案呢？不是的，我們對 ls 指令做一點小小的改進再看看效果，如程式清單 2-4 所示。

程式清單 2-4　顯示所有檔案

```
achao@starship:~$ ls -a
.
..
.bash_history
.bash_logout
.bashrc
.config
.local
.profile
achao@starship:~$ _
```

在上面輸入的指令 ls -a 中，以一個或兩個 - 開頭的部分叫作該指令的參數（parameter），一個指令可以有很多不同的參數，用不同的方法組合在一起會產生不同的效果。例如這裡 ls 指令的參數 -a 是 --all 的簡寫，意思是列出所有檔案，包含不加任何參數的 ls 能夠列出的檔案和以 . 開頭的檔案，即隱藏（hidden）檔案。隱藏檔案在 Linux 系統和應用的設定方面發揮著重要作用，後續在實際場景中我們還會說明。

看完了 HOME 目錄，我們看看根目錄下有些什麼，根據前面“資料夾”的比喻，是不是需要先關閉 HOME 目錄，再關閉它的父目錄 /home 才能到 / 呢？不需要這麼麻煩，只要用 cd（change directory）指令後面加上位址，就可以直接跳躍過去，如程式清單 2-5 所示。

程式清單 2-5　使用絕對路徑跳躍

```
achao@starship:~$ cd /
achao@starship:/$ _
```

第 2 行中，新的提示符號發生了變化，按照前面對提示符號的說明，不難發現它的意思是：使用者 achao 在主機 starship 的 / 目錄下。

現在我們返回 HOME 目錄，用另一種方法跳躍到根目錄，如程式清單 2-6 所示。

程式清單 2-6　使用相對路徑跳躍
```
achao@starship:/$ cd /home/achao
achao@starship:~$ cd ../..
achao@starship:/$ _
```

cd / 和 cd ../.. 的效果相同，第 1 種方法使用絕對路徑（absolute path）跳躍，第 2 種方法使用相對路徑（relative path）跳躍。絕對路徑總是以根目錄 / 開頭，相對路徑總是以目前的目錄開頭。上面 ls -a 指令的輸出中包含兩個奇怪的符號：和 ..，它們分別表示 "目前的目錄" 和 "目前的目錄的父目錄"，所以 cd ../.. 就表示 "跳躍到目前的目錄的父目錄的父目錄"。

快速返回 HOME 目錄

除了透過絕對路徑和相對路徑回到 HOME 目錄，還可以執行 cd（後面沒有參數）指令返回 HOME 目錄。

下面我們用相對路徑進入 /bin 目錄，看看裡面有什麼，如程式清單 2-7 所示。

程式清單 2-7　/bin 目錄下的檔案、目錄清單
```
achao@starship:/$ cd bin
achao@starship:/bin$ ls
archdetect          efibootmgr  nano          sleep
```

bash	egrep	nc	ss
brltty	false	nc.openbsd	static-sh
btrfs	fgconsole	netcat	stty
btrfsck	fgrep	netstat	su
btrfs-debug-tree	findmnt	networkctl	sync
btrfs-find-root	fsck.btrfs	nisdomainname	systemctl
btrfs-image	fuser	ntfs-3g	systemd
btrfs-map-logical	fusermount	ntfs-3g.probe	systemd-ask-password
btrfs-select-super	getfacl	ntfscat	systemd-escape
btrfstune	grep	ntfscluster	systemd-hwdb
btrfs-zero-log	gunzip	ntfscmp	systemd-inhibit
bunzip2	gzexe	ntfsfallocate	systemd-machine-id-setup
busybox	gzip	ntfsfix	systemd-notify
bzcat	hciconfig	ntfsinfo	systemd-sysusers
bzcmp	hostname	ntfsls	systemd-tmpfiles
bzdiff	ip	ntfsmove	systemd-tty-ask-password-agent
bzegrep	journalctl	ntfsrecover	tar
bzexe	kbd_mode	ntfssecaudit	tempfile
bzfgrep	keyctl	ntfstruncate	touch
bzgrep	kill	ntfsusermap	true
bzip2	kmod	ntfswipe	udevadm
bzip2recover	less	open	ulockmgr_server
bzless	lessecho	openvt	umount
bzmore	lessfile	pidof	uname
cat	lesskey	ping	uncompress
chacl	lesspipe	ping4	unicode_start
chgrp	ln	ping6	vdir
chmod	loadkeys	plymouth	wdctl
chown	login	ps	which
chvt	loginctl	pwd	whiptail
cp	lowntfs-3g	rbash	ypdomainname
cpio	ls	readlink	zcat
dash	lsblk	red	zcmp
date	lsmod	rm	zdiff
dd	mkdir	rmdir	zegrep
df	mkfs.btrfs	rnano	zfgrep
dir	mknod	run-parts	zforce
dmesg	mktemp	rzsh	zgrep
dnsdomainname	more	sed	zless

```
domainname        mount        setfacl      zmore
dumpkeys          mountpoint   setfont      znew
echo              mt           setupcon     zsh
ed                mt-gnu       sh           zsh5
efibootdump       mv           sh.distrib
achao@starship:/bin$ _
```

不難發現輸出是按字母順序,從第 1 列到第 4 列依次輸出的,其中第 2 列
裡出現了 ls,第 3 列裡出現了 pwd,難道指令也是檔案?

答案是:確實如此。我們仔細分析一下,如程式清單 2-8 所示。

程式清單 2-8　ls -l 範例輸出

```
achao@starship:/bin$ ls -l ls
-rwxr-xr-x 1 root root 133792 Jan 18  2018 ls
```

裡面多了很多東西,這裡用了 ls 指令的另一個參數 -l,意思是輸出檔案
的詳細內容(long listing format)。這些內容對了解和使用 Linux 檔案系
統非常重要,下面看看它們告訴了我們哪些資訊。

◎ 2.2　許可權系統

2.1 節 ls -l ls 指令的輸出結果包含了豐富的資訊,下面逐一說明。

首先,程式清單 2-8 的第 1 列 -rwxr-xr-x 是檔案許可權(file permission)
標示,由 4 個子字串拼接而成,如圖 2-3 所示。

☐ 檔案類型(1 位元)

☐ 所有者許可權(3 位元)

☐ 群組使用者許可權(3 位元)

☐ 其他使用者許可權(3 位元)

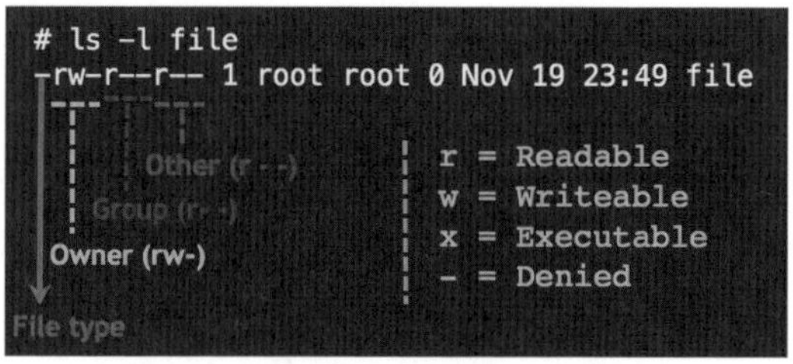

```
# ls -l file
-rw-r--r-- 1 root root 0 Nov 19 23:49 file

          Other (r--)         r = Readable
          Group (r--)         w = Writeable
   Owner (rw-)                x = Executable
                              - = Denied
File type
```

圖 2-3　檔案許可權標示位元說明

常見的檔案類型有 -（代表檔案）、d（代表目錄）和 l（代表連結），如
程式清單 2-9 所示。

程式清單 2-9　輸出 /etc 目錄內容

```
achao@starship:/bin$ ls -l /etc
total 1236
drwxr-xr-x  3 root root     4096 Jul 29 18:56 acpi
-rw-r--r--  1 root root     3028 Jul 29 18:28 adduser.conf
...
```

上面的指令列出 /etc 下面的所有內容，我們只截取了前兩個。acpi 的類型
標示為 d，表示它是一個目錄，而 adduser.conf 的類型標示為 -，表示它是
一個檔案。

Linux 的許可權系統沿襲了 Unix 的規則：每個系統上都有多個使用者
（user），這些使用者分屬於不同的群組（group），其中有一個名為
root 的使用者是系統管理員，擁有對系統完全的控制權，包含規定其他
使用者的許可權。每個檔案或目錄都被指定一個使用者作為它的所有者
（owner），所有者能對屬於自己的檔案或目錄做什麼，就定義在所有者
許可權這 3 個字元中。上面 acpi 的所有者許可權為 rwx，表示該目錄的所
有者（我們暫且叫他 X）對它有讀（read）、寫（write）和執行（execute）
許可權。而 adduser.conf 的所有者許可權為 rw-，表示 X 只能對它進行讀
取和寫入操作，不能執行它。

群組使用者許可權規定了與 X 同群組的其他使用者對這個檔案 / 目錄的許可權，例如 acpi 的群組使用者許可權是 r-x，表示與 X 同群組的其他使用者只能讀取和執行（對資料夾來說，執行就表示將該目錄作為目前工作目錄），不能寫入（更改、刪除）；adduser.conf 的群組使用者許可權是 r--，表示與 X 同群組的其他使用者只能讀取這個檔案（對檔案來說，讀取代表檢視檔案內容），不能寫入（更改、刪除）和執行。

其他使用者指不與 X 同群組的其他所有使用者，它們的許可權由許可權標示的最後 3 個字元確定，在程式清單 2-9 中它們的內容與群組使用者許可權相同。

你可能會問，這個 X 到底是誰？別急，程式清單 2-9 的第 3 列和第 4 列正是回答這個問題的，這裡它們都是 root，表示 ls 這個檔案的所有者是使用者 root，所屬的群組也叫 root。

接下來第 5 列代表檔案的大小，單位是位元組，所以前面執行的 ls 指令實際上是檔案系統裡的普通檔案，它的大小是 133792 位元組。

第 6 ～ 8 列代表檔案的最後修改時間，儲存 ls 指令檔案的最後修改時間是 2018 年 1 月 18 日。

第 9 列是檔案 / 目錄名稱。

由於 root 使用者的權力非常大，為了 "把權力關進位度的籠子裡"，保證系統健康穩定執行，為 root 定義明確的使用場景和規則十分必要，基本原則如下：

root 負責管理 Linux 系統本身和包括全體使用者的交易，只相關單一使用者的交易由使用者自己管理；

儘量不以 root 身份登入系統；

如果一件事能由普通使用者完成，就不要由 root 完成。

將後兩點擴充到系統的其他模組，例如執行緒、應用等，就形成了最小許可權原則（principle of least privilege，PoLP），其主要內容是：如果只需要許可權集合 A 就能完成一項工作，就不要使用比它更大的許可權集合 B。換句話說，完成工作的模組擁有的許可權越少越好。

按照這個原則可以得到以下結論。

□ 安裝系統等級的應用：應該由 root 使用者來安裝。

□ 安裝供多個使用者使用的可執行指令稿：應該由 root 使用者來安裝。

□ 在個人電腦上安裝指令稿，供自己使用：應該把指令檔儲存到自己的 HOME 目錄下，不需要 root 參與。

說到這裡，你也許會問，為什麼要把事情搞得這麼複雜，我只想用 Linux 做應用程式開發、資料分析，為什麼要了解使用者、群組之類的概念呢？

這是一個好問題。我們知道電腦是 20 世紀 40 年代出現的，而個人電腦（personal computer）最早誕生於 20 世紀 70 年代，在其間的幾十年裡，電腦的造價十分高昂，只有部分大學和研究機構買得起，由專業部門管理和維護，供多個使用者使用，Unix 正是以這樣為基礎的使用模式設計的。為了避免使用者誤操作或惡意攻擊對系統造成損害，就有了現在我們看到的許可權系統。

那麼對於個人電腦，能不能關閉許可權系統呢？當然可以，例如我們可以用 chown（change ownership）指令將所有檔案、目錄的許可權都設定為 rwxrwxrwx，即所有使用者對所有檔案都擁有全部許可權，效果和關閉許可權系統類似。但安全和便利是一枚硬幣的兩面。實踐證明，只追求便利、完全放開許可權會導致系統故障頻發，使用者要花費大量時間重新安裝系統，更新損壞的硬體。

比較好的方法是在二者之間保持合理的平衡，在許可權系統的保護下，提供一些工具提升便利性。這類工具中最常用的是 sudo，它的基本想法是：

對於值得信任的使用者（Linux 術語叫 sudoer，即有權力執行 sudo 指令的
人），例如個人電腦的擁有者，能以 root 的身份執行指令。

 sudo 是什麼意思？

早期版本的 sudo 主要用於提升使用者許可權，是 superuser do
的簡寫，現代版本的功能已不限於此，也支援 root 外的其他使用者作
為替代物件，所以現在把它解釋為 substitute user do 更合適。

例如使用者 achao 執行 sudo apt install htop，意思是 achao 以 root 使用者
的身份使用套件管理員 apt 為系統安裝 htop 應用。sudo 只對它後面緊跟
著的指令有 "提升" 效果，一旦指令執行完， "特權" 也隨之結束。舉例
來說，achao 在執行完 sudo apt install htop 後，想檢視 /etc/sudoers 檔案內
容，如程式清單 2-10 所示。

程式清單 2-10　檢視 /etc/sudoers 檔案內容

```
achao@starship:~$ cat /etc/sudoers          ❶
cat: /etc/sudoers: Permission denied
achao@starship:~$ ls -l /etc/sudoers
-r--r----- 1 root root 755 Jan 18  2018 /etc/sudoers
achao@starship:~$ groups root achao          ❷
root : root
achao : achao
achao@starship:~$ sudo cat /etc/sudoers
#
# This file MUST be edited with the 'visudo' command as root.
#
...
```

❶ cat 指令列印檔案內容，2.3 節會詳細介紹
❷ groups 指令列印指定使用者所在的群組

系統回答 "不允許存取"，透過 ls -l /etc/sudoers 指令，可知該檔案的所有者是 root，與 achao 不在一個群組裡，沒有檢視檔案的許可權（檔案許可權標示位元的最後 3 位元全是 - ）。下面 groups root achao 的傳回結果說明：root 屬於 root 群組，achao 屬於 achao 群組，所以 achao 沒有檢視 /etc/sudoers 檔案的許可權。最後 achao 在指令前面加上了 sudo 字首，成功列印出了檔案內容。

每次使用 sudo 時，使用者都要輸入自己的密碼（而非 root 使用者的密碼），如果需要多次使用 sudo，反覆輸入密碼就比較麻煩（又是一個安全和便利發生衝突的實例）。Linux 的解決方法是為 sudo 加上一個 "免密時間"，預設為 5 分鐘，即在上一次使用 sudo 指令後的 5 分鐘內，再次使用 sudo 指令不需要輸入密碼，超出 5 分鐘則需要再次輸入密碼。在上面的實例中，如果執行完 sudo apt install htop 的 5 分鐘內執行 sudo cat /etc/sudoers，則不需要輸入密碼。

sudo 指令的免密時間

　　免密時間的長度由 /etc/sudoers 檔案中的 timestamp_timeout 參數確定，修改該參數的值就可以縮短或延長免密時間。如果不關心系統的安全性，可以把這個值設為 -1，將免密時間設為無限長。

2.3　檢視檔案資訊

Linux 系統中包含多種類型的檔案，其中最常見的是文字檔（text file）和二進位檔案（binary file）。簡單地說，文字檔單純由字元組成，二進位檔案除了字元還包含其他內容。以 "用文字檔儲存資料" 為基礎的理念，Linux 提供了大量工具，支援以多種方式檢視和編輯文字檔，其中最常用的是 cat，它可以把一個檔案的內容列印到螢幕上。例如可以用它檢視系統支援的 shell 種類，如程式清單 2-11 所示。

程式清單 2-11　檢視 etc/shells 檔案內容

```
achao@starship:~$ cat /etc/shells
# /etc/shells: valid login shells
/bin/sh
/bin/bash
/bin/rbash
/bin/dash
```

或檢視 SSH 服務相關的系統設定檔，如程式清單 2-12 所示。

程式清單 2-12　使用 cat 指令檢視檔案內容

```
achao@starship:~$ cat /etc/ssh/ssh_config
# This is the ssh client system-wide configuration file.  See
# ssh_config(5) for more information.  This file provides defaults for
# users, and the values can be changed in per-user configuration files
# or on the command line.
...

achao@starship:~$ _
```

檔案比較長，最開始的幾行一閃而過，只剩下最後幾十行留在螢幕上，檢視長度超過螢幕行數的檔案顯然不方便。為了解決這個問題，人們發明了很多文字瀏覽工具，目前比較流行的是 less（關於文字瀏覽工具的使用詳見第 5 章），使用方法是在 less 指令後面加上想要檢視的檔案名稱，例如執行 less /etc/ssh/ssh_config 後螢幕上顯示的是檔案 /etc/ssh/ssh_config 的第 1 頁內容。按 j 鍵向下捲動一行，按 k 鍵向上捲動一行，也可以用 PgUp 鍵向上翻頁，用空白鍵或 PgDn 鍵向下翻頁，按 q 鍵退出分頁器，回到互動列環境中。

對於有些比較長的檔案，我們可能只想看最開始幾行或最後幾行，又或想讓其他工具處理大檔案的最後幾行，這時就要用到 head 和 tail 這兩個指令了。顧名思義，head 用來列印一個檔案最開始幾行文字，tail 用來列印檔案的最後幾行文字，預設是 10 行。下面我們來列印檔案 /etc/ssh/ssh_config 的前 10 行，如程式清單 2-13 所示。

程式清單 2-13　使用 head 指令檢視檔案表頭部內容

```
achao@starship:~$ head /etc/ssh/ssh_config

# This is the ssh client system-wide configuration file.  See
# ssh_config(5) for more information.  This file provides defaults for
# users, and the values can be changed in per-user configuration files
# or on the command line.

# Configuration data is parsed as follows:
#  1. command line options
#  2. user-specific file
#  3. system-wide file
achao@starship:~$ _
```

要列印檔案的最後 10 行，只要把 head 換成 tail 就行了，如程式清單 2-14 所示。

程式清單 2-14　使用 tail 指令檢視檔案結尾部內容

```
achao@starship:~$ tail /etc/ssh/ssh_config
#   EscapeChar ~
#   Tunnel no
#   TunnelDevice any:any
#   PermitLocalCommand no
#   VisualHostKey no
#   ProxyCommand ssh -q -W %h:%p gateway.example.com
#   RekeyLimit 1G 1h
    SendEnv LANG LC_*
    HashKnownHosts yes
    GSSAPIAuthentication yes
achao@starship:~$ _
```

想要知道一個檔案共有多少行也很簡單，使用 wc 指令配合 -l 選項即可，如程式清單 2-15 所示。

程式清單 2-15 使用 wc 指令統計檔案行數

```
achao@starship:~$ wc -l /etc/ssh/ssh_config
51 /etc/ssh/ssh_config
achao@starship:~$ _
```

結果表示這個檔案有 61 行。head 和 tail 的妙處在於，不論這個檔案是 61 行，還是 61 萬行或 61 億行（如果磁碟放得下的話），列印文字需要的時間幾乎一樣快。

前面我們用 ls 指令檢視了它自己的許可權標示和修改時間等，那麼能不能用 cat 指令檢視它的內容呢？實作出真知，如程式清單 2-16 所示。

程式清單 2-16 用 cat 指令檢視二進位檔案內容

```
achao@starship:~$ cat /bin/ls
^?ELF^B^A^A^@^@^@^@^@^@^@^@^@^C^@>^@^A^@^@^@PX^@^@^@^@^@^@@^@^@^@^@^@^@
<A0>^C^B^@^@^@^@^@^@^@^@@^@8
^@
^@@^@^\^@ESC^@^F^@^@^@^E^@^@^@@@^@^@^@^@^@^@^@@^@^@^@^@^@^@@^@^@^@^@^@^@^@^@
<F8>^A^@^@^@^@^@^@
<F8>^A^@^@^@^@^@^@^H^@^@^@^@^@^@^@^C^@^@^@^D^@^@^@8^B^@^@^@^@^@8^B^@^@^@^@
^@^@8^B^@^@^@^@^@^@^\^@^@^@
...
achao@starship:~$ _
```

螢幕上出現了一大堆不知所云的符號，為什麼前面的 /etc/ssh/ssh_config 能列印出字元，而 /bin/ls 檔案就不行呢？ Linux 提供了工具 file 來回答這個問題，如程式清單 2-17 所示。

程式清單 2-17 用 file 指令檢視檔案類型

```
achao@starship:~$ file /etc/ssh/ssh_config
/etc/ssh/ssh_config: ASCII text
```

```
achao@starship:~$ file /bin/ls
/bin/ls: ELF 64-bit LSB shared object, x86-64, version 1 (SYSV), ...
achao@starship:~$ _
```

傳回結果中包含 text 的是文字檔，其他的尤其是 ELF 之類的則是二進位檔案。

如果你用 file 指令測試其他檔案，尤其是一些包含中文的檔案，可能會看到 UTF-8 Unicode text，那麼這裡 text 前面的 ASCII、UTF-8 Unicode 是什麼意思呢？

我們知道儲存在磁碟上的檔案都是由 0 和 1 組成的二進位串，像 "A" "星" 這些字元並不能像寫在紙上一樣寫到磁碟上的檔案裡。為了能儲存字元，人們製作了一種特殊的 "字典"，給其中每個字指定一個二進位串，這樣就可以把文字變成二進位串儲存到檔案裡了，這個過程叫作編碼（encoding），這樣的字典叫作 "字元集"。目前廣泛使用的 ASCII 字元集由美國國家標準學會（American National Standards Institute，ANSI）於 20 世紀 60 年代制定。該字元集只包含英文字母和符號，所以後來世界各國紛紛制定了自己的字元集，以解決本國文字的電子化問題。例如中國大陸的 GB2312 字元集包含了 6763 個中文字，GBK 字元集則包含 21886 個中文字和圖形符號。隨著國際交流的日益頻繁，不同字元集之間互不相容的問題讓人十分頭疼，於是人們嘗試制定包含各種語言文字和符號的字元集，Unicode 是其中應用最廣泛的字元集，上面用 file 指令檢視檔案的輸出中，text 前面顯示的就是目前檔案編碼使用的字元集。

知道了編碼方法，不難想到只要反向查詢字元集，就可以把二進位串還原成原來的字元，這個過程叫作解碼（decoding）。

現在我們已經了解了最常用的幾個目錄跳躍和檔案檢視指令，接下來可以做一些有意思的事情了。

例如想知道一個資料夾下有多少個檔案，最簡單的方法是用 ls 指令，然後一個一個數，但檔案多的時候這樣做會很費時，為了避免數錯，可能還得多數幾遍，那有沒有簡單準確的方法？

我們知道 ls 指令能列印檔案列表，wc -l 能統計一個檔案中的行數。如果能把 ls 指令的結果儲存在一個檔案裡，而非輸出到螢幕上，再用 wc -l 統計行數，不就達到目的了嗎？

這個方法固然好，但首先要解決把 ls 的輸出儲存到檔案裡的問題，這就用到了一種叫作重新導向（redirection）的技術。它的使用方法很簡單：在指令後面加上大於號和要儲存的檔案名稱。例如要統計 /bin 目錄下的檔案個數，把指令輸出儲存到 file_list.txt 檔案中的指令就是：ls /bin > ~/file_list.txt。

然後看看這個檔案長什麼樣子，如程式清單 2-18 所示。

程式清單 2-18　用 cat 指令檢視檔案內容

```
achao@starship:~$ cat ~/file_list.txt
...
zdiff
zegrep
zfgrep
zforce
zgrep
zless
zmore
znew
zsh
zsh5
```

檔案很長，只能看到尾部的幾十個檔案名稱，沒關係，我們已經知道怎麼使用分頁器和 head、tail 檢視長檔案了，如程式清單 2-19 所示。

程式清單 2-19　多種方式檢視檔案內容

```
achao@starship:~$ less ~/file_list.txt
...
achao@starship:~$ head ~/file_list.txt
...
achao@starship:~$ tail ~/file_list.txt
...
achao@starship:~$ _
```

🔊 注意

別忘了分頁器裡用 q 鍵退出哦。

接下來統計一下檔案中的文字行數，如程式清單 2-20 所示。

程式清單 2-20　統計 file_list 檔案行數

```
achao@starship:~$ wc -l ~/file_list.txt
179 file_list.txt
achao@starship:~$ _
```

這樣我們就知道了 /bin 目錄下有 179 個檔案。

 檔案數目不一致怎麼辦？

　　不同的 Linux 發行版本，或 macOS、WSL 等系統中 /bin 下的檔
案數目可能不一致，這是正常的。

雖然達到了目的，但還是有些麻煩，能不能再簡化一些呢？當然可以，這
時互動列的另一個強大武器管道（pipe）就閃亮登場了，如程式清單 2-21
所示。

程式清單 **2-21**　管道指令範例

```
achao@starship:~$ ls /bin | wc -l
179
achao@starship:~$ _
```

ls /bin 和 wc -l 中間的分隔號就是管道符號 |（鍵盤上按住 Shift 鍵再按反斜線鍵得到的符號）。它的作用是連接兩邊的指令，將前面指令的輸出變成後面指令的輸入，進一步組合成一筆處理資料的管線。管線中的資料只在電腦的記憶體裡停留，不需要讀寫入磁碟，因此不僅指令本身更漂亮，執行速度也比寫入檔案的方式快了很多。

由此不難看出，互動列像樂高積木一樣，提供了一些基本工具。你的角色不僅是使用者，也是工具的製造者。你可以透過組合基本工具形成更複雜、更進階的工具。而圖形介面不具備組合能力，使用者只能老老實實接受工具開發者提供的那些功能。例如還是檢視目錄下有多少檔案和子目錄這個場景，在圖形介面中只能在選單裡翻找 "狀態列" 的開關選項，開啟狀態列，如果不知道這個選項放在哪兒，或開啟後發現不包含檔案數量資訊，就只能 "望洋興嘆" 了。

前面檢視的檔案和目錄基本都是 Linux 系統附帶的，下面我們看看如何建立自己的檔案和目錄，以及複製、修改和刪除的方法。

⊚ 2.4　建立檔案和目錄

建立目錄的指令 mkdir 是 make a directory 的簡寫，例如要在 HOME 目錄下建立一個名叫 demo 的目錄，如程式清單 2-22 所示。

程式清單 **2-22**　mkdir 指令效果

```
achao@starship:~$ mkdir demo
achao@starship:~$ ls -l
total 4
drwxrwxr-x 2 achao achao 4096 Dec 18 23:14 demo
achao@starship:~$ _
```

第 1 行指令建立了目錄，第 2 行指令 ls -l 不是必需的，只是確認目錄是否建立成功了。

你也許會奇怪，mkdir 建立成功後為什麼沒有任何輸出呢，難道不應該傳回一段 "目錄建立成功" 之類的文字嗎？

又是一個好問題。有人說 Linux 之所以惜字如金，是因為從 Unix 那裡繼承了 "沒有訊息就是好消息" 的文化，只在出錯時才傳回錯誤訊息。這麼說確實有道理，但更重要的原因在於像 mkdir 這些 shell 指令所具有的 "雙重身份"，它們一方面可以作為單一工具被人類使用者使用，另一方面又可以組合起來形成新工具（例如上面的 ls /bin | wc -l），完成更複雜的工作。在這樣的資料管線中，執行成功的提示訊息會干擾真正的資料流程。

"但是，" 你也許會說，"我是人類啊，就是想看到執行成功的回饋，怎麼辦？" 這時候指令的參數就派上用場了，如程式清單 2-23 所示。

程式清單 **2-23**　**mkdir -v 指令效果**

```
achao@starship:~$ mkdir -v demo2
mkdir: created directory 'demo2'
achao@starship:~$ _
```

為 mkdir 指令增加參數 -v 後，傳回了執行成功的資訊。這裡 v 代表 verbose，是 "請輸出詳細資訊" 的意思，在 Unix/Linux 互動列幾十年的歷史中，形成了一些約定俗成的習慣。了解這些習慣用法，一方面可以大幅加強工作效率；另一方面，了解得越多，就越有 "圈裡人" 的感覺。例如很多指令用 -v 參數表示輸出詳細資訊（當然也有例外），有些指令還支援 -vv 甚至 -vvv，v 越多，輸出就越詳細。

你看，互動列並不是死板僵硬的，相反，它非常靈活和生活化，同一個指令，搭配不同的參數就能產生各種不同的效果。

目錄建好後，我們在目錄中建立一個檔案，如程式清單 2-24 所示。

程式清單 2-24　使用 Vim 建立檔案

```
achao@starship:~$ vi demo/afile.txt
```

這裡的 vi 指令啟動了一個叫作 Vim 的文字編輯器，如果這是你與它的初次邂逅，或許會被它的外表所震驚，沒有熟悉的選單、工具列、標籤欄、檔案樹，除了左上角的游標，什麼都沒有。喜愛它的人認為它堅持了 Unix "小而精" "一個工具只做一件事" 的傳統；討厭它的人則認為它過於簡陋、古怪……關於編輯器的陣營問題如此容易引起爭論，以至於程式設計師給它專門起了個名字："編輯器的宗教戰爭"。

作為 Unix/Linux 上最古老、使用最廣泛、速度最快、最有生命力的互動列文字編輯器，你可以在任何主流 Linux 發行版本中找到 Vim，在任何主流編輯器（Emacs、VS Code、PyCharm、Atom、Sublime……）乃至於瀏覽器（Chrome、Firefox 等）中找到名字類似於 vi mode 的外掛程式，旨在支援 vi 風格的操作。為什麼這個古老的編輯器如此流行呢？下面我們就來了解一下它的基本概念和操作，後面的章節會詳細說明。

之前我們使用的記事本之類的編輯器中，游標的作用都類似於一支筆，只有寫字一個功能，而 Vim 的游標不止能寫字，它還 "認識" 字。例如它知道什麼是一個單字，什麼是一句話，什麼是括號包含的內容……如何刪除一個詞，如何尋找一個詞，如何將符合某種模式的文字取代為其他內容，等等。

那麼 Vim 是如何做到的呢？這就不得不提 Vim 的招牌特色："模式編輯"。

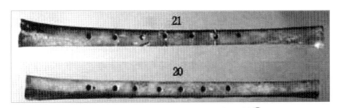

圖 2-4　河南舞陽出土的賈湖骨笛[a]

---

a　圖片引自許欽彬所著的圖書《易與古文明》（社會科學文獻出版社）。

雖然聽著挺高深，但模式（mode）並不是 Vim 發明的，人們很早就在生活中使用它了，例如中國大陸最早的樂器之一、河南舞陽賈湖出土的 7000 多年前的骨笛，如圖 2-4 所示。

現代一些的，例如汽車、吉他也都不同程度地使用了模式實現功能，這些東西看上去和 Vim 一點都不像，但又有共通之處：它們都讓相同的動作在不同模式下產生不同的效果。

舉例來說，用同樣的力氣吹笛子，按住不同的孔，就會發出不同的聲音；以同樣的力道踩油門，在前進擋下，車向前走，在倒車擋下就變成了向後退。按下 x 鍵，在 Vim 的標準模式下，會刪除游標所在位置的字元，而在插入模式下，就變成了插入字母 x。

這樣的實例還有很多，例如浴室裡的蓮蓬頭、多色圓珠筆等，也都利用了模式。

好，執行上面的指令 vi demo/afile.txt 後，就啟動了 Vim，進入它預設的標準模式（normal mode），為了能夠輸入文字，需按下 i 鍵向 Vim 發出 "插入"（insert）指令，該指令讓 Vim 從 "標準模式" 轉為插入模式（insert mode）。為了明確提示使用者狀態的切換，視窗左下角出現 -- INSERT -- 標示。

這時的 Vim 和我們熟悉的記事本沒什麼區別，請輸入程式清單 2-25 所示的文字。

程式清單 2-25　輸入文字內容

```
echo "hello world"
```

然後按下鍵盤左上角的 ESC 鍵，請注意，這時螢幕左下角的 -- INSERT -- 標示消失了，表示你已經離開了插入模式，回到了標準模式。

這時按下：鍵，注意視窗左下角出現了：，游標在冒號後閃爍，表示等待你輸入指令，這時 Vim 進入了第 3 種常用模式：指令模式（command mode）。在該模式下，你可以像在插入模式下一樣使用字母、數字鍵，以及左右方向鍵和倒退鍵等。Vim 會在：後同步顯示你的輸入，如果輸錯了，按倒退鍵刪掉重新輸入即可，輸入結束後，按確認鍵執行指令。

這裡我們輸入 wq（猜猜這句簡短的 "咒語" 是什麼意思？）並按確認鍵，這時 Vim 視窗消失了，又出現了熟悉的互動列提示符號。

用前面學過的指令驗證一下工作成果，如程式清單 2-26 所示。

程式清單 2-26　檢視產生檔案內容

```
achao@starship:~$ cat demo/afile.txt
echo "hello world"
achao@starship:~$ _
```

非常完美！這就是我們用互動列撰寫的第一個檔案，同時也是一個可執行的指令稿。

重複下面這 5 步，就可以用 Vim 在互動列裡完成初步的文字編輯工作了。

(1)　啟動 Vim，指定檔案名稱：vi afile.txt。

(2)　按下 i 鍵進入插入模式。

(3)　輸入內容。

(4)　按下 ESC 鍵返回標準模式。

(5)　儲存檔案並退出（write and quit）：wq。

沒有傳說中那麼難吧？

⊚ 2.5　複製和更改檔案和目錄

了解了建立檔案和目錄，下面我們看看如何複製檔案和目錄。執行複製的指令叫作 cp（copy）。為檔案 A 產生一個內容相同但名為 B 的檔案（也叫備份），只要執行 cp A B 即可。例如我們想為剛才撰寫的檔案 afile.txt 做一個備份 hw.sh，然後驗證檔案內容，如程式清單 2-27 所示。

程式清單 2-27　使用 cp 指令複製檔案

```
achao@starship:~$ cd demo
achao@starship:~/demo$ cp afile.txt hw.sh
achao@starship:~/demo$ ls
afile.txt  hw.sh
achao@starship:~/demo$ cat hw.sh
echo "hello world"
achao@starship:~$ _
```

現在我們知道備份的內容確實與原文件完全相同。

複製目錄的方法和複製檔案類似，只是要加 -r 參數。例如我們想將目錄 demo 以及下面所有檔案複製到一個叫 backup 的目錄中，然後用 ls 指令驗證一下，如程式清單 2-28 所示。

程式清單 2-28　使用 cp 指令複製目錄

```
achao@starship:~/demo$ cd ..
achao@starship:~$ cp -r demo backup
achao@starship:~$ ls
backup  demo  demo2
achao@starship:~$ _
```

還記得 .. 的意思是父目錄，這裡 -r 的意思是 recursive，即從頂層到下面的檔案，不管有多少層，都遞迴地複製，產生一棵完全一樣的目錄樹。

與複製指令不同，用來移動或重新命名的指令 mv（move）並不區別對待檔案和目錄。程式清單 2-29 所示的指令將 demo/hw.sh 移動到 backup 目錄下，然後將 demo2 目錄重新命名為 bak。

程式清單 2-29　使用 mv 指令更改目錄名稱

```
achao@starship:~$ mv demo/hw.sh backup/
achao@starship:~$ mv demo2 bak
achao@starship:~$ ls
backup  bak  demo
achao@starship:~$ ls backup
afile.txt  hw.sh
achao@starship:~$ _
```

了解了檔案的複製和移動，現在我們放下檔案系統的其他操作指令，來玩一個解謎遊戲。

作為 Linux 使用者，免不了動手修改各種系統檔案，當你按照文件或網頁上的說明修改了某個系統檔案，檢查無誤後準備儲存並退出時，Vim 告知你沒有寫入檔案許可權，無法儲存檔案。這時你想起輸入編輯檔案指令的時候忘了加 sudo 字首。沒辦法，退出重新編輯吧（飆淚笑），但是這時候 Vim 又提示說這個檔案已經改動過了，必須儲存之後再退出。

不讓儲存檔案，也不讓退出，難道要被困在 Vim 裡嗎？透過思考，你可能會想到一個方法：刪掉自己的修改，恢復檔案原貌（再次飆淚笑），這樣退出的時候 Vim 就無法阻攔你了。

這個方法當然可行，但代價似乎大了一點，有沒有更好的方法呢？

結合前面學到的工具，可以用下面的方法退出 Vim，又能保留已經輸入的內容：先把修改好的檔案儲存在一個許可權允許的地方，再用它覆蓋原來要修改的系統檔案。例如我們用不帶 sudo 的 vi 指令修改 /etc/profile 檔案，操作如下。

(1)　開始編輯檔案：vi /etc/profile。

(2)　手動進行一些修改。

(3)　在 Vim 的標準模式下輸入指令 :wq /tmp/profile 並按確認鍵，該指令將內容儲存到 /tmp/profile 檔案裡。由於任何使用者都有 /tmp 資料夾的讀寫許可權，所以 Vim 不會報沒有寫入許可權錯誤。

(4)　在 Vim 的標準模式下輸入指令 :q! 並按確認鍵，退出 Vim，q 後面的驚嘆號表示 "不論有無更改都強制退出 Vim"。

(5)　然後我們回到了互動列環境中，執行 sudo cp /tmp/profile /etc/profile，把修改後的內容儲存到 /etc/profile 檔案裡。

從這個實例可以看出，Vim 和互動列結合得非常緊密，它遵循 "一個工具只做一件事" 的 Unix 哲學，功能聚焦於 "編輯文字" 這一核心訴求（然後將編輯文字從體力工作變成了一種藝術），其他所有功能（例如專案管理、版本控制等）都交給專門工具處理。使用者不會像使用 IDE 那樣成天面對它，而是在多種工具間快速切換，第 7 章會深入討論。

◎ 2.6　刪除檔案和目錄

説完了建立和修改，下面介紹檔案基本操作的最後一塊重要拼圖——刪除 rm（remove）。

刪除檔案的指令是 rm：rm <filename>，刪除目錄則需要加上 -r 參數，與 cp 的 -r 參數意義相同，也是 "遞迴地處理目錄以及下面所有子目錄和檔案"。下面我們來刪除 backup 目錄下的 afile.txt 檔案和 bak 目錄，如程式清單 2-30 所示。

程式清單 2-30　使用 rm 指令刪除檔案和目錄

```
achao@starship:~$ rm demo/afile.txt
achao@starship:~$ rm -r bak
```

```
achao@starship:~$ ls
backup   demo
achao@starship:~$ _
```

不論是建立目錄的 mkdir，還是這裡用來刪除目錄和檔案的 rm，Linux 互動列預設的行為都遵循"最少打擾"原則──相信使用者是在深思熟慮之後向系統發出指令，而非任何情況下都喋喋不休地提醒使用者"是不是再考慮一下"。但與 mkdir 等其他指令類似，使用者也可以透過參數改變 rm 的預設行為。例如可以透過 -i 參數讓 rm 更"謹慎"，每個刪除操作都要使用者輸入 y 或 yes（不區分大小寫）才執行，如程式清單 2-31 所示。

程式清單 2-31　互動式刪除目錄

```
achao@starship:~$ rm -ri backup
rm: descend into directory 'backup'? y
rm: remove regular empty file 'backup/hw.sh'? y
rm: remove regular empty file 'backup/afile.txt'? y
rm: remove directory 'backup'? y
achao@starship:~$ _
```

rm 指令允許將多個參數合在一起寫，所以 -ri 是 -r -i 的簡寫形式。但並不是所有指令都允許這樣處理，不確定某個指令是否接受合寫的參數時，採用分開的完整形式比較保險。

也可以反向調節，讓刪除動作更流暢，即使出現了某種程度的例外，也不向使用者報告，例如刪除一個不存在的檔案，如程式清單 2-32 所示。

程式清單 2-32　強制刪除目錄

```
achao@starship:~$ rm abc
rm: cannot remove 'abc': No such file or directory
achao@starship:~$ rm -f abc        ❶
achao@starship:~$ _
```

❶ -f 參數的作用後面會解釋。

為什麼會有這種似乎很奇怪的要求呢？原因在於工作場景的多樣性。例如伺服器上執行的某個服務向一個目錄裡寫入記錄檔，以記錄執行時的各種資訊。隨著時間的演進，檔案數量越來越多，為了避免它們佔滿整個伺服器的磁碟空間，需要定期清理儲存日誌的目錄。

執行清理工作時可能有兩種情況，一種是這段時間內服務沒有建立任何日誌，另一種情況是有記錄檔。直觀來看，我們應該這樣定義清理過程：如果沒有記錄檔，工作結束，否則刪除所有記錄檔。但是其實我們並不關心如何清空目錄，而關心最後的結果，能否直接表達 "讓目錄下面沒有任何檔案、目錄" 呢？這就到 rm -f *.log 展現威力的時候了，它尋找所有副檔名為 log 的檔案，如果有就刪除，如果沒有，也不會大驚小怪地輸出錯誤訊息，而是默默執行完所有工作，傳回結果 "工作執行完畢"。

上面實例中的 * 叫作萬用字元（wildcard），它表示 "零個或多個字元"，例如 *.log 表示所有名字以 .log 結尾的檔案，a*.txt 表示所有名字以 a 開頭並以 .txt 結尾的檔案。下面我們首先建立 3 個檔案，然後利用萬用字元刪除名字以 a 開頭的檔案，如程式清單 2-33 所示。

程式清單 2-33　刪除名字以 a 開頭的檔案

```
achao@starship:~$ touch abc.txt afile.txt xyz.txt   ❶
achao@starship:~$ ls
abc.txt   afile.txt   xyz.txt
achao@starship:~$ rm a*
achao@starship:~$ ls
xyz.txt
achao@starship:~$ _
```

這裡 touch 指令用於建立新檔案，它也可以用來更新檔案時間戳記。

Linux 互動列的每個指令都會傳回一個整數，叫作傳回值（exit status），每次執行完一個指令後，緊接著執行 echo $? 就可以檢視上個指令的傳回值。當它為 0 時，表示指令正常結束，否則說明指令執行過程中出現了錯誤，指令沒有正常執行。下面我們透過刪除不存在的檔案，看看刪除指令帶不同參數時傳回值如何變化，如程式清單 2-34 所示。

程式清單 2-34　執行成功和失敗時指令傳回值的變化

```
achao@starship:~$ rm nofile.txt
rm: cannot remove 'nofile.txt': No such file or directory
achao@starship:~$ echo $?
1
achao@starship:~$ rm -f nofile.txt
achao@starship:~$ echo $?
0
achao@starship:~$ _
```

不使用 -f 參數時，傳回值為 1，表示指令執行失敗；使用 -f 參數則傳回 0，表示指令執行成功。

2.7 檔案系統核心概念和常用指令一覽

2.7.1　檔案系統核心概念

本章我們圍繞檔案系統認識了 Linux 最核心的幾個部分，圖 2-5 用思維導圖的形式展示了我們學過的這些核心概念，有助你更進一步地掌握它們。

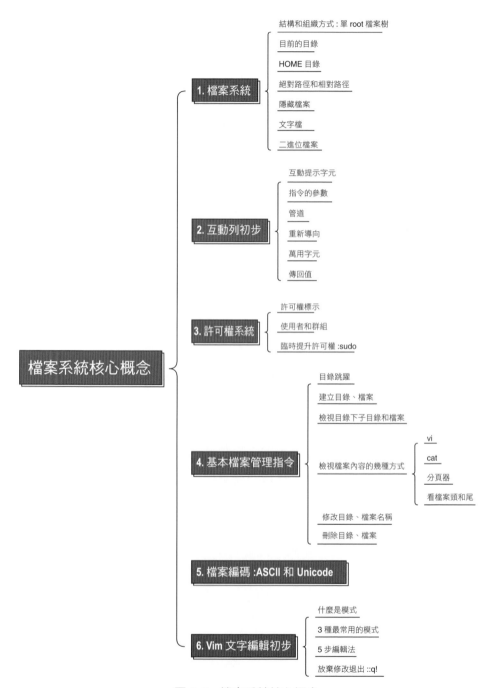

圖 2-5　檔案系統核心概念

2.7.2 常用檔案管理指令

表 2-1 列出了常用檔案管理指令及其實現的功能。

表 2-1 常用檔案管理指令

指令	實現功能
pwd	顯示目前的目錄名稱
cd <target_dir>	跳躍到新目錄中
ls	列出檔案和目錄
ls -a	列出目前的目錄下的所有檔案和目錄
ls -l	列出目前的目錄下檔案和目錄的詳細內容
ls -la	列出目前的目錄下所有檔案和目錄的詳細內容
mkdir <dir_name>	建立目錄
vi <file_name>	建立檔案
mv <old_name> <new_name>	更改檔案、目錄的名稱或位置
vi <file_name>	更改檔案內容
rm <file_name>	刪除檔案
rm -r <dir_name>	刪除目錄
rm -rf <target_name>	強制刪除檔案和目錄

⊙ 2.8 小結

本章介紹了 *nix 家族的檔案系統。

在說明檔案系統的組織結構時,我們使用了"目錄樹"的比喻,突出其"一個父目錄可以擁有多個子目錄,一個子目錄只能有唯一的父目錄"這個特點,並且介紹了單 root 檔案樹與多 root 檔案樹的異同。講解目錄和檔案的關係時,我們使用了檔案和資料夾的比喻,突出"檔案作為包含資訊的實體,目錄作為包含實體的容器"這一特點。

作為大型主機的後代,*nix 繼承了它的多使用者和許可權系統,相關內容包含:

☐ 使用者、群組、所有者、讀、寫、執行許可權；

☐ 設計、使用原則——最小許可權原則；

☐ 檢視、修改檔案和目錄許可權的方法——chown 和第 3 章要介紹的 chmod。

不論是樹、資料夾還是檔案，既然類似於實體世界中的實體，也就有自己的生命週期。接下來我們按照檢視、建立、複製、刪除的順序介紹了管理這些實體的方法，這個 "查、增、改、刪" 模式會在後面的章節中反覆出現，只是把檔案和目錄換成了系統中的其他角色。

在建立檔案部分，我們簡單介紹了互動列編輯器 Vim，並透過一個標準的五步流程快速上手了這個看上去有點高冷的強大武器，第 7 章會對它做專題介紹。

第 3 章

調兵遣將：
應用和套件管理

Nothing is easier than being busy, nothing more difficult than being effective.

——Alec MacKenzie

第 2 章講了檔案系統和檔案管理的常用操作，為互動列世界建構出堅實的大地。本章我們來看如何管理這個世界裡的各路 "英雄好漢" ——互動列應用和套件。

互動列中的應用數量龐大，種類繁多，有些應用功能簡單，只包含一個指令，或加上一些簡單的參數，例如第 2 章用到的檢視工作目錄（pwd）、顯示檔案結尾部文字（tail）、移動檔案（mv）等；有些則比較複雜，包含多個指令，每個指令中又包含不同的控制參數，例如 git、awk、make 等。許多人撰寫專著說明它們的原理和使用方法，乍看上去似乎有點嚇人，不過簡單也好複雜也罷，其實萬變不離其宗，下面我們就從這些應用的身世說起。

⊙ 3.1 應用和套件管理的由來

在圖形系統中，每個應用都有自己的圖示，點擊圖示就能啟動對應的應用，互動列沒有圖形介面，只能執行各種指令，那這些指令是如何與應用聯絡起來的呢？

要搞清楚這個問題，不得不繞一個小圈子，從 Linux 的身世說起。

Linux 最初是 Linus Torvalds 的個人專案，後來透過開放原始程式碼的方式匯集了無數團體和個人開發者的貢獻，發展到今天的規模。與 Windows、Android 等系統不同，它的發展帶有強烈的極客（geek）色彩──早期一直是開發者為方便自己使用而打造的系統，後來由於越來越流行，使用者群眾越來越龐大，才開始考慮面對非系統開發背景的使用者。

Linux 與眾不同的成長歷程，表示我們要想真正了解它的應用管理，就得多多少少站在開發者而非純使用者的角度考慮問題。大多數解決現實問題的應用（而不僅是 Hello World 了事）包括複雜的實現邏輯和複雜多樣的需求，一次性實現所有功能幾乎是不可能的。即便真的實現了，程式內部之間的關係也非常複雜，除了開發者自己，他人很難閱讀、了解和維護這樣的程式。有時候，即便是開發者自己，過一段時間再看曾經寫過的程式，也會像看天書一樣不知所云。為了解決這個問題，進階程式語言都提供一套模組化組織程式的方法，以便將複雜問題拆解成多個相對簡單的子問題，分別實現對應功能，再組合到一起。

例如開發者小王要實現 App W 中的複雜功能 A，將它拆解成 B、C、D 3 個子功能。由於甲、乙、丙 3 位開發者已經在程式 X、Y、Z 裡發佈實現了這 3 個功能，因此小王就不必自己再開發一遍 B、C、D 了，也不用關心實現方法，只要在程式裡說明：引用 X 的 B 功能、Y 的 C 功能、Z 的 D 功能即可。這就像我們組裝電動玩具時，只要把電池、馬達、車輪等零件按照正確的方式拼裝在一起，而不用自己做電池，也不用關心電池是什麼材料製作的。由於 X、Y、Z 雖然實現了某個功能，但又不直接表現在最終實現的功能裡，因此人們將這樣的程式模組稱為 "函數庫" （library），如圖 3-1 所示。

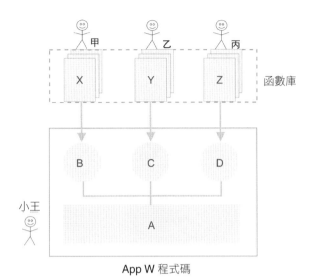

App W 程式碼

圖 3-1　使用函數庫拼裝應用 [a]

有些函數庫提供的功能非常基礎，很多應用離不開，例如字串處理函數庫、日期和時間解析函數庫、數值計算函數庫等。如何才能方便地讓開發者使用這些函數庫呢？一開始人們透過郵寄書籍、磁帶和軟碟分享程式；有了網際網路之後，透過 FTP、郵寄清單傳遞程式，分享的內容也不僅限於函數庫程式，應用程式也進入分享範圍。人們將一個函數庫或應用包含的所有原始程式碼檔案以及中繼資料檔案（中繼資料指描述物件一般特徵的資料，例如名稱、版本、作者、依賴等資訊，儲存這些資料的檔案就叫中繼資料檔案）放在一起，壓縮排一個打包檔案（archive file）裡，像一個一個的包裹，方便人們分享、尋找和維護，稱之為套件（package），而提供這些套件的伺服器，就叫軟體來源（software source 或 software repository），我們在第 1 章已經跟它們打過交道了。

這樣重用程式雖然比起之前郵寄書籍和磁帶方便了許多，但仍要手動處理程式，對不熟悉底層實現的使用者來說還是太複雜了，更不要說後續還要面對應用的升級、移除等問題，於是人們又開發出了套件管理員（package

---

a　該圖中的火柴人小圖示由 Clker-Free-Vector-Image 在 Pixabay 上發佈。

manager）。例如使用者小周只要對它説：請把 G 套件安裝到系統上，套件管理員就自動到 FTP 或 Web 伺服器上下載軟體套件並安裝好，如圖 3-2 所示。

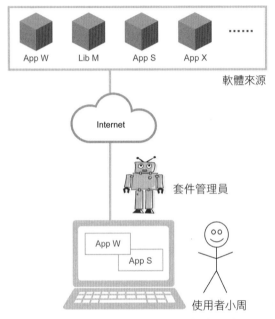

圖 3-2　　使用套件管理員安裝應用 [a]

隨著系統日漸複雜，從原始程式碼編譯不僅安裝速度慢，而且依賴額外的編譯工具和函數庫。於是人們又將編譯好的二進位套件放到伺服器上，這樣當使用者要求套件管理員安裝某個套件時，就可以下載二進位套件直接安裝到系統上，進一步提升了使用者體驗。目前比較流行的 Linux 發行版本多採用預先編譯＋二進位套件分發，只有少數發行版本（例如 Gentoo 等）使用原始程式碼套件＋本機編譯方式分發。應用和套件就像一枚硬幣的兩面：站在使用者角度，看到的是應用；站在開發者和系統維護者的角度，看到的是套件。雖然名字不同，但大多數情況下它們指的是同一個東西。

---

a　該圖中的機器人小圖示由 OpenClipart-Vectors 在 Pixabay 上發佈。

說到這裡，聰明的你一定會發現，套件管理員在 Linux 系統中的角色，和市集在 Android 或 iOS 作業系統中的角色幾乎一樣，無非一個在互動列裡執行，一個使用圖形介面。確實如此，而且套件管理員的面世遠早於市集，後者很可能受到了前者的啟發。由於開放原始碼世界的多樣性，不同背景的開發者出於不同的目的設計了多種套件管理員。下面我們就按照查詢、安裝、更新、刪除的順序，詳細了解 Linux 系統上各種管理應用的工具，為後續訂製工作和開發環境做好準備。

⊚ 3.2 系統套件管理工具：apt 和 dpkg

使用作業系統提供的套件管理員是最常用的應用管理方法。大多數 Linux 發行版本有自己的套件管理工具，例如 Debian 系的 apt、dpkg，RPM 系的 yum、rpm，Pacman 系的 pacman 等。

下面我們以 Debian/Ubuntu/Linux Mint 上附帶的 apt 和 dpkg 為例，說明如何使用它們管理應用。其他發行版本可能使用其他管理員，但想法一樣。

你可能會問，市集一般是唯一的，為啥 Linux 上有 apt 和 dpkg 兩個套件管理員呢？前面說過，Debian 系的發行版本採用 “預先編譯 + 二進位套件” 的分發方式：套件製作者將實現功能的各個檔案以及套件的中繼資料檔案放在一起，壓縮到一個副檔名為 deb 的打包檔案中。其中部分套件被發行版本的維護者收錄進自己維護的軟體來源中，當使用者使用 apt 指令尋找或安裝軟體時，就會在軟體來源中尋找對應的套件，再根據中繼資料中的記錄找到該套件依賴的套件；然後將所有這些套件下載到使用者電腦中，按彼此之間的依賴關係順序，呼叫 dpkg 執行安裝操作，它會記錄每個套件安裝了哪些檔案。一段時間後，當使用者使用 apt 對套件做升級、刪除等操作時，apt 會再呼叫 dpkg 對套件的各個檔案做對應處理。

對於那些沒有被發行版本維護者收錄進軟體來源的套件，使用 apt 是查不到的，如果直接安裝，就會報 “套件找不到” （package not found）錯誤。那麼是不是這些套件就沒辦法安裝了呢？當然不是，使用者只要透過

Web、FTP、郵件等任何方式將 deb 檔案下載到電腦的本機磁碟上，再用 dpkg 安裝就可以了。

因為 apt 只是在 dpkg 外面套了一層殼，真正的安裝、修改、刪除都是後者完成的，所以使用 apt 安裝的套件可以透過 dpkg 管理；但是反過來，用 dpkg 安裝的套件，用 apt 管理就未必能成功。因此，比較好的習慣是：apt 安裝的應用由 apt 維護，dpkg 安裝的套件由 dpkg 維護。

下面我們實際看看管理應用的各方面。

3.2.1　檢視已安裝應用及其狀態

管理應用的第一步是了解系統目前已經安裝了哪些應用以及各自的狀態，apt 提供了 list 指令來實現該功能，如程式清單 3-1 所示。

程式清單 3-1　列出系統已安裝應用

```
achao@starship:~$ apt list --installed
Listing...
acl/focal,now 2.2.53-6 amd64 [installed]
acpi-support/focal,now 0.143 amd64 [installed]
acpid/focal,now 1:2.0.32-1ubuntu1 amd64 [installed]
add-apt-key/focal,focal,now 1.0-0.5 all [installed]
adduser/focal,focal,now 3.118ubuntu2 all [installed]
adwaita-icon-theme-full/focal-updates,focal-updates,
now 3.36.1-2ubuntu0.20.04.2 all [installed]
adwaita-icon-theme/focal-updates,focal-updates,
now 3.36.1-2ubuntu0.20.04.2 all [installed]
alsa-base/focal,focal,now 1.0.25+dfsg-0ubuntu5 all [installed]
...
zip/focal,now 3.0-11build1 amd64 [installed]
zlib1g-dev/now 1:1.2.11.dfsg-2ubuntu1.1 amd64 [installed,upgradable
to: 1:1.2.11.dfsg-2ubuntu1.2]
zlib1g/now 1:1.2.11.dfsg-2ubuntu1.1 amd64 [installed,upgradable
to: 1:1.2.11.dfsg-2ubuntu1.2]
zsh-common/focal,focal,now 5.8-3ubuntu1 all [installed,automatic]
zsh/focal,now 5.8-3ubuntu1 amd64 [installed]
```

指令中的 --installed 表示只列印已安裝的套件，如果沒有該參數，則列印
軟體來源中所有的套件，包含已安裝的和未安裝的。

輸出結果中的每一行代表一個應用及其相關資訊。以第 1 行 acl/focal,now
2.2.53-6 amd64 [installed] 為例：/ 後面的 focal 是應用所在倉庫名稱，
now 2.2.53-6 表示版本編號，amd64 表示 CPU 架構名稱，[installed] 表
示目前狀態為已安裝。有些套件（例如程式清單 3-1 中的 zlib1g-dev）在
installed 後面有 upgradable to 標示，說明這些套件可以升級。

一個系統中安裝的套件常常數以千計，全部輸出意義不大，更多的情況是
要確定一個或幾個套件的狀態。例如想檢視 apt（雖然 apt 用來管理應用，
但它自己也是個應用）的相關資訊，結合第 2 章介紹的管道符號和檔案分
頁器，可以以下操作，如程式清單 3-2 所示。

程式清單 3-2　使用分頁器檢視已安裝應用列表

```
achao@starship:~$ apt list --installed | less -N
 1 Listing...
 2 accountsservice/now 0.6.55-0ubuntu12~20.04.2 amd64 [installed,upgradable
to: 0.6.55-0ubuntu12~20.04.4]
 3 acl/focal,now 2.2.53-6 amd64 [installed]
 4 acpi-support/focal,now 0.143 amd64 [installed]
 5 acpid/focal,now 1:2.0.32-1ubuntu1 amd64 [installed]
 6 add-apt-key/focal,focal,now 1.0-0.5 all [installed]
 7 adduser/focal,focal,now 3.118ubuntu2 all [installed]
 8 adwaita-icon-theme-full/focal-updates,focal-updates,now
3.36.1-2ubuntu0.20.04.2 all [installed]
 9 adwaita-icon-theme/focal-updates,focal-updates,
now 3.36.1-2ubuntu0.20.04.2 all [installed]
10 alsa-base/focal,focal,now 1.0.25+dfsg-0ubuntu5 all [installed]
...
```

輸入 /apt 並按確認鍵，然後按 n 鍵，就會將每一個比對到的 apt 字串放到
分頁器第一行。

用這種方式固然可以尋找到所有包含某個關鍵字的套件，但這樣比對出來的結果中有些並不是我們想要找的套件。例如在上面的實例中，一個名為 libatk-adaptor 的套件也含有 apt，所以也被比對到了。如果能只比對以 apt 開頭的套件，結果會準確得多。

對擅長文字分析的 Linux 互動列工具來說，這當然是小菜一碟。現在我們按 g 鍵回到列表頭，然後輸入 /^apt 再按確認鍵，是不是只比對以 apt 開頭的套件了呢？

為什麼在 apt 前面加上 ^ 就能比對以 apt 開頭的套件名稱呢？原來 ^apt 是一個正規表示法（regular expression），其語法規定 ^ 表示一行文字的開頭，所以 ^apt 表示以 apt 開頭的字串。

使用分頁器配合文字搜尋，固然能方便地列出、尋找系統中的套件，但如果想把搜尋結果保留下來，要怎麼辦呢？在第 2 章中我們使用重新導向技術將指令結果儲存在檔案裡，所以儲存檔案不是問題，關鍵在於如何把手動進行的搜尋操作（輸入 ^apt/ 然後逐筆瀏覽）改成用指令實現。

這包括文字處理中的常見工作：過濾，即從大量文字中保留符合要求的行，去掉其他行。shell 提供了 grep 指令來實現該功能，我們會在 5.3.1 節詳細介紹。為了將準確結果儲存到檔案裡，需要對之前使用的指令 apt list --installed | less -N 做一番改造。

第 1 部分 apt list --installed 不需要變，第 2 部分用過濾指令代替原來的分頁器：grep '^apt，最後將結果重新導向到輸出檔案裡，組合後的效果如程式清單 3-3 所示。

程式清單 3-3　將名字以 apt 開頭的應用儲存到輸出檔案中

```
achao@starship:~$ apt list --installed | grep '^apt' > apt_related_pkgs
achao@starship:~$ wc -l apt_related_pkgs
9 apt_related_pkgs
achao@starship:~$ cat apt_related_pkgs
```

```
apt-clone/focal,focal,now 0.4.1ubuntu3 all [installed]
apt-utils/focal-updates,focal-security,now 2.0.2ubuntu0.1 amd64 [installed]
apt/focal-updates,focal-security,now 2.0.2ubuntu0.1 amd64 [installed]
aptdaemon-data/focal-updates,focal-updates,focal-security,focal-security,
now 1.1.1+bzr982-0ubuntu32.2 all
[installed]
aptdaemon/focal-updates,focal-updates,focal-security,focal-security,
now 1.1.1+bzr982-0ubuntu32.2 all
[installed]
aptitude-common/focal,focal,now 0.8.12-1ubuntu4 all [installed]
aptitude/focal,now 0.8.12-1ubuntu4 amd64 [installed]
apturl-common/ulyana,ulyana,now 0.5.2+linuxmint11 all [installed]
apturl/ulyana,ulyana,now 0.5.2+linuxmint11 all [installed]
```

這裡將搜尋結果儲存到了檔案 apt_related_pkgs 中，然後用 wc -l 指令統計了檔案行數。由於 apt list 的傳回結果中每行對應一個應用，所以可知共有 9 個應用與 apt 有關，最後用 cat 指令輸出了這些應用的詳細內容。

3.2.2 尋找並安裝應用

系統附帶的應用畢竟有限，只能覆蓋一小部分常見場景，大多數應用還需要使用者自己安裝。下面我們以版本控制應用 Git 為例，說明尋找和安裝應用的方法。

apt 提供了 search 指令搜尋軟體來源中的應用，其基本用法很簡單，在 git search 後面加上要搜尋的套件名稱即可。不過在開始搜尋之前還有個準備動作。Linux Mint 及其上游發行版本 Ubuntu 的軟體來源中包含大量套件，直接搜尋不僅速度慢，也給伺服器造成了較大的負擔，所以 apt 採取了快取策略——在本機儲存一份軟體來源中的資訊備份，搜尋時在這個備份中搜尋，進一步提升使用者體驗。但快取策略也帶來一個問題——軟體來源每天都有套件發佈、升級和移除，內容不斷變化，備份如果不及時同步，就會與軟體來源中的內容有偏差，進一步導致錯誤的搜尋結果以及安裝失敗。所以在搜尋和安裝應用之前，要使用 apt update 指令同步本機複本，如程式清單 3-4 所示。

程式清單 3-4　使用 search 指令搜尋名字包含 Git 的應用

```
achao@starship:~$ sudo apt update
achao@starship:~$ apt search git
p   bzr-git                - transitional dummy package
p   cgit                   - hyperfast web frontend for git repositories
                             written in C
p   cl-github-v3           - Common Lisp interface to the github V3 API
p   dgit                   - git interoperability with the Debian archive
p   dgit-infrastructure    - dgit server backend infrastructure
...
```

這裡 apt search 指令前沒有使用 sudo，因為執行該指令不需要 root 許可權。

上面搜尋到的結果有幾百筆，看來這個名字太一般了，得細化一下，和上面搜尋 apt 一樣，這次要求以 Git 開頭，如程式清單 3-5 所示。

程式清單 3-5　使用 search 指令搜尋名字以 Git 開頭的應用

```
achao@starship:~$ apt search '^git'
p   git                - fast, scalable, distributed revision control system
p   git:i386           - fast, scalable, distributed revision control system
p   git-all            - fast, scalable, distributed revision control system
                         (all subpackages)
p   git-annex          - manage files with git, without checking their
                         contents into git
p   git-annex:i386     - manage files with git, without checking their
                         contents into git
p   git-annex-remote-rclone   - rclone-based git annex special remote
...
```

雖然搜尋結果仍然有幾十行，但第一行已經列出了正確的比對結果：Git。

或許你會問，能不能進行更精確的搜尋呢，例如名字必須是 Git？當然可以，只要對搜尋標準做一點小小的修改即可，如程式清單 3-6 所示。

程式清單 3-6　使用 search 指令搜尋名字是 Git 的應用

```
achao@starship:~$ apt search '^git$'
p    git          - fast, scalable, distributed revision control system
p    git:i386     - fast, scalable, distributed revision control system
```

在原來 ^git 的基礎上增加了表示結尾的符號 $，表示要求套件名稱開頭和結尾之間只有 git，進一步實現了嚴格比對。

搜尋結果的第 2 筆 git:i386 代表 32 位元作業系統上的 Git，主要是為了相容老機器。近幾年各大廠商已經不再生產 32 位元版本的硬體了，對應的作業系統也都是 64 位元的，所以除非你使用非常古老的硬體和系統，否則可以忽略有 :i386 副檔名的套件。

透過閱讀第 1 筆搜尋結果的說明：fast, scalable, distributed revision control system，可以確定這正是我們要找的版本控制工具。下面開始安裝，如程式清單 3-7 所示。

程式清單 3-7　使用 apt install 指令安裝 Git：安裝計畫

```
achao@starship:~$ sudo apt install git
[sudo] password for achao:
Reading package lists... Done
Building dependency tree
Reading state information... Done
The following additional packages will be installed:
  git-man liberror-perl
Suggested packages:
  git-daemon-run | git-daemon-sysvinit git-doc git-el git-email git-gui gitk
gitweb git-cvs git-
mediawiki git-svn
The following NEW packages will be installed:
  git git-man liberror-perl
0 upgraded, 3 newly installed, 0 to remove and 65 not upgraded.
Need to get 5,464 kB of archives.
After this operation, 38.4 MB of additional disk space will be used.
Do you want to continue? [Y/n]
```

這裡 apt 列出了詳細的安裝計畫供使用者核對，如下所示。

☐ 除了使用者指定的 Git 套件，還需要安裝兩個附屬套件：git-man 和 liberror-perl。

☐ 推薦安裝的套件：git-daemon-run | git-daemon-sysvinit git-doc …git-svn，包含後台服務、文件、圖形介面與 CVS、SVN 等工具的整合等，可以根據自己的需要記錄下來之後安裝，如果不有興趣，直接忽略即可。

☐ 最終要安裝的套件：git git-man liberror-perl。

☐ 需要下載的打包檔案大小：5464KB。

☐ 總共需要佔用的磁碟空間：38.4MB。

如果確認無誤，輸入 y 或直接按確認鍵（大寫表示預設值），apt 繼續安裝應用；如果不想繼續安裝，輸入 n，則安裝過程取消，系統不會發生任何變化。

這裡我們選擇直接按確認鍵，安裝過程開始，如程式清單 3-8 所示。

程式清單 3-8　使用 apt install 指令安裝 Git：安裝過程

```
Get:1 http://mirrors.tuna.tsinghua.edu.cn/ubuntu focal/main amd64
liberror-perl all 0.17029-1 [26.5 kB]
Get:2 http://mirrors.tuna.tsinghua.edu.cn/ubuntu focal/main amd64 git-man
all 1:2.25.1-1ubuntu3 [884 kB]
Get:3 http://mirrors.tuna.tsinghua.edu.cn/ubuntu focal/main amd64 git amd64
1:2.25.1-1ubuntu3 [4,554 kB]
Fetched 5,464 kB in 6s (964 kB/s)
Selecting previously unselected package liberror-perl.
(Reading database ... 331381 files and directories currently installed.)
Preparing to unpack .../liberror-perl_0.17029-1_all.deb ...
Unpacking liberror-perl (0.17029-1) ...
Selecting previously unselected package git-man.
Preparing to unpack .../git-man_1%3a2.25.1-1ubuntu3_all.deb ...
Unpacking git-man (1:2.25.1-1ubuntu3) ...
```

```
Selecting previously unselected package git.
Preparing to unpack .../git_1%3a2.25.1-1ubuntu3_amd64.deb ...
Unpacking git (1:2.25.1-1ubuntu3) ...
Setting up liberror-perl (0.17029-1) ...
Setting up git-man (1:2.25.1-1ubuntu3) ...
Setting up git (1:2.25.1-1ubuntu3) ...
Processing triggers for man-db (2.9.1-1) ...
```

安裝日誌表示 apt 按照依賴順序，從第 1 章設定的軟體原始伺服器上下載了 3 個副檔名為 deb 的軟體套件，解壓並安裝完成。

安裝過程中，如果使用者在詢問是否繼續時不輸入，該指令就會一直等待下去。這在某些使用者不想或不能輸入的場景中就會出問題，所以 apt install 提供了免互動參數：-y，在任何詢問 yes/no 的地方都回答 yes。這樣當使用指令稿自動安裝應用或反覆安裝某些套件，不需要每次確認時，加上該參數即可：sudo apt install -y git。

最後確認一下安裝的 Git 應用是否能正常執行，如程式清單 3-9 所示。

程式清單 3-9　驗證 Git 能否正常執行

```
achao@starship:~$ git --version
git version 2.25.1
```

結果表示版本為 2.25.1 的 Git 成功安裝到了電腦上。

3.2.3　更新應用

在一個發行版本中，不同套件之間存在複雜的依賴關係，單獨升級某個應用的情況比較少見。多數情況下我們採用整體升級策略，實際過程是：首先更新 apt 本機快取，根據更新後的快取獲知哪些套件可以升級、最新版本是多少，然後根據彼此間的依賴關係計算出升級後保持各個套件彼此相容的版本，再依次升級每個套件。

下面我們透過執行 apt upgrade 指令進行一次應用升級，如程式清單 3-10
所示。

程式清單 3-10　使用 apt 升級系統應用

```
achao@starship:~$ sudo apt update
...

achao@starship:~$ apt list --upgradable
Listing... Done
alsa-utils/focal-updates 1.2.2-1ubuntu2 amd64 [upgradable from: 1.2.2-1ubuntu1]
enchant-2/focal-updates 2.2.8-1ubuntu0.20.04.1 amd64 [upgradable from: 2.2.8-1]
libefiboot1/focal-updates 37-2ubuntu2.1 amd64 [upgradable from: 37-2ubuntu2]
libefivar1/focal-updates 37-2ubuntu2.1 amd64 [upgradable from: 37-2ubuntu2]
libenchant-2-2/focal-updates 2.2.8-1ubuntu0.20.04.1 amd64 [upgradable from:
2.2.8-1]
...

achao@starship:~$ sudo apt upgrade
[sudo] password for achao:
Reading package lists... Done
Building dependency tree
Reading state information... Done
Calculating upgrade... Done
The following packages were automatically installed and are no longer required:
  linux-headers-4.15.0-66 linux-headers-4.15.0-66-generic linux-
headers-4.15.0-70 linux-headers-
4.15.0-70-generic linux-image-4.15.0-66-generic
  linux-image-4.15.0-70-generic linux-modules-4.15.0-66-generic linux-
modules-4.15.0-70-generic
linux-modules-extra-4.15.0-66-generic
  linux-modules-extra-4.15.0-70-generic
Use 'sudo apt autoremove' to remove them.
The following NEW packages will be installed:
  linux-headers-5.4.0-54 linux-headers-5.4.0-54-generic linux-image-5.4.0-
54-generic
    linux-modules-5.4.0-54-generic linux-modules-extra-5.4.0-54-generic
The following packages will be upgraded:
  aptdaemon aptdaemon-data e2fslibs e2fsprogs libbsd0 libcom-err2 libext2fs2
```

```
libgnutls30
    libsmbclient libss2 libwbclient0 python-apt
  python-apt-common python-samba python3-apt python3-aptdaemon python3-
aptdaemon.gtk3widgets
    samba-common samba-common-bin samba-libs smbclient
21 upgraded, 5 newly installed, 0 to remove and 0 not upgraded.
Need to get 284 MB of archives.
After this operation, 364 MB of additional disk space will be used.
Do you want to continue? [Y/n]
```

首先執行 apt update 更新快取；然後執行 apt list --upgradable 列出可以升級的套件，每一行包含即將升級到的新版本和目前版本（在 upgradable from 後面）；最後執行 apt upgrade 完成升級。提示訊息由下面兩部分組成。

可移除套件列表：告知移除方式是執行 sudo apt autoremove 指令。

即將更新的套件列表：列出升級操作導致套件的變化情況整理，這裡包含升級 21 個套件、新安裝 5 個套件、移除和未升級套件的個數都是 0，最後列出了下載多打包檔案的大小和最終佔用的磁碟空間，這裡分別是 284MB 和 364MB。

確認後的安裝過程與程式清單 3-8 類似，也包含下載套件、解壓和安裝等幾個步驟。

圖形桌面環境中的應用升級

我們在第 1 章用過的 **Update Manager** 提供了自動應用升級檢測和執行功能，使用者只需在出現更新提示時點擊 "**Install Updates**" 按鈕，然後輸入帳號和密碼，它就會自動完成剩餘升級工作。

3.2.4　移除應用

刪除是安裝的逆操作，apt 提供了 remove 和 purge 兩個指令：前者是我們平時所說的刪除套件操作；後者除了刪除套件，還會把該套件相關的設定檔、外掛程式等也一併刪除。大多數情況下，使用 apt remove 就夠了。

下面仍然以 Git 應用為例，説明刪除套件的過程，如程式清單 3-11 所示。

程式清單 3-11　使用 apt 刪除 Git 應用

```
achao@starship:~$ sudo apt remove git
Reading package lists... Done
Building dependency tree
Reading state information... Done
The following packages were automatically installed and are no longer required:
  git-man liberror-perl
Use 'sudo apt autoremove' to remove them.
The following packages will be REMOVED:
  git
0 upgraded, 0 newly installed, 1 to remove and 361 not upgraded.
After this operation, 32.2 MB disk space will be freed.
Do you want to continue? [Y/n]
```

提示訊息表示 git-man 和 liberror-perl 這兩個套件是安裝 Git 時自動安裝的依賴套件（與程式清單 3-7 一致）。Git 被刪除後，它們也不再有用，我們可以使用 sudo apt autoremove 將其刪掉。

下面的資訊與安裝、升級時大同小異，包含：

(1)　待操作套件列表，這裡是待刪除套件 Git；

(2)　套件變化情況整理，升級和安裝數為 0，刪除 1 個，361 個未安裝；

(3)　磁碟使用情況，刪除後空餘磁碟空間增加 32.2MB。

上述資訊確定後使用 apt remove 執行刪除動作。

與 apt install 類似，apt upgrade 和 apt remove 也都支援透過 -y 參數實現非
互動式執行。

3.2.5 使用 dpkg 管理應用

前面提到，沒有被收錄到發行版本軟體來源裡的 deb 套件可以手動下載後
安裝，你可能要問了，為什麼放著方便的 apt 不用，非要手動管理呢？下
面我們以 GitHub 上開放原始碼的 googler 為例，說明手動管理的適用場
景以及實際做法。

開啟 googler 的 GitHub 首頁，在 README.md 檔案的 Installation 一節中
展開 Packaging status，可以看到如表 3-1 所示的表格。

表 3-1　googler 在各發行版本中的版本

發行版本名稱	googler 版本
……	……
Ubuntu 18.04	3.5
Ubuntu 19.10	3.9
Ubuntu 20.04	4.0
……	……

由於 Mint 使用 Ubuntu 作為上游發行版本，相容 Ubuntu 的軟體套件，因
此只要按照使用者系統的上游 Ubuntu 版本選擇安裝套件即可，如程式清
單 3-12 所示。

程式清單 3-12　查詢上游 Ubuntu 版本

```
achao@starship:~$ cat /etc/upstream-release/lsb-release
DISTRIB_ID=Ubuntu
DISTRIB_RELEASE=20.04
DISTRIB_CODENAME=focal
DISTRIB_DESCRIPTION="Ubuntu Focal Fossa"
```

前兩行表示上游發行版本是 Ubuntu 20.04，對照 googler 的 Packaging status，可知套件管理員安裝的版本是 4.0。

開啟 googler 的發佈頁面，可以看到目前（本書寫作時）的最新版本是 4.3.1，從 4.0 到 4.3.1 增加了不少新功能，修復了很多 bug。如果要安裝 4.3.1 版本，apt 就幫不上忙了，如果執行 apt upgrade，它會提示已經是最新版本了。

這是手動安裝 deb 套件的常見原因：發行版本要維護大量套件，這些套件都是獨立開發的，彼此之間不會互相協調進度，保證相容。所以避免發行版本出現內部版本衝突的重任就落到了發行版本維護者身上，而發行版本維護者資源有限，不可能隨時跟進每個套件的新版本，驗證它與其他套件之間的相容性。這時套件開發者就會將最新版本發佈到自己的網站上，供使用者下載和安裝，而不必等待發行版本更新。

現在我們在 googler 發佈頁面 4.3.1 版本的 assets 部分找到連結 googler_4.3.1-1_ubuntu20.04.amd64.deb 並下載，也可以複製下面的 wget 指令在互動列裡下載，如程式清單 3-13 所示。

程式清單 3-13　使用互動列工具 wget 下載 deb 檔案

```
achao@starship:~$ wget https://github.com/jarun/googler/releases/download/
v4.3.1/googler_4.3.1-1_ubuntu20.04.amd64.deb
```

現在檔案 googler_4.3.1-1_ubuntu20.04.amd64.deb 已經下載到目前的目錄下。在開始安裝之前，我們先來看一下這個安裝套件的中繼資料，如程式清單 3-14 所示。

程式清單 3-14　檢視 deb 安裝套件中繼資料

```
achao@starship:~$ dpkg -I googler_4.3.1-1_ubuntu20.04.amd64.deb
 new Debian package, version 2.0.
 size 45320 bytes: control archive=512 bytes.
     309 bytes,    12 lines      control
```

```
    89 bytes,     2 lines     copyright
Source: googler
Version: 4.3.1-1
Section: unknown
Priority: optional
Maintainer: Arun Prakash Jana <engineerarun@gmail.com>
Build-Depends: make
Standards-Version: 3.9.6
Homepage: https://github.com/jarun/googler
Package: googler
Architecture: amd64
Depends: python3
Description: Google from the command-line.
```

這裡 -I 是 --info 的簡寫。輸出結果包含了套件的名稱、版本、維護者姓名及其 Email、架構、依賴套件列表以及功能描述等資訊。接下來看看這個安裝套件會在系統中增加哪些檔案，如程式清單 3-15 所示。

程式清單 3-15　檢視 deb 安裝套件中的資料檔案

```
achao@starship:~$ dpkg -c googler_4.3.1-1_ubuntu20.04.amd64.deb
drwxr-xr-x 1001/116         0 2020-10-10 14:05 ./
drwxr-xr-x root/root         0 2020-10-10 14:05 ./usr/
drwxr-xr-x root/root         0 2020-10-10 14:05 ./usr/bin/
-rwxr-xr-x root/root    134119 2020-10-10 14:05 ./usr/bin/googler
drwxr-xr-x root/root         0 2020-10-10 14:05 ./usr/share/
drwxr-xr-x root/root         0 2020-10-10 14:05 ./usr/share/doc/
drwxr-xr-x root/root         0 2020-10-10 14:05 ./usr/share/doc/googler/
-rw-r--r-- root/root     23513 2020-10-10 14:05 ./usr/share/doc/googler/
README.md
drwxr-xr-x root/root         0 2020-10-10 14:05 ./usr/share/man/
drwxr-xr-x root/root         0 2020-10-10 14:05 ./usr/share/man/man1/
-rw-r--r-- root/root      4893 2020-10-10 14:05 ./usr/share/man/man1/
googler.1.gz
```

這裡 -c 是 --contents 的簡寫。輸出結果中除去以 / 結尾的目錄，安裝的檔案共有 3 個：一個可執行檔 ./usr/bin/googler、一個説明文件 ./usr/

share/doc/googler/README.md 和 一 個 說 明 檔 案 ./usr/share/man/man1/
googler.1.gz。下面開始安裝，指令格式很簡單，只要在 dpkg -i 後面加上
安裝套件的檔案名稱即可，如程式清單 3-16 所示。

程式清單 3-16　使用 dpkg -i 指令安裝 deb 檔案

```
achao@starship:~$ sudo dpkg -i googler_4.3.1-1_ubuntu20.04.amd64.deb
[sudo] password for leo:
Selecting previously unselected package googler.
(Reading database ... 332315 files and directories currently installed.)
Preparing to unpack googler_4.3.1-1_ubuntu20.04.amd64.deb ...
Unpacking googler (4.3.1-1) ...
Setting up googler (4.3.1-1) ...
Processing triggers for man-db (2.9.1-1) ...
```

這裡 -i 是 --install 的簡寫。

下面確認一下安裝效果，如程式清單 3-17 所示。

程式清單 3-17　執行安裝好的應用並檢驗檔案是否存在

```
achao@starship:~$ googler -v
4.3.1
achao@starship:~$ dpkg -L googler
/.
/usr
/usr/bin
/usr/bin/googler
/usr/share
/usr/share/doc
/usr/share/doc/googler
/usr/share/doc/googler/README.md
/usr/share/man
/usr/share/man/man1
/usr/share/man/man1/googler.1.gz
```

這裡 -L 是 --listfiles 的簡寫。我們首先執行 googler 指令，驗證它能夠正
常執行，然後用 dpkg -L googler 列印出該套件所有已安裝檔案，可以看

到檔案名稱、路徑和大小都與 dpkg -c 指令的輸出完全對應。對於該應用的主體檔案 /usr/bin/googler，我們還可以進一步研究，如程式清單 3-18 所示。

程式清單 **3-18** 檢視可執行指令稿的類型和內容

```
achao@starship:~$ file /usr/bin/googler
/usr/bin/googler: Python script, UTF-8 Unicode text executable
achao@starship:~$ head /usr/bin/googler
#!/usr/bin/env python3
#
# Copyright ©2008 Henri Hakkinen
# Copyright ©2015-2019 Arun Prakash Jana <engineerarun@gmail.com>
#
# This program is free software: you can redistribute it and/or modify
# it under the terms of the GNU General Public License as published by
# the Free Software Foundation, either version 3 of the License, or
# (at your option) any later version.
#
```

首先，透過 file 指令可知 googler 是一個 UTF-8 編碼的文字檔，並且是用 Python 語言寫成的指令稿，然後用 head 指令檢視了檔案的前 10 行。

雖然在實際安裝過程中只有 dpkg -i 指令是必需的，其他都可以忽略，但安裝前後檢視一下安裝檔案的內容是加強安全性的好習慣。

與 apt 類似，dpkg 也提供了列出系統中已安裝應用的功能，如程式清單 3-19 所示。

程式清單 **3-19** 列出系統中所有應用

```
achao@starship:~$ dpkg -l | head
Desired=Unknown/Install/Remove/Purge/Hold
| Status=Not/Inst/Conf-files/Unpacked/halF-conf/Half-inst/trig-aWait/Trig-pend
|/ Err?=(none)/Reinst-required (Status,Err: uppercase=bad)
||/ Name                    Version                    Architecture
Description
+++-===============================-==========================-===============-
```

```
=================================================================================
ii  accountsservice              0.6.45-1ubuntu1          amd64
query and manipulate user account information
ii  acl                          2.2.52-3build1           amd64
Access control list utilities
ii  acpi-support                 0.142                    amd64
scripts for handling many ACPI events
ii  acpid                        1:2.0.28-1ubuntu1        amd64
Advanced Configuration and Power Interface event daemon
ii  add-apt-key                  1.0-0.5                  all
Command line tool to add GPG keys to the APT keyring
```

這裡 -l 是 --list 的簡寫。由於已安裝應用數量較多，因此我們用管道加
head 指令的方法只列出了前幾個應用的資訊。

如果想列出某個實際應用的資訊，只要在 dpkg -l 後面加上應用名稱即可。
仍然以前面安裝的 googler 應用為例，如程式清單 3-20 所示。

程式清單 3-20　列出系統中某個實際應用的資訊

```
achao@starship:~$ dpkg -l googler
Desired=Unknown/Install/Remove/Purge/Hold
| Status=Not/Inst/Conf-files/Unpacked/halF-conf/Half-inst/trig-aWait/Trig-pend
|/ Err?=(none)/Reinst-required (Status,Err: uppercase=bad)
||/ Name            Version       Architecture Description
+++-===============-=============-============-============================
ii  googler         4.3.1-1       amd64        Google from the command-line.
```

除了之前中繼資料中已經包含的名稱、版本、架構、說明等欄位，第 2 列
Status 值得重視，它表示應用的目前狀態，即上面 ii 中第 2 個 i 對應的那
一列，根據上面 Status=Not/Inst/Conf-files/…可知，這裡的 i 代表已安裝。

那麼能不能反過來，根據一個指令查詢它所在的套件呢？當然可以，如程
式清單 3-21 所示。

程式清單 3-21 根據指令查詢它所在的套件

```
achao@starship:~$ dpkg -S /usr/bin/googler
googler: /usr/bin/googler
achao@starship:~$ which ls
/bin/ls
achao@starship:~$ dpkg -S /bin/ls
coreutils: /bin/ls
achao@starship:~$ dpkg -S $(which ls)
coreutils: /bin/ls
```

這裡 -S 是 --search 的簡寫。首先我們查詢了 /usr/bin/googler 所在的套件，系統列出正確答案：googler；然後我們用 which 指令查詢了 ls 指令對應的檔案 /bin/ls，查到它所在的套件是 coreutils（core utilities，核心應用套件）；最後將上面兩個指令 which ls 和 dpkg -S 組合起來，得到了相同的結果。由此可知 $(which ls) 和 /bin/ls 完全等值，而且 $() 可以推廣到其他指令，所以它的值就是括號裡指令的輸出。

說完了安裝和查詢，下面我們看看如何移除。仍以 googler 為例，如程式清單 3-22 所示。

程式清單 3-22 使用 dpkg -r 指令移除應用

```
achao@starship:~$ sudo dpkg -r googler
achao@starship:~$ dpkg -l googler
dpkg-query: no packages found matching googler
```

首先使用 dpkg -r 指令移除 googler，然後再用 dpkg -l 查詢，這時系統提示沒有 googler 這個套件，說明之前的移除操作成功了。

前面說到每個 deb 套件的中繼資料都會記錄它需要使用的依賴套件，例如套件 X 依賴其他 2 個套件 A、B，但是系統中只安裝了 A，沒有安裝 B，這時如果使用 dpkg -i 安裝 X，就會被告知由於依賴不滿足，無法安裝 X。可能你會說這有何難，去網上搜尋一下 B 的 deb 檔案，然後安裝不就行了嗎？這件事的麻煩之處在於，你只能祈禱 B 依賴的 D、E、F 都已經安裝否則你又得找這 3 個函數庫手動安裝……

好消息是，以 "懶惰" 著稱的程式設計師當然不能容忍手動做這些重複的事，他們開發出了 gdebi 工具，能夠自動解析要安裝的 deb 套件的依賴，以及依賴的依賴，然後自動完成下載和安裝。所以下次你安裝 deb 套件的時候，用 sudo gdebi googler_4.3.1-1_ubuntu20.04.amd64.deb 代替 sudo dpkg -i googler_4.3.1-1_ubuntu20.04.amd64.deb 即可。

關於 dpkg 工具的最後一個話題與它的安全性有關。前面說過在安裝之前可以透過 -I、-c 等參數檢查套件的中繼資料和內容，但這些方法不能發現可執行檔內部隱藏的惡意程式碼。所以為了保證系統安全，要養成只在官網下載 deb 套件的習慣。對於從協力廠商得到的套件，除非來源完全可靠，否則儘量不要安裝。

3.3 跨平台套件管理工具

3.3.1 Homebrew

Homebrew 由 Max Howell 從 2009 年開始開發並在 GitHub 上開放原始碼，最初在 macOS 使用者中和 Ruby 社區中得到廣泛使用，2019 年 Homebrew 的子專案 Linuxbrew 被合併進了 Homebrew，使得它能夠在 Linux 和 WSL 上執行。

Homebrew 實現跨平台套件管理的奧秘在於採用二進位一原始程式雙重安裝策略。3.2 節介紹的發行版本軟體來源中儲存的是預先編譯好的應用，apt、yum 這些工具只要將應用及其依賴從軟體來源將二進位套件下載下來，然後放到正確的位置就完成了安裝過程。Homebrew 為每個應用建立一個 formula（大多儲存在 GitHub 上），這個 "配方" 是個 Ruby 指令稿，Homebrew 根據它完成應用安裝。如果其中包含了預先編譯套件的資訊，並且能夠在使用者的系統中執行，則下載並安裝預先編譯套件，否則下載原始程式套件，在使用者系統中編譯成二進位檔案並安裝。

 了解 Homebrew 術語

由於 Homebrew 的主要開發者 Max 是一位家釀啤酒愛好者，並且他沒想到這個工具會得到如此廣泛的使用，因此當時許多術語就直接借用了家釀啤酒的術語，如表 3-2 所示。

表 3-2　Homebrew 術語

術　　語	含　　義
Homebrew	家釀啤酒
Formulae	配方，應用定義檔案
Cellar	地窖，存放應用的資料夾
Bottle	預先編譯版本的應用
Cask	酒桶，圖形應用
Pour	倒（酒），安裝預先編譯應用（而非在本機上編譯）

雖然 Homebrew 的原理說起來似乎有點複雜，但它的互動列介面簡潔高效，下面我們透過實際操作熟悉一下如何用它安裝和管理應用。

首先按照 Homebrew 官網的說明安裝 Homebrew，如程式清單 3-23 所示。

程式清單 3-23　安裝 Homebrew

```
achao@starship:~$ /bin/bash -c "$(curl -fsSL https://raw.githubusercontent.
com/Homebrew/install/master/install.sh)"
==> Select the Homebrew installation directory
- Enter your password to install to /home/linuxbrew/.linuxbrew (recommended)
- Press Control-D to install to /home/achao/.linuxbrew
- Press Control-C to cancel installation
```

```
[sudo] password for achao:     ❶
==> This script will install:
/home/achao/.linuxbrew/bin/brew
/home/achao/.linuxbrew/share/doc/homebrew
/home/achao/.linuxbrew/share/man/man1/brew.1
...
Press RETURN to continue or any other key to abort     ❷
==> /bin/mkdir -p /home/achao/.linuxbrew
==> /bin/chown achao:achao /home/achao/.linuxbrew
...
==> Next steps:
- Run `brew help` to get started
- Further documentation:
    https://docs.brew.sh
- Install the Homebrew dependencies if you have sudo access:     ❸
    sudo apt-get install build-essential
    See https://docs.brew.sh/linux for more information
- Add Homebrew to your PATH in /home/achao/.profile:
    echo 'eval $(/home/achao/.linuxbrew/bin/brew shellenv)' >> /home/achao/.
profile
    eval $(/home/achao/.linuxbrew/bin/brew shellenv)
- We recommend that you install GCC:
    brew install gcc
achao@starship:~$ sudo apt install build-essential     ❹
...
achao@starship:~$ echo 'eval $(/home/achao/.linuxbrew/bin/brew shellenv)' >>
/home/achao/.profile  ❺
achao@starship:~$ eval $(/home/achao/.linuxbrew/bin/brew shellenv)     ❻
```

❶ 使用 Ctrl-d 快速鍵將 Homebrew 安裝到 ~/.linuxbrew 下

❷ 輸入確認繼續安裝

❸ Homebrew 提示使用者安裝依賴的系統套件，並修改 PATH 設定

❹ 按照要求安裝 build-essential

❺ 修改 HOME 設定

❻ 在目前 shell 裡載入 Homebrew

這樣 Homebrew 就安裝下面我們以 coreutils 套件為例說明其基本用法。我們先來檢視一下該套件的基本資訊，如程式清單 3-24 所示。

程式清單 3-24　使用 Homebrew 查詢應用資訊

```
achao@starship:~$ brew help
Example usage:
  brew search [TEXT|/REGEX/]
  brew info [FORMULA...]
  brew install FORMULA...
  brew update
  brew upgrade [FORMULA...]
  brew uninstall FORMULA...
  brew list [FORMULA...]
...


achao@starship:~$ brew search coreutils
==> Formulae
coreutils ✔ uutils-coreutils   xml-coreutils

achao@starship:~$ brew info coreutils
coreutils: stable 8.32, HEAD
GNU File, Shell, and Text utilities
https://www.gnu.org/software/coreutils
...
==> Analytics
install: 555 (30 days), 1,850 (90 days), 13,236 (365 days)
install-on-request: 232 (30 days), 740 (90 days), 9,331 (365 days)
build-error: 0 (30 days)
```

首先 Homebrew 在互動列中的應用名稱是 brew，透過 help 指令列出常用
指令；然後用 search 指令搜尋出所有與 coreutils 有關的套件以及這個套
件的確切名稱；最後用 info 指令列印出這個套件的版本編號（8.32）、簡
介（GNU File ...）以及官網位址，下面 Analytics 一節告訴我們該套件在
最近 1 個月、3 個月以及 1 年中的安裝次數，這些數值越大，說明使用者
越多，一般來說應用品質也就越有保證。

了解了應用的基本資訊後，就可以放心地安裝了，如程式清單 3-25 所示。

程式清單 3-25　使用 Homebrew 安裝應用並列印已安裝應用列表

```
achao@starship:~$ brew install coreutils
==> Downloading https://ftp.gnu.org/gnu/coreutils/coreutils-8.32.tar.xz
############################################################### 100.0%
==> ./configure --prefix=/home/leo/.linuxbrew/Cellar/coreutils/8.32 ...
==> make install
...
==> Summary
 /home/leo/.linuxbrew/Cellar/coreutils/8.32: 568 files, 18.8MB, built in 2
minutes 57 seconds
achao@starship:~$ brew list
coreutils
```

首先用 install 指令安裝應用，可以看到 Homebrew 首先下載了原始程式套件 coreutils-8.32.tar.xz；然後用 ./configure 和 make install 完成了本機編譯和安裝，並列印出套件中的檔案數以及建構時間；最後用 list 指令列印已安裝應用列表，驗證 coreutils 套件確實安裝成功了。

下面我們來看看如何更新和移除應用。更新之前先列出可以更新的應用列表，再執行更新操作是比較好的習慣，如程式清單 3-26 所示。

程式清單 3-26　使用 Homebrew 更新應用

```
achao@starship:~$ brew outdated
...

achao@starship:~$ brew upgrade coreutils
Warning: coreutils 8.32 already installed
```

這裡由於 coreutils 已經是最新版本，所以 Homebrew 提示最新版本已經安裝，然後指令結束。

最後是移除應用。Homebrew 沒有使用 apt 的 remove，而是採用了另一個常用的動詞 uninstall，如程式清單 3-27 所示。

程式清單 3-27　使用 Homebrew 移除應用

```
achao@starship:~$ brew uninstall coreutils
Uninstalling /home/leo/.linuxbrew/Cellar/coreutils/8.32... (568 files, 18.8MB)

achao@starship:~$ brew list
achao@starship:~$
```

用 uninstall 指令刪除應用後，list 指令的輸出結果表示應用移除成功，目前已經沒有已安裝的應用了。

到這裡，Homebrew 的基本管理指令就介紹完了。下面我們來看一下它本身的升級和移除，如程式清單 3-28 所示。

程式清單 3-28　Homebrew 的升級和移除

```
achao@starship:~$ brew update
Already up-to-date.

achao@starship:~$ /bin/bash -c "$(curl -fsSL https://raw.githubusercontent.
com/Homebrew/install/master/
uninstall.sh)"
Warning: This script will remove:
/home/leo/.cache/Homebrew/
/home/leo/.linuxbrew/bin/brew -> /home/leo/.linuxbrew/Homebrew/bin/brew
/home/leo/.linuxbrew/Caskroom/
...
Are you sure you want to uninstall Homebrew? This will remove your installed
packages! [y/N] y      ❶
==> Removing Homebrew installation...
==> Removing empty directories...
```

❶ 如果不想移除 Homebrew，這裡可以輸入 N 終止移除過程

關於 Homebrew 安裝和移除的詳細說明，請參考 Homebrew/install 的說明。

3.3.2　其他跨平台應用管瞭解決方案

除了 Homebrew，其他公司、組織以及個人也為開放原始碼社區貢獻了不少跨平台應用管理方案，比較常見的有 snap、flatpak、nix 等。下面我們來看一下 snap 和 flatpak 的基本使用方法。

1. snap

snap 和 Ubuntu 師出同門，都由 Canonical 公司主導開發和維護，最初發佈於 2014 年，目標是為 Linux 應用程式開發者提供統一的分發解決方案，不必再為不同的發行版本單獨包裝。這個解決方案由下面幾個部分組成：

☐ 應用包裝格式 snap；

☐ 應用管理互動列工具 snap；

☐ 應用管理服務 snapd；

☐ 應用程式開發框架 snapcraft；

☐ 應用市場 Snap Store。

snap 常用指令如表 3-3 所示。

表 3-3　snap 常用指令

指令	實現功能
apt install snapd	安裝 snap
snap find \<app-name\>	尋找應用
snap info \<app-name\>	查詢應用詳細資訊
snap install \<app-name\>	安裝應用
snap list	列出已安裝應用
snap refresh \<app-name\>	手動更新應用
snap revert \<app-name\>	將應用回復到之前的版本
snap remove \<app-name\>	刪除應用

✍ 說明

表 3-3 指令中的 <app-name> 要取代成實際的應用名稱，例如安裝視訊播放應用 VLC 的指令是 snap install vlc。

另外，執行對系統做出變更（而不僅是查詢）的指令，例如安裝、更新、回復、刪除等，需要使用 sudo 許可權。

2. flatpak

flatpak 與 snap 願景類似，出現時間稍晚（2015 年）。其預設應用倉庫是 flathub，支援自訂倉庫，提供了系統級和使用者級兩種安裝方式，前者需要 sudo 許可權，後者則不需要。

flatpak 常用指令如表 3-4 所示。

表 3-4   flatpak 常用指令

指令	實現功能
apt install flatpak	安裝 flatpak
flatpak remote-add <repo-name> <repo-url>	增加倉庫
flatpak remote-list	列出倉庫名稱
flatpak remote-delete <repo-name>	刪除倉庫
flatpak search <app-name>	尋找應用
flatpak install <app-name>	安裝應用
flatpak run <app-name>	執行應用
flatpak list	列出已安裝應用
flatpak update	更新所有應用
flatpak uninstall <app-name>	刪除應用

✍ 說明

表 3-4 指令中的 <repo-name> 表示軟體倉庫名稱，<repo-url> 表示軟體倉庫位址，<app-name> 表示某個應用名稱。

◎ 3.4　管理可執行檔

3.3 節我們了解了系統附帶的套件管理員的使用方法。Linux Mint 和
Ubuntu 的套件雖然很多，但畢竟做不到包羅萬象。本節我們通過了解一
些 Linux 應用的底層實現機制，進一步拓展管理應用的能力。

熟悉 Windows 的讀者都知道，Windows 裡有些軟體不需要安裝就能使用，
例如批次檔，把 DOS 指令寫在一個文字檔裡，把檔案副檔名改成 bat，就
能執行了；還有一種所謂的免安裝軟體，大多是 EXE 檔案，也可以直接
執行。

這些直接執行的指令稿和二進位檔案，在 Linux 系統中也有對應的實現。
下面我們就動手製作一個簡單的可執行指令稿，透過它來了解 Linux 執行
應用的基本流程。

3.4.1　自製可執行指令稿

第 2 章中，我們用 Vim 撰寫了一個指令檔 afile.txt，下面我們建立一個內
容相同的指令稿，只是換一個名字，然後看看如何執行它，如程式清單
3-29 所示。

程式清單 3-29　產生名為 hw 的指令檔
```
achao@starship:~$ echo 'echo "hello world"' > hw
achao@starship:~$ cat hw
echo "hello world"
```

echo 指令的作用是向螢幕輸出它的參數，這裡是 'echo "hello world"' 單引
號括起來的內容會被原原本本輸出，而不會做其他處理。後面的重新導向
符號使得原本輸出到螢幕的字元被儲存到一個檔案裡，名字叫 hw。最後
用 cat 指令驗證 hw 檔案中的內容正確無誤。

透過第 2 章對檔案許可權標示的說明，我們知道檔案用 rwx 表示可以被如
何使用，其中第 3 位元 x 用來控制使用者能否執行該檔案。我們首先試試

執行一個沒有執行許可權的指令稿看看會出現什麼狀況，如程式清單 3-30
所示。

程式清單 3-30　直接執行文字檔
```
achao@starship:~$ ls -l hw
-rw-rw-r-- 1 achao achao 19 Jan 31 20:35 hw
achao@starship:~$ hw
hw: command not found
```

系統回答：指令不存在。這在意料之中，給它加上可執行許可權再試一次，
如程式清單 3-31 所示。

程式清單 3-31　為指令稿增加可執行許可權並執行
```
achao@starship:~$ chmod u+x hw
achao@starship:~$ ls -l hw
-rwxrw-r-- 1 achao achao 19 Jan 31 20:35 hw
achao@starship:~$ hw
hw: command not found
```

首先我們用 chmod 指令為 hw 增加了可執行許可權；在接下來 ls -l 的輸出
中，可以看到 hw 檔案的第 1 組標示由 rw- 變成了 rwx，說明指令稿可以
執行了。但奇怪的是，再次執行 hw 時，居然出現了相同的錯誤——指令
未找到，這是怎麼回事呢？

要說清楚這個問題，就要包括 Linux 系統中非常重要的概念：環境變數
（environment variable）。與前面介紹的模式編輯類似，環境變數的思想
也來自真實世界。例如兩輛汽車 A、B 都要透過路口，A 面前是綠燈，B
面前是紅燈，這裡交通訊號燈就是一個環境變數，紅、綠、黃就是環境變
數可以取的 3 個值。雖然 A 和 B 接到的指令一樣：透過路口，但由於它
們各自的環境中環境變數設定值不同，因此二者最後的行為正好相反，A
加速，B 減速。

回到執行指令的問題，這裡起關鍵作用的不是訊號燈，而是一個叫 PATH 的環境變數。它的設定值是一個字串，由多個目錄路徑組成，彼此之間用冒號隔開。可以用 echo 指令列印出它的值，如程式清單 3-32 所示。

```
achao@starship:~$ echo $PATH
/usr/local/sbin:/usr/local/bin:/usr/sbin:/usr/bin:/sbin:/bin:/usr/games:/
usr/local/games
```

這裡 echo 指令用來把字串列印到螢幕上，$ 則用於取出變數的值。這麼說似乎不好了解，動手試一下就明白了，如程式清單 3-33 所示。

程式清單 3-33　$ 符號的作用

```
achao@starship:~$ echo PATH
PATH
```

原來在指令列裡，一串字元如果既不是指令也不是參數，就表示這串字元本身，例如程式清單 3-33 中的 PATH 就表示 P、A、T、H 這 4 個字母組成的一串字元。如果 PATH 是一個變數的名字，而我們想取出該變數中儲存的值，就要在名字前面加上 $ 符號。

回到程式清單 3-32，我們把 PATH 的值按冒號分開，得到程式清單 3-34 所示的目錄清單。

程式清單 3-34　PATH 中的目錄

```
/usr/local/sbin
/usr/local/bin
/usr/sbin
/usr/bin
/sbin
/bin
/usr/games
/usr/local/games
```

當我們執行一個指令時，系統就會取出 PATH 裡的目錄，從前向後依次尋找每個目錄下是否有以這個指令命名的可執行檔，如果有就執行它，沒有就到下一個目錄中尋找。如果直到最後一個目錄仍然找不到符合的檔案，就報 "指令找不到" 錯誤。例如我們常用的 cat、ls、vi、head、less 等都是上面某個目錄下的可執行檔，如程式清單 3-35 所示。

程式清單 3-35　常用指令所在路徑
```
achao@starship:~$ which cat ls vi head less
/bin/cat
/bin/ls
/usr/bin/vi
/usr/bin/head
/usr/bin/less
```

which 指令的作用是列印應用的檔案路徑，這裡我們一口氣列印了 5 個應用的檔案路徑。在實際應用中，一次查詢一個指令的情況比較多。

說到這裡，你一定已經明白了為什麼上面 hw 指令雖然有可執行許可權卻報 "指令找不到" 錯誤了，原因就在於，該檔案所在目錄 /home/achao 不在 PATH 包含的目錄清單中。

明白了錯誤的原因，下一步就是找到解決方法。按照 shell 標準 [a]，如果一個指令中出現 /，會將其作為檔案處理，而不再搜尋 PATH。結合第 2 章中相對路徑的知識，不難想到最簡單的方法就是把它寫成 ./hw，馬上驗證一下，如程式清單 3-36 所示。

程式清單 3-36　使用路徑格式執行自訂指令稿
```
achao@starship:~$ ./hw
hello world
```

---

a　準確地說是 POSIX 標準。

執行成功！這個指令稿雖然很簡單，卻揭示了 shell 的一筆重要規則：要執行一個指令，不是寫成路徑的形式，就是把它放到 PATH 環境變數包含的某個目錄裡。

3.4.2 把可執行檔變成應用

3.4.1 節中我們用路徑的形式執行指令稿，本節我們來看如何借助 PATH 環境變數把可執行檔變成應用。

由於指令中不包含 / 時，shell 會依次搜尋 PATH 中的每個目錄，尋找指令對應的檔案，所以要讓可執行檔在任何目錄下都能執行，最簡單的方法是把它放在 PATH 清單的某個目錄裡。例如在程式清單 3-34 裡，我們選擇 /usr/local/bin 作為儲存應用的目錄。仍然以 3.4.1 節的 hw 指令稿為例，只要把該檔案複製到選定的目錄下即可，如程式清單 3-37 所示。

程式清單 3-37　使用移動檔案的方法建立應用

```
achao@starship:~$ sudo cp hw /usr/local/bin
achao@starship:~$ hw
hello world
achao@starship:~$ cd /opt
achao@starship:/opt$ hw
hello world
achao@starship:/opt$ which hw
/usr/local/bin/hw
```

不論在 HOME 還是 /opt 目錄（以及其他任何目錄）下，都可以直接使用 hw 指令了！注意，目前使用者 achao 沒有 /usr/local/bin 目錄的寫入許可權，所以需要加 sudo，以 root 身份複製檔案。

hw 指令稿使用 shell 語法撰寫，但 shell 的能力不止於此，它可以執行任何直譯型語言撰寫的指令稿，常見的如 Python、JavaScript、Ruby，以及資料分析領域常用的 R、Julia 等，例如程式清單 3-38 所示指令稿。

程式清單 3-38　使用 Python 撰寫的可執行指令稿

```
achao@starship:~$ cat << EOF > printTime        ❶
#!/usr/bin/python3                               ❷
from datetime import datetime
print('現在時刻：%s' % datetime.now())
EOF                                              ❸
achao@starship:~$ chmod u+x printTime
achao@starship:~$ ./printTime
現在時刻：2020-02-11 09:48:12.703297
```

❶ heredoc 語法表頭
❷ shebang 標示
❸ heredoc 結束符號

程式清單 3-38 中有兩個問題值得研究。首先，第 2 行 chmod 和第 3 行執行可執行指令稿我們都比較熟悉了，下面說說第 1 行 cat 指令。前面說過該指令是用來輸出檔案內容的，可是這裡怎麼看都是在寫入檔案，這又是怎麼回事呢？

第 2 章中我們用 Vim 寫入檔案，程式清單 3-29 用 echo 指令配合重新導向寫入檔案。Vim 編輯文字功能固然無可挑剔，但必須由人來寫，不能把要產生的內容寫在指令稿中自動產生目的檔案。echo 解決了這個問題，但只適合寫一些短小的單行文字。如果需要用指令稿自動寫一些多行的複雜文字，要怎麼辦呢？

這就需要用到上面的 heredoc 語法了。該語法由 cat、結束符號（一般用 EOF，end of file）和輸出重新導向組成，下面跟著代表檔案內容的多行文字，檔案內容結束後，新起一行寫上結束符號標誌著整個 heredoc 結束。執行整個指令的效果就是文字被寫進重新導向指向的那個檔案裡，這裡是 printTime。

說到這裡，你也許會想，這些 shell 開發者為了"偷懶"真是拼了，有研究這些功能的時間早用 Vim 寫好了。但這其實無關勤奮和懶惰，而是效率和成本問題。

其次，如果你寫過 Python 程式，一定能夠看出 printTime 的功能完全是由 Python 實現的，為什麼也能像普通的 shell 指令稿一樣執行呢？其實也沒什麼神秘的，它使用了一種叫作 shebang 的機制。這個有點古怪的名字來自起始兩個符號 #!（sharp-bang），後面跟著一條路徑，指向解釋並執行指令稿的應用。例如這裡的 #!/usr/bin/python3 表示用 /usr/bin/python3 執行後續指令稿，與程式清單 3-39 所示過程效果完全一樣。

程式清單 3-39　　等值的 Python 指令稿和執行結果

```
achao@starship:~$ cat << EOF > printTime
from datetime import datetime
print(' 現在時刻：%s' % datetime.now())
EOF
achao@starship:~$ /usr/bin/python3 printTime    ❶
現在時刻：2020-02-11 09:48:12.703297
```

❶ 如果執行後顯示 command not found 錯誤，請使用前面介紹的 which 指令確定 python3 的位置，代替這裡的 /usr/bin/python3

直譯型語言多種多樣，要使用者掌握用哪個程式執行哪種指令稿既費時間也無必要。透過將執行程式用 shebang 標記在指令稿內部，使用者不必了解語言細節就能使用，對提升 shell 的可用性很有好處。

看來製作可執行指令稿並不難，那麼二進位檔案應該如何處理呢？下面我們就來動手製作一個簡單的二進位檔案，然後把它變成應用，如程式清單 3-40 所示。

程式清單 3-40　　製作一個簡單的二進位檔案

```
achao@starship:~$ cat << EOF > hw.c                    ❶
#include <stdio.h>
int main() {
    printf("hello world from gcc\n");
    return 0;
}
EOF
```

```
achao@starship:~$ gcc -o hello hw.c                          ❷
achao@starship:~$ file hello                                 ❸
hello: ELF 64-bit LSB shared object, x86-64, version 1 (SYSV), dynamically
linked, interpreter /lib64/l,
for GNU/Linux 3.2.0, BuildID[sha1]=1f86cde2141af87833802e6635794550fe53e0c2,
not stripped
achao@starship:~$ ./hello
hello world from gcc
```

❶ 產生應用的原始程式碼檔案：hw.c
❷ 將 C 語言原始程式碼編譯為二進位可執行檔
❸ 檢查產生檔案的類型，輸出結果中的 ELF 表示 hello 是一個二進位檔案

這裡我們使用 C 語言撰寫了一個簡單的應用，效果是在螢幕上輸出 hello world from gcc。編譯器使用的是 gcc，全名為 GNU Compiler Collection，是一款廣泛使用的 C 語言編譯器。Debian/Ubuntu/Mint 系統執行 apt install build-essential 安裝 gcc，該指令在程式清單 3-23 中已經執行過了，故不需要再次安裝；macOS 系統則需要執行 brew install gcc 安裝 gcc，才能執行編譯指令。

上面將應用放到了使用者 HOME 之外的目錄下，好處是系統的所有使用者都可以使用，但安裝時必須有 root 許可權。如果只是個人使用或在一台沒有 sudo 許可權的伺服器上，是不是就不能安裝應用了呢？

我們知道 PATH 是個環境變數，既然是變數，就可以修改，把一個寫入的目錄放進去，進一步實現不依靠 sudo 也能安裝應用。

當使用者登入 Linux 系統時，首先讀取 /etc/profile 檔案，完成系統級的初始化動作，然後讀取使用者自己的 profile 檔案，完成個性化的初始化動作。不同 shell 讀取的 profile 檔案不同，以 Linux Mint 預設提供的 Bash 為例，讀取的是 ~/.bashrc 檔案。下面我們來修改這個檔案裡的 PATH 環境變數，如程式清單 3-41 所示。

程式清單 3-41　修改 PATH 環境變數

```
achao@starship:~$ echo $PATH                                          ❶
/usr/local/sbin:/usr/local/bin:/usr/sbin:/usr/bin:/sbin:/bin:/usr/games:/
usr/local/games
achao@starship:~$ echo 'PATH=$PATH:$HOME/.local/bin' >> ~/.bashrc     ❷
achao@starship:~$ . ~/.bashrc                                         ❸
achao@starship:~$ echo $PATH                                          ❹
/usr/local/sbin:/usr/local/bin:/usr/sbin:/usr/bin:/sbin:/bin:/usr/games:/
usr/local/games:/home/achao/.local/bin
```

❶ 列印修改前 PATH 環境變數的值
❷ 將新的 PATH 定義追加到使用者設定檔中
❸ 載入新的設定檔
❹ 列印修改後 PATH 環境變數的值

第 2 步的輸出動作有點像重新導向符號 >，但變成了兩個大於號，意思是追加到檔案 ~/.bashrc 尾端，而非建立新檔案。如果這裡寫成 echo 'PATH=$PATH:$HOME/.local/bin' > ~/.bashrc，則原來 .bashrc 檔案裡的內容會消失，只留下 PATH=$PATH:$HOME/.local/bin，這顯然不是我們的本意。

PATH=$PATH:$HOME/.local/bin 初看有點奇怪，不妨把環境變數想像成一個盒子，盒子上的標籤寫著它的名字。上面這段程式的作用是：對於標籤是 PATH 的盒子，首先取出裡面的東西，在後面追加一個新路徑，再把它放回盒中，是不是和 C 語言裡的 a = a + 1 有異曲同工的感覺？

第 3 步中的第 1 個 . 是 source 指令的簡寫，表示在目前環境中執行 ~/.bashrc 檔案。如果不使用 source，shell 會啟動一個新環境執行 .bashrc，檔案裡對 PATH 的定義隨著指令執行結束而一起消失，不會對目前環境產生影響。

與第 1 步的輸出結果相比，第 4 步的輸出結果中多了一個目錄 /home/achao/.local/bin，第 2 步中的 $HOME 被解析成了 /home/achao，即使用者

achao 的 HOME 目錄。由於 ~/.local/bin 在 HOME 目錄下,所以向該目錄寫入檔案時不需要 sudo 許可權。

為了避免你產生 "用 shell 寫的指令稿都是些 hello world 之類的玩具" 這樣的誤解,下面我們向 ~/.local/bin 裡放一個線上字典應用,如程式清單 3-42 所示。

程式清單 3-42　修改 PATH 環境變數

```
achao@starship:~$ wget git.io/trans              ❶
achao@starship:~$ chmod u+x trans                ❷
achao@starship:~$ mv trans ~/.local/bin          ❸
achao@starship:~$ trans -t zh -b wonderful       ❹
wonderful
/ w nd rf l/
精彩
(J  ngc  i)
...

achao@starship:~$ trans -t en 精彩❺
精彩
(J  ngc  i)

wonderful
```

❶ 從 git.io 網站上下載 trans 指令稿
❷ 為指令稿增加執行許可權
❸ 將指令稿放到 ~/.local/bin 目錄下
❹ 用 trans 翻譯英文
❺ 用 trans 翻譯中文

這樣一個簡單的 shell 指令稿,使我們能夠在 100 多種語言之間互相翻譯,是不是很神奇!

除了解釋執行的指令稿和編譯產生的二進位檔案,還有一種無須安裝、可直接執行的軟體套件 AppImage,將這種檔案下載到本機後,用 chmod 增加執行許可權後就可以執行了。從使用者角度看，可以將其視為可執行二進位程式進行管理。

對於所有這些可執行程式，安裝過程只是複製檔案，需要移除時只要把檔案刪掉即可。沒錯，只需要用第 3 章介紹的檔案刪除指令 rm。如果忘了應用文件的位置怎麼辦？前面講過的 which 指令可以輕鬆搞定，如程式清單 3-43 所示。

程式清單 3-43　用 which 指令確定應用文件位置

```
achao@starship:~$ which hw
/usr/local/bin/hw
achao@starship:~$ sudo rm /usr/local/bin/hw
```

3.5　管理手動編譯的應用

3.4 節我們了解了管理指令稿型應用的方法，本節我們結合一個實際需求看看如何管理手動編譯的應用。

使用指令稿開發應用，我們會一邊嘗試一邊觀察結果，再根據結果調整程式，直到結果符合要求，例如 shell 指令稿就在 shell 裡執行，Python 指令稿也在自己的互動環境裡執行。人們根據這個特點給指令碼語言的互動執行環境起了一個名字：REPL，即讀取—求值—列印迴圈（read-evaluate-print loop）。REPL 使開發應用的過程變成了充滿探索和驚喜的快樂旅程，例如要列印目前日期，不用急於請教程式設計高手或上網搜尋，自己先探索一下。既然是日期，不妨試試 date，如程式清單 3-44 所示。

程式清單 3-44　最基本的 date 指令

```
achao@starship:~$ date
Thu Feb 13 21:15:30 CST 2020
```

猜對了！不過和預想的結果相比，現在的輸出有兩個問題：

☐ 需要去掉其中的時間；

☐ 現在格式是月／日／年，需要改為按中文習慣輸出。

於是我們開啟另一個指令列視窗，把兩個視窗左右並排放在桌面上，在左邊的視窗中使用 man 指令開啟 date 指令的使用說明，如程式清單 3-45 所示。

程式清單 3-45　date 指令的說明頁面

```
achao@starship:~$ man date
...
SYNOPSIS
      date [OPTION]... [+FORMAT]
...
      FORMAT controls the output.  Interpreted sequences are:

      %%     a literal %

      %a     locale's abbreviated weekday name (e.g., Sun)

      %A     locale's full weekday name (e.g., Sunday)

      %b     locale's abbreviated month name (e.g., Jan)
...
```

透過概要（synopsis）可知 date 後面跟上一個加號，再加上格式字串即可按照要求訂製輸出格式。下面的格式部分內容很多，簡單瀏覽一下，似乎 %d、%m、%Y 是有用的，馬上在右邊視窗的指令列中執行一下，如程式清單 3-46 所示。

程式清單 3-46　嘗試 date 指令格式輸出

```
achao@starship:~$ date +%d%m%Y
13022020
```

選對了！調整一下順序，再加上分隔符號，如程式清單 3-47 所示。

程式清單 3-47　調整 date 輸出結果

```
achao@starship:~$ date +%Y/%m/%d
2020/02/13
```

基本解決了上面兩個問題！只有一個小小的瑕疵，就是月份前面多了個 0，有沒有方法去掉它呢？

在左邊視窗的說明文件裡找一找，發現了下面這句話：

```
By default, date pads numeric fields with zeroes.
The following optional flags may follow '%':
-       (hyphen) do not pad the field
...
```

由此可知在 % 後面加上 - 就可以去掉 0 了，馬上在右邊視窗中驗證一下，如程式清單 3-48 所示。

程式清單 3-48　去掉 date 輸出結果中的 0

```
achao@starship:~$ date +%Y/%-m/%-d
2020/2/13
```

完美！

這個方法對編譯型應用是否可行呢？

在程式清單 3-40 中，首先執行 gcc -o hello hw.c 編譯 C 語言原始程式碼；再執行產生的 hello 檔案觀察執行結果；修改原始程式碼後，要再次執行 gcc 和 hello 才能看到新的執行結果。如果每次修改檔案後，有個工具能感知檔案的變化，然後自動執行這兩個指令就好了。

開放原始碼社區提供了幾種解決方案，有些功能十分強大，但需要使用者對 Linux 有比較深入的了解，例如設定監聽哪種類型的事件等。本著只要能滿足功能、需求越簡單越好的原則，這裡我們選擇了 entr，官網提供的版本是 4.6，在執行 apt show entr 後發現：如果使用系統的套件管理員安裝，版本是 4.4。經過一番思想鬥爭，我們決定安裝功能更完整的 4.6 版本。

與前面的 googler 不同，entr 的作者只提供了原始程式碼下載，沒有提供 deb 套件，開發者在説明文件中列出了編譯和安裝的方法，如程式清單 3-49 所示。

程式清單 3-49　下載、解壓並檢視使用文件

```
achao@starship:~$ wget http://eradman.com/entrproject/code/entr-4.6.tar.gz
achao@starship:~$ tar xf entr-4.6.tar.gz
achao@starship:~$ cd entr-4.6
achao@starship:~/entr-4.6$ less README.md
...
Source Installation - BSD, Mac OS, and Linux
------------------------------------------

    ./configure
    make test
    make install
...
```

每個原始程式套件中都會有名為 README.md、INSTALL 等的文字檔，其中包含該應用的主要功能、安裝和使用方法等內容。如果一個原始程式套件裡沒有這些説明文件，説明開發者還沒有準備好讓別人使用，最好不要安裝。

entr 的安裝部分非常簡潔，是典型的三步走。要知道這三步都在做什麼，不妨看下程式清單 3-40 中的 hw.c 檔案。它使用的輸出函數 printf() 定義在 stdio.h 檔案中，沒有該檔案就不能編譯 hw.c 檔案。為了滿足這個要求，我們用 apt 安裝了 build-essential 套件。把這個過程推而廣之，安裝大多數 C/C++ 開發的 Linux 應用需要下面三個步驟。

(1)　環境檢查：檢查安裝應用的各種條件是否具備，例如對 hw.c 來説，能否找到 stdio.h 檔案等，對應的指令是 ./configure。

(2) 編譯原始程式：呼叫系統的編譯工具產生目的檔案，有時還會執行一些測試以保證應用的功能能夠正常執行，對應的指令是 make 或 make test。

(3) 安裝應用：把上一步產生的檔案複製到正確的目錄下，對應的指令是 make install。

用這種方式安裝的應用不在套件管理員的管理範圍內。如果應用本身比較複雜，產生的檔案比較多（不像 hw 只有一個可執行檔），散落在多個目錄下，移除就會非常麻煩。最直接的方法是手動記錄該應用安裝的每個檔案的位置，需要移除時手動把它們一一刪除。但這畢竟費時費力，且時間長了這些記錄能不能找得到也未可知。於是有一位開發者製作了一個叫作 CheckInstall 的工具來解決這個問題，它把原始程式碼打成 deb 套件然後安裝，這樣就可以用 dpkg 移除了。

下面我們來安裝 CheckInstall，並用它來安裝 entr，如程式清單 3-50 所示。

程式清單 3-50　用 CheckInstall 安裝 entr

```
achao@starship:~/entr-4.6$ sudo apt update -y
achao@starship:~/entr-4.6$ sudo apt install -y checkinstall
achao@starship:~/entr-4.6$ ./configure
achao@starship:~/entr-4.6$ make test
achao@starship:~/entr-4.6$ sudo checkinstall
```

 不能使用 CheckInstall 怎麼辦？

CheckInstall 目前只支援 deb、rpm 等格式，對於 macOS 和不使用上述格式的 Linux 發行版本，可以記錄下來 make install 向系統中複製了哪些檔案，然後手動刪除。如果安裝時沒有記錄，可以執行 make -n install 列印安裝檔案列表。仍然以 entr 為例，執行效果如下：

```
> make -n install
cc  -D_GNU_SOURCE -D_LINUX_PORT -Imissing -DRELEASE=\"4.5\" missing/
strlcpy.c missing/kqueue_inotify.c entr.c -o entr
mkdir -p /usr/local/bin
mkdir -p /usr/local/share/man/man1
install entr /usr/local/bin
install -m 644 entr.1 /usr/local/share/man/man1
```

可見只要手動刪除 /usr/local/bin/entr 和 /usr/local/share/man/
man1/entr.1 兩個檔案即可，這裡 make 的 -n 參數表示 dry run，即只
列印要做什麼，不真的執行。

CheckInstall 執行時會要求使用者輸入一些資訊以便產生套件文件方便後
續管理，如果不確定怎麼寫，按確認鍵使用預設值就行了。

安裝過程的結尾，系統會提示在目前的目錄下產生了一個名為 entr_4.4-1_
amd64.deb 的安裝套件，並且可以用 dpkg -r entr 移除已安裝應用。

產生安裝套件的好處是，如果需要在相同的系統上安裝該應用，只要執行
sudo gdebi entr_4.6-1_amd64.deb 即可，不用再安裝編譯工具和依賴。此
外，對於規模比較大的應用，還能大幅節省編譯時間。

由於 CheckInstall 將原始程式打包成 deb 套件再安裝，因此 3.4 節介紹的
管理 deb 套件的各種工具就都可以使用了，如程式清單 3-51 所示。

程式清單 3-51　檢視 entr 套件各項資訊

```
achao@starship:~$ dpkg -l entr
Desired=Unknown/Install/Remove/Purge/Hold
| Status=Not/Inst/Conf-files/Unpacked/halF-conf/Half-inst/trig-aWait/Trig-pend
|/ Err?=(none)/Reinst-required (Status,Err: uppercase=bad)
||/ Name            Version              Architecture      Description
+++-===============-====================-=================-============
ii  entr            4.6-1                amd64
```

```
achao@starship:~$ dpkg -L entr
/.
/usr
/usr/local
/usr/local/bin
/usr/local/bin/entr
/usr/local/share
/usr/local/share/man
/usr/local/share/man/man1
/usr/local/share/man/man1/entr.1.gz
/usr/share
/usr/share/doc
/usr/share/doc/entr
/usr/share/doc/entr/LICENSE
/usr/share/doc/entr/NEWS
/usr/share/doc/entr/README.md
```

entr 安裝好後，就可以實現自動編譯執行了，如程式清單 3-52 所示。

程式清單 3-52　檢視 entr 套件各項資訊

```
achao@starship:~$ cat << EOF > comp_run
gcc -o hello hw.c && ./hello
EOF
achao@starship:~$ ls hw.c | entr bash comp_run
```

把這個視窗放在桌面右側，新開啟一個指令列視窗放在桌面左側，在其中
執行 vi hw.c，每次修改 hw.c 程式並存檔後，右側的指令列視窗就會自動
編譯成新的 hello 檔案並執行。例如現在將 hw.c 中的 hello world from gcc
改成 hello world from entr，然後按 ESC 鍵返回標準模式下，輸入 :w 並按
確認鍵，就會看到右側指令列視窗馬上輸出 hello world from entr。寫錯了
也沒關係，例如刪掉 printf 後面的左括號然後儲存檔案，右邊視窗會馬上
列出提示，如程式清單 3-53 所示。

程式清單 3-53　gcc 列出的錯誤提示

```
hw.c: In function 'main':
hw.c:3:11: error: expected ';' before string constant
```

```
    printf"hello world from entr\n");
         ^~~~~~~~~~~~~~~~~~~~~~~~
hw.c:3:36: error: expected statement before ')' token
    printf"hello world from entr\n");
                                   ^
```

輸出資訊中明確指出原始程式碼第 3 行、第 11 列出錯,修復錯誤後再儲存檔案,正確的輸出又回來了。

最後,在 entr 視窗裡輸入 q 退出檔案監控狀態,返回到指令列互動環境中。

這樣不論是有 REPL 的指令稿式語言,還是編譯型的 C 語言,都可以邊寫程式邊觀察執行結果,在結果的提示下決定下一步如何進行,是不是與玩遊戲有異曲同工之處?

3.6 以語言為基礎的套件管理

前面說明的應用可以分為兩類:使用各種指令稿撰寫的直譯型應用,以及使用 C/C++ 撰寫的編譯型應用,屬於這個範圍的應用數量雖然很龐大,但仍然只是開放原始碼社區的冰山一角。

在 Linux 社區之外,各種開放原始碼程式語言百花齊放,發展迅速,其中有些成功吸引了大量開發者,建構了龐大的社區。每一種程式語言的開發者都要解決封裝邏輯、分享程式、發佈安裝之類的問題,也都開發了自己的套件管理員。與 Linux 的套件管理相比,程式語言社區更加自由靈活,很多應用程式開發時以一組特定版本為基礎的依賴,作為依賴的語言或套件升級後,開發者沒有條件或不願以新版本為基礎更新應用,應用就會被依賴鎖死。例如兩個應用 A 和 B 都使用 Python 開發,但 A 以 Python 3.1 為基礎,B 以 Python 3.5 為基礎,如果按標準的 Linux 方式,安裝到 /usr/bin、/usr/local/bin 等目錄下,就會導致不同版本的解譯器之間發生衝突。

解決這個問題的想法是給不同的解譯器可執行檔後面加上版本編號,例如將 Python 3.1 的解譯器命名為 python3.1,Python 3.5 的解譯器命名為

python3.5 等。然而這個方法有兩個問題：首先開放原始碼程式語言數量龐大，每種程式語言在用的版本常常是兩位數，二者結合，Linux 發行版本社區維護數量如此龐大的解譯器成本太高；其次使用起來也很麻煩，使用者要記住自己安裝過哪些版本的解譯器，以及每個應用應該選哪個版本的解譯器。

另一個想法是將不同版本的解譯器放到不同目錄中，需要哪個版本，就將那個版本的解譯器所在目錄加入 PATH 環境變數裡。許多語言社區採納了這個想法，形成了各自的多版本管理工具，例如 Python 的 pyenv、Ruby 的 rvm、Node.js 的 nvm、JVM 平台（包含 Java、Groovy、Scala、Kotlin、Clojure 等）的 sdkman、Go 的 gvm 等。

3.6.1　外掛程式—版本架構

對善於利用各種指令列工具收集、處理資訊的開發者來說，上面這些工具仍然不夠完美。例如我們用一個 Ruby 撰寫的 Web 應用收集資訊，用一個 Node.js 應用整理資訊，最後交給一個 Python 應用製作成圖表，是不是要同時安裝 rvm、nvm 和 pyenv 呢？

這樣未免太麻煩了，是否有一種工具能夠同時管理各種程式語言的各個版本呢？答案是一定的，而且這個工具已經在開放原始碼社區內得到了廣泛應用，它就是 asdf。

asdf 採用外掛程式—版本（plugin-version）二級架構：一種程式語言（或應用）作為一個外掛程式，外掛程式下面可以同時保留多個版本，可以根據不同需要靈活地設定某個版本為目前版本。

任何人都可以傳送自己的外掛程式，進一步將一種新程式語言或新工具納入 asdf 的管理版圖中。與手動安裝和管理不同語言、不同版本的解譯器、編譯器相比，asdf 提供了兩個層面的便利。

☐ 消除語言差異：不同擔心不同語言採用不同的安裝方式，所有語言都透過 plugin-add 指令加入 asdf 的管理。

☐ 方便的多版本共存和切換：每門程式語言的每個版本都採用相同方式安裝（透過 install 指令）和切換（透過 global、local、shell 等指令，下面詳細介紹）。

3.6.2　asdf 的基本使用方法

下面以 Python 和 Rust 語言為例，說明使用 asdf 安裝外掛程式和版本的方法。

我們先來安裝 asdf。點擊官網頁面上的 "Get Started" 按鈕進入安裝說明頁面。由於 asdf 本身只是一組 shell 指令稿，所以安裝過程非常簡單，只有兩步：下載，修改啟動指令稿，如程式清單 3-54 所示。

程式清單 3-54　安裝 asdf

```
achao@starship:~$ git clone https://github.com/asdf-vm/asdf.git ~/.asdf
--branch v0.8.0
achao@starship:~$ echo -e '\n. $HOME/.asdf/asdf.sh' >> ~/.bashrc          ❶
achao@starship:~$ echo -e '\n. $HOME/.asdf/completions/asdf.bash' >> ~/.bashrc
achao@starship:~$ . ~/.bashrc                          ❷
achao@starship:~$ asdf update                          ❸
```

---

❶ 這兩行 echo 指令是針對 Bash 的安裝方法，如果在其他 shell 下安裝，請參考安裝說明頁面的介紹

❷ 使對啟動指令稿的修改在目前環境中生效

❸ 如果 0.8.0 不是最新版本，該指令會將其升級到最新版本

---

 macOS 上安裝 asdf

　　macOS 使用者使用 Homebrew 安裝比較方便：brew install coreutils curl git asdf。

安裝完成後，列出 asdf 目前支援的所有程式語言和工具名稱，並確認
Python 在支援清單中，如程式清單 3-55 所示。

程式清單 3-55　分析 asdf 支援的程式語言和工具

```
achao@starship:~$ asdf plugin-list-all
1password        https://github.com/samtgarson/asdf-1password.git
adr-tools        https://gitlab.com/td7x/asdf/adr-tools.git
aks-engine       https://github.com/robsonpeixoto/asdf-aks-engine.git
...
yarn             https://github.com/twuni/asdf-yarn.git
zig              https://github.com/cheetah/asdf-zig.git
zola             https://github.com/salasrod/asdf-zola.git
achao@starship:~$ asdf plugin-list-all | wc -l                    ❶
255
achao@starship:~$ asdf plugin-list-all | grep -i python          ❷
python           https://github.com/danhper/asdf-python.git
```

❶ 統計 asdf 支援的程式語言和工具總個數
❷ grep 的 -i 選項的作用是忽略大小寫，保證 Python 也會被比對到

確認了 Python 在支援列表裡，下一步是增加 Python 外掛程式並列出可安
裝的 Python 版本，如程式清單 3-56 所示。

程式清單 3-56　增加 Python 外掛程式並列出可安裝的版本

```
achao@starship:~$ asdf plugin-add python
achao@starship:~$ asdf list-all python
Downloading python-build...
Cloning into '/home/achao/.asdf/plugins/python/pyenv'...
remote: Enumerating objects: 17608, done.
remote: Total 17608 (delta 0), reused 0 (delta 0), pack-reused 17608
Receiving objects: 100% (17608/17608), 3.47 MiB | 195.00 KiB/s, done.
Resolving deltas: 100% (11960/11960), done.
2.1.3
2.2.3
...
stackless-3.4.2
stackless-3.4.7
stackless-3.5.4
```

```
achao@starship:~$ asdf list-all python | wc -l
436
```

從 2.1.3 到 3.10-dev（3.10 開發版），各種版本，各種實現，竟然有近 400 種！Python 的豐富多彩後面的章節會細説，這裡我們從列表中找到 3.8.1 版本開始安裝，如程式清單 3-57 所示。

程式清單 3-57　安裝 Python 3.8.1 版本

```
achao@starship:~$ sudo apt install libsqlite3-dev zlib1g-dev libssl-dev \
  libffi-dev libbz2-dev libreadline-dev readline-doc bzip2-doc \
  libncurses5 libncurses5-dev libncursesw5 libncursesw5-dev        ❶
achao@starship:~$ asdf install python 3.8.1
achao@starship:~$ asdf list python                                ❷
3.8.1
achao@starship:~$ python -V                                       ❸
Python 2.7.17
achao@starship:~$ asdf global python 3.8.1                        ❹
achao@starship:~$ python -V                                       ❺
Python 3.8.1
```

❶ 安裝編譯 Python 依賴套件
❷ 列出 Python 本機已安裝版本
❸ 系統附帶的 Python 版本是 2.7.17
❹ 將 3.8.1 設定為全域使用版本
❺ 新的 Python 版本變為 3.8.1

 安裝 Python 失敗的解決方法

如果執行 asdf install python 3.8.1 時報下面的錯誤：

```
error: failed to download Python-3.8.1.tar.xz
BUILD FAILED (LinuxMint 19.2 using python-build 1.2.18)
```

這是由於網路原因，Python 原始程式套件下載失敗，導致最終安裝失敗。反覆執行幾次，或清晨時段執行，一般可以安裝成功。

以後安裝其他 Python 版本時，不用再次增加外掛程式（plugin-add），只執行 install 即可。

程式清單 3-57 中，我們使用 global 指令將 3.8.1 版本設定為 "全域" 目前版本，意思是在所有 shell 和所有目錄中，如果沒有特殊設定，就使用 3.8.1 版本的 Python。

所謂 "特殊設定" 有兩種情況。第 1 種是針對某次 shell 階段，例如要檢查 Python 3.9.0 中一個新語言特性，不必修改全域設定，只要新開啟一個指令列階段，然後執行 asdf shell python 3.9.0 將目前 shell 階段使用的 Python 版本改為 3.9.0（別忘了先用 asdf install python 3.9.0 安裝），不會影響後續指令列階段中的 Python 版本。

第 2 種是針對某個專案（目錄）的特殊設定，例如 A 專案使用 Python 3.6.4，其他專案則大部分使用 Python 3.8.1，只為專案 A 將全域版本切換到 3.6.4 顯然不合適。比較好的方法是在 A 專案根目錄下執行 asdf local python 3.6.4，這樣 asdf 在目前的目錄下產生 .tool-versions 檔案，其中記錄目前的目錄下 Python 語言的版本為 3.6.4。這樣每次你進入 A 專案目錄後，asdf 自動將全域的 3.8.1 版本取代成 .tool-versions 檔案中要求的 3.6.4 版本，而不會影響該目錄外的 Python 版本。

語言設定但還只是第一步，畢竟我們的目標是安裝應用而非程式語言本身。下面我們以 CSV 處理工具套件 csvkit 和 VisiData 為例，說明使用程式語言提供的套件管理員安裝應用的方法。

Python 的套件管理員叫作 pip，當某個版本的 Python 安裝後，對應的 pip 也會自動安裝好。使用它安裝應用和 apt 類似，也是先尋找後安裝，如程式清單 3-58 所示。

程式清單 3-58　尋找並安裝 CSV 工具套件

```
achao@starship:~$ pip search csvkit
csvkit (1.0.4)  - A suite of command-line tools for working with CSV, the
```

```
king of tabular file formats.
achao@starship:~$ pip install csvkit
achao@starship:~$ pip search visidata
visidata (1.5.2)  - curses interface for exploring and arranging tabular data
achao@starship:~$ pip install visidata
achao@starship:~$ asdf reshim python      ❶
```

❶ 更新 asdf 路徑設定，確保 csvkit 的各個應用被加入目前路徑中

pip 的工作方式和 apt 類似：根據使用者指定的套件，分析該套件的依賴
套件，以及依賴套件的依賴套件，建構出整體依賴關係後，再從頭到尾安
裝好所有套件，進一步確保了使用者不必為各套件之間複雜的依賴關係煩
惱。

 P92 標

　　我們可以開啟 TUNA 映像檔關於 PyPI（Python 軟體套件倉庫名
稱）首頁，其中列出了兩種使用方法：

☐ 如果只是臨時用一下，其他套件仍然從 PyPI 官網安裝，只需在
pip install 後面加上 -i https://pypi.tuna.tsinghua.edu.cn/simple
即可，例如上面安裝 csvkit 的指令是 pip install -i https://pypi.
tuna.tsinghua.edu.cn/simple csvkit；

☐ 如果打算以後一直使用 TUNA 作為 pip 的軟體來源，執行 pip
config set global.index-url https://pypi.tuna.tsinghua.edu.cn/
simple，這樣以後執行 pip install 時將從 TUNA 來源下載套件。

這樣 csvkit 應用就安裝好了。顧名思義，csvkit 提供了一組工具用來處理
CSV 檔案，這些工具都以 csv 開頭，讓我們來認識一下，如程式清單 3-59
所示。

程式清單 3-59　列出 csvkit 工具套件所有應用名稱並列印應用資訊

```
achao@starship:~$ csv<TAB><TAB>          ❶
csvclean    csvcut     csvformat  csvgrep   csvjoin   csvjson   csvlook ...
achao@starship:~$ csvcut --version       ❷
csvcut 1.0.4
achao@starship:~$ csvcut -h              ❸
```

❶ 輸入 csv 後按兩次 Tab 鍵，列出所有以 csv 開頭的指令
❷ 列印其中第 2 個，csvcut 應用的版本編號
❸ 列印 csvcut 應用的使用說明

 什麼是 CSV 檔案？

　　CSV（comma seperated value）檔案是以逗點分隔每筆記錄不同欄位的純文字檔案。它與微軟 Excel 產生的副檔名為 xlsx 的表格檔案類似，主要用來儲存結構化資料；不同之處在於，它是純文字檔案，可以用任何平台的任何文字編輯工具開啟和閱讀。

Python 是使用最廣泛的直譯型語言之一，下面我們再看一下近來頗受歡迎的編譯型語言 Rust，並透過它的套件管理員安裝一個二進位可執行應用，如程式清單 3-60 所示。

程式清單 3-60　使用 asdf 安裝 Rust 穩定版

```
achao@starship:~$ asdf plugin-add rust
achao@starship:~$ asdf list-all rust
nightly
beta
stable
...
1.46.0
1.47.0
```

```
1.48.0
achao@starship:~$ asdf install rust stable
achao@starship:~$ asdf global rust stable
```

Rust 的套件管理員叫 cargo（生銹的貨物？），仍然是搜尋、安裝、執行三步走，如程式清單 3-61 所示。

程式清單 3-61　安裝二進位應用 xsv

```
achao@starship:~$ cargo search xsv
xsv = "0.13.0"              # A high performance CSV command line toolkit.
...

achao@starship:~$ cargo install xsv
achao@starship:~$ asdf reshim rust        ❶
achao@x84h:~$ xsv --version
0.13.0
```

❶ 更新 asdf 路徑設定，確保 xsv 被加入目前路徑中

下面我們觀摩一下 asdf 的路徑戲法，如程式清單 3-62 所示。

程式清單 3-62　asdf 處理應用路徑的方法

```
achao@startship:~$ which xsv
/home/achao/.asdf/shims/xsv
achao@startship:~$ file $(which xsv)
/home/achao/.asdf/shims/xsv: Bourne-Again shell script, ASCII text executable
achao@startship:~$ cat $(which xsv)
#!/usr/bin/env bash
# asdf-plugin: rust stable
exec /home/achao/.asdf/bin/asdf exec "xsv" "$@"
achao@startship:~$ asdf which xsv
/home/achao/.asdf/installs/rust/stable/bin/xsv
achao@startship:~$ file $(asdf which xsv)
/home/achao/.asdf/installs/rust/stable/bin/xsv: ELF 64-bit LSB shared
object, x86-64, ...
```

首先用 which 得到 xsv 指令檔案的位置；用 file 分析後發現它並不是二進位檔案，而是普通的 shell 指令稿；再用 cat 列印指令稿內容，發現它只

是個代理人，這個只有一行的指令稿（前兩行以 # 開頭的是註釋）唯一做的事就是把 xsv 指令轉換成 asdf exec "xsv"。那麼 xsv 的真身在哪裡呢？asdf which xsv 列出了答案。用 file 對該檔案進行分析，證實它是貨真價實的二進位檔案（輸出中的 ELF 64bit LSB shared object 等）。

最後，雖然 asdf 的功能是管理其他應用，但它本身仍然是一種（有點特殊的）應用，其他應用應有的更新、移除 asdf 也要有。程式清單 3-54 講了安裝和更新，下面講一下移除。

asdf 本身以及所有安裝檔案都在 ~/.asdf 目錄下，透過 ~/.bashrc 載入開機檔案，所以移除方法就是反過來：先從 ~/.bashrc 檔案中刪除 asdf 相關的載入指令，實際來說是 . $HOME/.asdf/asdf.sh 和 . $HOME/.asdf/completions/asdf.bash 兩段程式，然後刪掉 ~/.asdf 目錄。

3.7　常用套件管理指令一覽

3.7.1　apt

表 3-5 列出了 apt 常用指令，表中所示的指令都以應用 Git 為例，管理其他應用時需將 Git 取代為對應的應用名稱。

表 3-5　apt 常用指令

指令	實現功能
apt list –installed	列出已安裝應用
apt search git	搜尋應用
apt show git	檢視應用詳細資訊
apt install git	安裝應用
apt list –upgradable	列出可升級應用
apt upgrade	升級應用
apt remove git	刪除應用
apt autoremove	清理不再使用的套件

3.7.2　Homebrew

表 3-6 列出了 Homebrew 常用指令，仍然以 Git 為例。

表 3-6　Homebrew 常用指令

指令	實現功能
brew list	列出已安裝應用
brew search git	搜尋應用
brew info git	檢視應用詳細資訊
brew install git	安裝應用
brew outdated	列出可升級應用
brew upgrade	升級應用
brew uninstall git	刪除應用
brew update	Homebrew 本身升級

3.7.3　asdf

表 3-7 列出了 asdf 管理外掛程式常用指令，以 Python 為例。

表 3-7　asdf 管理外掛程式常用指令

指令	實現功能
asdf plugin-list	列出已安裝外掛程式
asdf plugin-list-all	grep python	搜尋外掛程式
asdf plugin-add python	安裝外掛程式
asdf plugin-update python	升級外掛程式
asdf plugin-remove python	刪除外掛程式

表 3-8 列出了 asdf 管理版本常用指令，以 Python 3.8.1 為例。

表 3-8　asdf 管理版本常用指令

指令	實現功能
asdf list python	列出某外掛程式所有已安裝版本
asdf install python 3.8.1	安裝新版本
asdf current python	列出外掛程式的目前版本
asdf global python 3.8.1	設定全域目前版本
asdf shell python 3.8.1	設定目前 shell 階段中使用的外掛程式版本
asdf local python 3.8.1	設定目前的目錄下使用的外掛程式版本
asdf uninstall python 3.8.1	移除外掛程式的某個版本
brew update	asdf 本身升級
asdf reshim python	更新某外掛程式應用路徑

3.8　小結

本章首先介紹了 *nix 系統中套件的概念、出現的原因以及現狀，然後從 4 個維度説明管理應用的方法。

□ 使用系統內建套件管理員：以 Debian 系發行版本的 apt 為例講解了 Linux 上最 "傳統" 套件管理的方法。

□ 使用跨平台套件管理員：透過安裝套件管理員應用，從特定軟體來源中取得應用並進行管理，重點介紹了在 macOS 上廣泛使用、在 Linux 上也廣受好評的 Homebrew。

□ 管理手動建立的應用：如何借助 PATH 環境變數將可執行檔變成應用。

□ 管理從原始程式編譯的應用：手動管理應用的升級版，並在 Gentoo 等以原始程式為基礎的發行版本（source-based distribution）上得到廣泛使用，以 asdf 為例説明了使用這類工具管理應用的方法。

每個維度都儘量按照檢視、安裝、更新和移除順序予以説明。

與 Android、iOS、Windows 的應用市場由一家或幾家大公司主導不同，Linux 是完全開放的社區，套件管理工具身為特殊的應用，也沒有統一標準。這種"過於"自由的風格可能會給新使用者造成一定困擾。下面是一種相對主觀的套件管理工具選擇方法,前面列出了使用者的使用場景或需求,後面列出了推薦的套件管理工具,供大家參考。

☐ 系統級安裝(系統級工具或需要多人使用),不能與系統其他元件發生衝突:apt、yum 等系統套件管理工具。

☐ 對穩定執行和使用簡單有比較高的要求,對新功能要求不強烈:apt、yum 等系統套件管理工具。

☐ 需要最快用上應用的最新功能,願意為此安裝和維護額外的套件管理員:Homebrew、snap 等跨平台套件管理員。

☐ 使用一種或多種程式語言的開發者,需要在探索新版本時保留舊版本,或需要管理自己開發的應用的依賴環境:asdf 等以原始程式為基礎的套件管理工具。

## 第 4 章

王者歸來：
指令列及 shell 強化

我要找到你，喊出你的名字，開啟幸福的盒子。

——陳明，《我要找到你》

透過第 3 章的介紹，相信你已經對管理五花八門的應用了然於心了，本章我們重點研究一個特別的應用：shell。

説它特殊，是因為被圖形介面包圍的我們，會覺得哪裡不太對勁：如果 shell 是一個應用，為什麼前面又說 "指令列應用是執行在 shell 裡的應用" 呢？難道應用裡面還能執行應用？

確實如此，shell 和指令列應用的關係，就像航空母艦和戰鬥機的關係，雖然都是 "武器"，但戰鬥機需要航空母艦提供平台才能發揮作用，shell 就像航空母艦，不過它提供的不是起飛降落甲板和指揮台，而是輸入輸出介面。它就像我們的傳令官和情報官，為方便我們高效使用指令列應用發揮著核心作用。

開放原始碼社區的豐富雜亂堪比原始森林，每個應用都少不了幾個功能類似但來自不同年代、使用不同方式實現的親戚，shell 作為指令列世界裡的超級巨星，當然也不例外。這個家族發展到今天可謂人丁興旺，除了老一輩的 sh、ash、Bash、ksh、csh、tcsh，目前還有人氣正旺的 Z shell（Zsh），年輕的改良版 fish、Elvish，來自指令碼語言家族的 IPython、

Xonsh、Rush、Zoidberg，來自 Lisp 家族的 Eshell、Scsh、Rash、Closh，以結構化物件看待檔案（而不像傳統 shell 那樣將其看作文字流）的 nushell 等，是不是已經眼花繚亂了？其實不論如何千變萬化，都是圍繞好用、高效和功能強大做文章，在以下兩種需求之間掌握平衡：一方面，在互動場景中 shell 要回應迅速、操作方便、即時回饋；另一方面，當作為指令稿時，又能像進階程式語言一樣語法簡潔、表達豐富、易於抽象。

本章主要討論第一種需求，即互動場景中 shell 的功能強化和便利性提升。打磨 shell 的過程，也是我們熟悉 shell 使用方法的過程。在討論實作方式之前，我們先來了解 shell 是如何組織各種應用實現本身功能擴充的。

4.1 shell 外掛程式系統

在《大教堂與集市》中，Eric Raymond 提到 20 世紀 90 年代接觸 Linux 時，其鬆散混亂卻又例外成功的開發模式對他的震撼。在 Linux 之前，人們一直按建造大教堂的方式開發軟體，在開發之前做出精確的設計，開發過程中透過各種規章制度確保設計被嚴格執行。開發過程像生產線一樣劃分為多個階段，每個階段都有清晰的輸入 / 輸出要求。隨著時間的演進和開發經驗的累積，人們逐漸發現這套生產實體產品的經驗在建構複雜的軟體產品時屢屢碰壁。這時 Linux 出現了，它沒有長遠的設計規劃，沒有嚴格的實施約束，早發佈、常發佈（哪怕初期產品既簡單又醜陋），建議資訊共用和充分溝通，允許不同風格並存並互相競爭。Linux 的開發像個亂哄哄的集市，但就是這套簡單粗暴的玩法，在十多年的時間裡橫掃了原本屬於 Unix 和 Windows 的伺服器市場，孕育了 Android 系統，成了今天使用最廣泛的作業系統核心。

Linux 的成功對之後的軟體產業產生了深遠影響，最大的變化是開放原始碼運動蓬勃發展和快速原型方法被廣泛使用。shell 的外掛程式系統也是這種思想的產物。Zsh 本身功能有限，卻擁有簡單好用的外掛程式系統，方便使用者撰寫外掛程式滿足自己的需求。使用者完成外掛程式後透過程式分享平台（例如 GitHub）等方式發佈，供其他使用者下載、安裝和使用。其他使用者在使用過程中發現問題或提出改進建議，再透過平台回饋給開發者，循環往復，逐步提升 shell 及其外掛程式系統的穩定性和使用者體驗，吸引更多使用者，社區隨之不斷壯大，產品越來越成熟。

下面我們透過安裝 Zsh 及其外掛程式系統 oh-my-zsh 實際體驗一下。macOS 系統附帶 Zsh，因此不需要安裝，只需要安裝 oh-my-zsh。

首先安裝 Zsh，然後開啟官網，在 "Install oh-my-zsh now" 下找到安裝指令，複製並剪貼到一個新的指令列中，如程式清單 4-1 所示。

程式清單 4-1　安裝 Zsh 外掛程式管理工具

```
achao@starship:~$ sudo apt install -y curl zsh zsh-doc git ❶
achao@starship:~$ sh -c "$(curl -fsSL https://raw.githubusercontent.com/
ohmyzsh/ohmyzsh/master/tools/
install.sh)"
Cloning Oh My Zsh...
Cloning into '/home/achao/.oh-my-zsh'...
...
Looking for an existing zsh config...
Using the Oh My Zsh template file and adding it to ~/.zshrc.

Time to change your default shell to zsh:
Do you want to change your default shell to zsh? [Y/n]      ❷
Changing the shell...
Password:                                                  ❸
Shell successfully changed to '/usr/bin/zsh'.
...
p.p.s. Get stickers, shirts, and coffee mugs at https://shop.planetargon.com/
collections/oh-my-zsh

➜ ~
```

❶ 透過套件管理員安裝 Zsh 以及相關工具
❷ 這裡直接按確認鍵接受預設選項，將預設 shell 改成 Zsh
❸ 這裡輸入使用者的登入密碼並按確認鍵

解決線上安裝網路不穩定問題

　　如果執行上面的程式時遇到以下錯誤訊息，很可能是網路不穩定造成的：

```
curl: (35) OpenSSL SSL_connect: SSL_ERROR_SYSCALL in connection to
raw.github.com:443
```

　　可以多嘗試幾次，如果一直出現同樣的錯誤，可以嘗試使用離你較近的映像檔，例如將上面的 **sh -c "$(curl …)"** 改為：

```
sh -c "$(curl -fsSL https://gitee.com/mirrors/oh-my-zsh/raw/master/
tools/install.sh)"
```

當出現 ~ 時，說明 Zsh 和 oh-my-zsh 外掛程式系統都安裝好了。執行 exit 或使用 Ctrl-d 快速鍵退出目前指令列階段並啟動一個新的指令列介面，你會發現 shell 已經切換到了新的 Zsh 提示符號。簡單檢視一下新環境，如程式清單 4-2 所示。

程式清單 4-2　列印目前 shell 和 oh-my-zsh 主題

```
➜ ~ ps
  PID TTY          TIME CMD
 2859 pts/0    00:00:00 zsh    ❶
 2957 pts/0    00:00:00 ps
➜ ~ echo $ZSH_THEME
robbyrussell                    ❷
```

❶ 目前 shell 已經變成 Zsh

❷ 目前 oh-my-zsh 主題名稱

這裡 ps 指令列印目前執行 shell 的執行緒名稱，即 zsh，ZSH_THEME 是表示 oh-my-zsh 主題的環境變數。

使用者主要透過主題（theme）和外掛程式（plugin）對 oh-my-zsh 進行訂製，前者偏重於外觀和顯示效果，實際來説就是訂製指令提示字元的樣式，後者透過方便好用的指令和智慧標示提升互動體驗。

下面我們從訂製主題開始，看看外掛程式系統如何將 Zsh 從 "木棍" 改造成 "狙擊步槍"。

◎ 4.2 訂製指令提示字元

指令列常給人一種高冷的感覺，原因之一是展示的資訊比較少，需要使用者對系統有一定的了解，才知道去哪兒查詢各種資訊。這種惜字如金的風格是極簡主義者的最愛，其核心原則是去掉所有能去掉的東西，才能將注意力集中到有價值的事情上。oh-my-zsh 預設的 robbyrussell 主題就充分表現了這個特點，除了一個箭頭符號和目前的目錄，什麼都沒有。不過開放原始碼的好處是自由，使用者可以根據個人口味訂製工具。下面我們就反其道而行之，打造一個資訊特別完整的主題。實際來説，我們的功能列表完成之後要達到以下要求：

(1) 包含目前使用者名稱；
(2) 包含目前主機名稱；
(3) 包含目前工作目錄；
(4) 包含目前日期和時間；
(5) 顯示上一行指令的傳回值；
(6) 避免過長的提示符號打亂指令佈局；
(7) 為各部分資訊使用粗體字型和不同顏色，以方便區別。

實現功能 (1) ～ (3)

shell 中展示資訊最簡單的方法是放在指令提示字元裡。訂製主題其實就是訂製提示符號。Zsh 提示符號的實際內容由一組環境變數定義，其中最常用的是 PS1，這裡 PS 表示 prompt statement，也就是提示敘述，那麼後面的 1 是否暗示還有 2、3 呢？沒錯，不過 PS2、PS3 一般不用於展示資訊，暫且不論。另外，Zsh 還可以使用 PROMPT 或 prompt 這兩個環境變數作為 PS1 的別名。

下面我們修改一下這個環境變數，看看會有什麼效果，如程式清單 4-3 所示。

程式清單 4-3　定義新的指令提示字元

```
➜ ~ PS1="%n@%M %~ > "                    ❶
achao@starship ~ > cd /usr/local/bin      ❷
achao@starship /usr/local/bin >           ❸
```

❶ 定義新的指令提示字元，注意 shell 中變數設定值時等號兩邊不能有空格
❷ 新的提示符號生效，用 cd 指令跳躍到其他目錄
❸ 指令提示字元中顯示了新的目前工作目錄

看上去訂製提示符號似乎不太難，不過，PS1= 後面那一堆咒語似的符號是什麼？原來，為了方便使用者訂製提示符號，Zsh 定義了一組特殊標示，當它在提示符號中遇到特殊標示時，就展開成約定好的內容，術語叫 prompt expansion，也就是提示符號展開。實際來說，"%n@%M %~ >" 各部分含義如下。

□ %n：目前使用者名稱，也就是 whoami 指令的傳回結果。
□ @：沒有定義在 prompt expansion 列表中，所以仍然是 @。
□ %M：目前主機名稱，也就是 hostname 指令的傳回結果。
□ %~：目前工作目錄，也就是 pwd 指令的傳回結果。
□ >：與 @ 一樣，沒有定義在 prompt expansion 列表中，仍然是 >，注意符號兩邊的空格也被完整保留了下來。

於是 Zsh 把 PS1 解析成 achao@starship ~ >，當切換到 /usr/local/bin/ 目錄下時，提示符號也對應地變成了 achao@starship /usr/local/bin >。

關於提示符號的完整列表，見 Zsh 使用者手冊的 SIMPLE PROMPT ESCAPES 部分。在指令列中輸入 man zshmisc 開啟 Zsh 使用者手冊，然

後輸入 /simple prompt<CR>。這裡 / 表示開始搜尋，<CR> 表示確認，即在整個手冊中搜尋 simple prompt。

 有沒有中文文件？

沒有，即使有也不建議看，原因是：

(1) 中文文件常常版本落後，翻譯品質欠佳，不但不能幫助了解，反而可能誤導你；

(2) 開放原始碼社區大量優質資源沒有中文文件，很多高水準的開發者用英文撰寫文件，拋開語言上的執念，你會發現一個寬廣的世界；

(3) 開原始程式碼（以及文件）和物理、化學一樣，是屬於全人類的知識結晶，不存在不同的開放原始碼，只是由於歷史原因，英語成了全世界開發者的溝通工具。

那為什麼還要閱讀這本中文寫的書呢？

建議看英文資料不等於只看英文資料，開放原始碼社區之所以日益發展壯大，就是因為摒棄了門戶之見，博採眾長、兼收並蓄。

讀不懂怎麼辦？

不論是自然語言，例如英語、日語，還是程式語言，例如Python、Java，都不是透過閱讀學會的，而是在使用中掌握的。現在你需要使用英語作為工具，是掌握它的最佳方式。不懂的單字查詞典，不要怕麻煩，不要嫌慢，反覆讀幾遍。仍然不懂就猜，反正猜錯了天也不會塌下來，改對了就行了。假以時日，讀英語一定會像讀中文一樣流暢。

實現功能 (4)

至此，我們已經實現了功能列表的前 3 項，下面看第 4 項，將目前日期和時間加入提示符號中。

一開始似乎沒有什麼頭緒，常言道 "最好的學習是模仿" ，我們可以看看已經實現的主題裡有沒有可以借鏡的實例。

開啟 oh-my-zsh 的主題清單頁面，瀏覽一番，發現一個名為 junkfood 的主題包含了日期和時間。好消息是主題檔案都儲存在 ~/.oh-my-zsh/themes 目錄下，副檔名都是 .zsh-theme，可以方便地檢視原始程式，如程式清單 4-4 所示。

程式清單 4-4　分析 junkfood 主題的日期時間實現方法

```
achao@starship ~ > head ~/.oh-my-zsh/themes/junkfood.zsh-theme
# Totally ripped off Dallas theme

# Grab the current date (%W) and time (%t):
JUNKFOOD_TIME_="%{$fg_bold[red]%}#%{$fg_bold[white]%}( %{$fg_
bold[yellow]%}%W%{$reset_color%}@%{$fg_bold
[white]%}%t )( %{$reset_color%}"

# Grab the current machine name
JUNKFOOD_MACHINE_="%{$fg_bold[blue]%}%m%{$fg[white]%} ):%{$reset_color%}"

# Grab the current username
JUNKFOOD_CURRENT_USER_="%{$fg_bold[green]%}%n%{$reset_color%}"
```

第 3 行的註釋中清楚地說明了使用 %W 取得日期，使用 %t 取得時間，這正是我們想要的，下面驗證一下效果，如程式清單 4-5 所示。

程式清單 4-5　驗證日期和時間效果

```
achao@starship ~ > PS1="%n@%M %~ %W %t > "
achao@starship ~ 03/07/20 1:00PM >
```

基本達到要求，但日期使用的是美式月 / 日 / 年格式，不符合中文習慣，如何調整成年 / 月 / 日格式？

關於這個問題，查詢手冊可以馬上得到答案。執行 man zshmisc 開啟手冊後，輸入 /%W<CR>，發現果然有對它的定義：The date in mm/dd/yy format.，與程式清單 4-5 的執行結果吻合。

閱讀 %W 所在的 Date and time 一節，發現並沒有能夠直接實現年 / 月 / 日
格式的標示，不過其中提到 %D{} 可以自由定義日期格式，不失為一種
可行的方法。你可能會有種似曾相識的感覺，沒錯，第 3 章程式清單 3-48
就解決過日期格式問題，這裡正好可以拿來用，如程式清單 4-6 所示。

程式清單 4-6　訂製日期後的提示符號

```
achao@starship ~ 03/07/20 1:00PM > PS1="%n@%M %~ %D{%Y/%-m/%-d} %t > "
achao@starship ~ 2020/3/7 1:30PM >
```

完美實現目標！

實現功能 (5)

接下來是第 5 項。在保證正確性方面，指令傳回值發揮著很重要的作用，
有些指令是否按照預期正確執行了不那麼容易判斷，檢視傳回值是最簡單
的方法：如果傳回值是 0，說明正常執行了，否則就要仔細閱讀上面指令
的螢幕輸出或記錄檔，找出錯誤原因。

由於傳回值的重要作用，Zsh 為它分配了專門的符號。手冊的 Shell state
一節中寫道，這個符號是 %?。我們把它加到日期後面，如程式清單 4-7
所示。

程式清單 4-7　透過傳回值判斷指令執行情況

```
achao@starship ~ 2020/3/7 6:34PM > PS1="%n@%M %~ %D{%Y/%-m/%-d} %t Ret: %? > "
achao@starship ~ 2020/3/7 6:44PM Ret: 0 > ls
Desktop  Documents  Downloads  Music  Pictures  Public  Templates  Videos
achao@starship ~ 2020/3/7 6:45PM Ret: 0 > lls          ❶
zsh: command not found: lls
achao@starship ~ 2020/3/7 6:45PM Ret: 127 >            ❷
```

❶ ls 指令正確執行完畢，傳回值為 0
❷ 故意執行一個不存在的 lls 指令，傳回值變成了 127

這裡執行 lls 後可以看到錯誤提示訊息：command not found: lls。如果執行的是一個複雜的指令稿，輸出資訊很多，正常輸出和錯誤訊息混在一起，傳回值就很重要了。

 為什麼手冊裡搜不到 Shell state ？

有時候開啟手冊並搜尋了某段文字後，再執行 /shell state<CR>，下面狀態列裡顯示 Pattern not found，即未找到搜尋內容，原因是 / 表示向後搜尋，即只搜尋目前閱讀位置後面的文字，如果你的閱讀位置在 Shell state 一節後面，再向後搜尋就找不到了。

解決方法有兩種。

把向後搜尋改成向前搜尋，用 ? 代替 /，即 ?shell state<CR>；或先按 g 鍵跳到手冊開頭，這樣所有內容都在目前位置後面，再執行 /shell state<CR>。

實現功能 (6)

至此，提示符號已經包含了 5 項內容，看上去還不錯，不過有時會讓人摸不著頭腦，如程式清單 4-8 所示。

程式清單 4-8　冗長的指令提示字元

```
achao@starship ~ 2020/3/7  7:00PM Ret: 0 > cd /var/log/journal/f3d85c83fd6e4
58aba76dbf56f683032/
achao@starship /var/log/journal/f3d85c83fd6e458aba76dbf56f683032 2020/3/7
7:00PM Ret: 0 >
```

如果你動手操作的話，請注意每個系統中 /var/log/journal 下的子目錄名稱都不同，所以在輸入上面的程式時，輸入 cd /var/log/journal/ 後按 Tab

鍵自動補全子目錄，後文中的 /var/log/journal/f3d85c83fd6e458aba76dbf5
6f683032/ 處理方法相同。

由於目前工作目錄的路徑太長，把提示符號推到了螢幕右邊，即使在
HOME 目錄下，也有半個螢幕被提示符號佔據，稍微長點的指令都會換
行，不利於檢視指令記錄。透過瀏覽 Zsh 的主題清單頁面，我們發現採用
雙行提示符號是個好方法，這樣不論目前工作目錄長度如何變化，輸入指
令的位置始終在螢幕左側的固定位置。實現起來也不難，只要在提示符號
中插入一個確認符號即可，如程式清單 4-9 所示。

程式清單 4-9　設定雙行提示符號

```
achao@starship ~ 2020/3/7 9:09PM Ret: 0 > cat << EOF > prompt.sh
PS1="%n@%M %~ %D{%Y/%-m/%-d} %t Ret: %?
> "
EOF
achao@starship ~ 2020/3/7 9:10PM Ret: 0 > source prompt.sh
achao@starship ~ 2020/3/7 9:10PM Ret: 0
> ls
Desktop  Documents  Downloads  Music  Pictures  prompt.sh  Public  Templates
Videos
achao@starship ~ 2020/3/7 9:10PM Ret: 0
> cd /var/log/journal/f3d85c83fd6e458aba76dbf56f683032
achao@starship /var/log/journal/f3d85c83fd6e458aba76dbf56f683032 2020/3/7
9:10PM Ret: 0
> pwd
/var/log/journal/f3d85c83fd6e458aba76dbf56f683032
achao@starship /var/log/journal/f3d85c83fd6e458aba76dbf56f683032 2020/3/7
9:10PM Ret: 0
>
```

這裡用第 3 章所講的 heredoc 語法定義了一個兩行的 PS1 變數，然後用
source 指令將其載入到目前階段中。現在不論提示符號有多長，指令都固
定從左側第 3 列開始輸入，不必擔心很短的指令也要換行了。

實現功能 (7)

至此，指令提示字元已經比較完整了，但顏色單一，與 Zsh 主題清單裡的實例相比易讀性較差，現在我們為提示符號加上顏色和粗體效果。查閱手冊 Visual effects 一節可知，為指令提示字元增加顏色的方法是：用 %F 加上顏色名開始，用 %f 結束；粗體則是以 %B 開始，以 %b 結束，並且二者可以並用，增加顏色的同時粗體。下面動手實現一下，改寫之前的 prompt.sh，如程式清單 4-10 所示。

程式清單 4-10　　增加字型繪製後的提示符號

```
PS1="%F{green}%n%f@%F{yellow}%M%f %~ %F{blue}%D{%Y/%-m/%-d}%f %t Ret:
%B%F{cyan}%?%f%b
> "
```

用綠色識別符號 %F{green} 和結束符號 %f 包裹了代表使用者名稱的 %n；用黃色識別符號 %F{yellow} 和結束符號 %f 包裹了代表主機名稱的 %M；用藍色識別符號 %F{blue} 和結束符號 %f 包裹了代表日期的 %n；最後同時用粗體和青色識別符號 %B%F{cyan} 以及結束符號 %f%b 包裹了代表指令傳回值的 %?。儲存檔案，然後執行 source prompt.sh，歡迎來到彩色的指令列世界！

指令列支援多少種顏色取決於終端模擬器，絕大多數模擬器支援最基本的 8 種顏色，如表 4-1 所示。

表 4-1　基本的 8 種終端顏色

名　　稱	代　　碼
black	0
red	1
green	2
yellow	3
blue	4
magenta	5
cyan	6
white	7

更豐富的色彩

在提示符號中使用顏色名稱和程式是等值的,例如 %F{green} 和 %F{2} 效果完全相同,可以透過執行 print -P '%F{green}color%f and %F{2}2%f' 驗證。

現在執行 echoti colors 指令,如果輸出 256,而非 8,說明你的終端模擬器支援 256 種顏色,0 ～ 255 中的每個數字對應一種顏色。在搜尋引擎中搜尋 xterm 256 color chart 找到終端色彩對照表,從中選擇喜歡的顏色訂製自己的提示符號吧。

到這裡,我們的增強版指令提示字元就打造完成了,但是每次開啟指令列還要執行一次source prompt.sh未免太麻煩了些,能不能做到自動載入呢?

當然可以,因為我們已經從頭實現了一個 oh-my-zsh 主題!

讓製作好的主題檔案生效需要兩步。

(1) 將 prompt.sh 移動到 ~/.oh-my-zsh/custom/themes 目錄下,並重新命名為 achao.zsh-theme,應該如何操作呢?沒錯:mv ~/prompt.sh ~/.oh-my-zsh/custom/themes/achao.zsh-theme。

(2) 將 ~/.zshrc 檔 案 中 的 ZSH_THEME 設 定 為 achao, 即:ZSH_THEME="achao"。

現在,重新開啟一個指令列視窗,是不是有種煥然一新的感覺?

到這裡,我們就實現了一個基本的 oh-my-zsh 主題,說它基本,是因為指令提示字元幾乎可以展示任何你有興趣的資訊,Zsh 預設提供的只是很小一部分。如果希望展示更多資訊,可以參考 ~/.oh-my-zsh/themes 下的其

他檔案，然後將 ~/.zshrc 中 ZSH_THEME 的值改成對應主題的名字觀察
效果。注意，有些主題依賴的指令需要單獨安裝，如果沒有安裝就應用了
該主題，開啟指令列視窗時就會報"指令找不到"錯誤。這時也不必緊張，
仔細閱讀一下程式，一般開頭註釋裡會寫明依賴哪些指令、如何安裝。如
果對它不再有興趣，只要修改 ZSH_THEME 的值，重新啟動指令列階段
就可以了。

4.3　目錄跳躍

剛從圖形介面進入指令列世界時，檔案瀏覽器大概是最讓人想念的應用
了，例如程式清單 4-8 中的路徑 /var/log/journal/f3d85c83fd6e458aba76dbf
56f683032，點三四次滑鼠就能開啟資料夾，用鍵盤輸入可太麻煩了。不
過這只是生活中無處不在的刻板印象中的罷了。以"懶惰"著稱的程式設
計師當然不允許在這些毫無意義的事情上浪費時間，於是發明了各種工具
減少機械重複操作。看完下面介紹的幾個工具，你會發現指令列中目錄跳
躍幾乎可以和你的思考速度一樣快，點擊滑鼠一層層展開目錄反而顯得過
於笨拙緩慢了。

4.3.1　路徑智慧補全

梁靜茹在《暖暖》裡唱到："我哼著歌，你自然的就接下一段……"表達
的是兩個人互相了解，知道彼此愛唱什麼歌，所以接得上。

shell 路徑補全的道理和上面一樣：雖然你輸入的指令理論上可以是任何
文字，但能執行的指令只有幾十或幾百個。實際到輸入路徑的場景中，目
前主機檔案系統的路徑名稱也是很有限的集合，所以你一開口，shell 就
會接上後面的詞，是不是很貼心？

目前主流 shell 都支援使用 Tab 鍵補全路徑。下面我們開啟一個指令列，
查詢一下 HOME 目錄下有哪些資料夾，如程式清單 4-11 所示。

> **程式清單 4-11　列出 HOME 目錄下的資料夾**
>
> ```
> achao@starship ~ 2020/3/9 11:04PM Ret: 0
> > ls ~
> Desktop  Documents  Downloads  Music  Pictures  Public  Templates  Videos
> ```

為簡單起見，下面的目錄跳躍都以 HOME 為目前工作目錄，使用相對路徑跳躍。例如使用絕對路徑跳躍到 HOME 的 Documents 資料夾下的指令是 cd ~/Documents，使用相對路徑則是 cd Documents。

跳躍到該目錄下不需要輸入整個 Documents，只要輸入 cd Doc<TAB>（即輸入 cd Doc 後按 Tab 鍵。類似的還有上面用過的 <CR> 表示確認鍵），shell 就會自動補全成 cd Documents。shell 如何知道要把 Doc 補全成 Documents 呢？畢竟目前的目錄下只有一個資料夾以 Doc 開頭，所以 Documents 是唯一可行的選項。

如果再簡單些，只輸入第一個字母 D 就按 Tab 鍵，也就是 cd D<TAB>，shell 會如何反應呢？你會發現提示符號下面一行會出現所有滿足條件的目錄清單：Desktop/ Documents/ Downloads/。

這時我們有兩個選擇：在 D 後繼續輸入 oc 然後按 Tab 鍵，補全為 Documents；或不輸入字母，而是繼續按 Tab 鍵，這時 3 個備選目錄會依次反白顯示，輸入的指令跟著發生變化，例如我們按了兩次 Tab 鍵後 Documents 反白，這時按確認鍵，達到和手動輸入 Documents 一樣的效果。

如果 cd 後什麼都不輸入，直接按 Tab 鍵會是什麼效果呢？嘗試一下你會發現，shell 列出了目前資料夾下的所有子資料夾。這時再用前面的方法，追加字母或多次按 Tab 鍵選擇，都能達到補全成完整資料夾名的效果。

Zsh 在基本的路徑補全基礎上進行了擴充，支援多級補全，例如 cd /usr/lib/dpkg/methods/apt 可以寫成 cd /u/l/d/m/a<TAB>，這相當於告訴 shell：我要去一個以 u 開頭的資料夾下的以 l 開頭的資料夾下的……那個以 a 開頭的目錄。Zsh 在掃描了整個檔案系統後，發現符合這個要求的只有 /usr/

lib/dpkg/methods/apt，於是進行補全。是不是有點像注音輸入法，雖然 cao、zuo、xi、tong 都有很多同音字，但 czxt 指一個專有名詞時，十有八九代表作業系統。

需要說明的是，Tab 補全不僅用於 cd 指令的路徑參數，指令名和參數都可以用它補全。例如輸入 us 後按 Tab 鍵，會出現 useradd、usermod、userdel 等以 us 開頭的指令，同樣可以繼續按 Tab 鍵在列表中選擇想要執行的指令。再例如想檢視 /usr/lib/dpkg/methods/apt/names 檔案內容，不需要把整個指令 cat /usr/lib/dpkg/methods/apt/names 輸全，輸入 cat /u/l/d/m/a/n<TAB> 即可。

有時備選項太多，完全列出來整個螢幕放不下，shell 會列出提示，例如輸入指令 ls /usr/bin/<TAB>，提示訊息如下：

zsh: do you wish to see all 1641 possibilities (821 lines)?

提示說 /usr/bin 目錄下有 1641 個可選項，完全列出來有 821 行，確定要都列出來嗎？

這時如果輸入 y，就會看到螢幕上很多內容一閃而過，只剩下最後幾行；按其他鍵表示不要列出所有可選項，相當於取消補全要求。這時可以輸入開頭一兩個字母縮小範圍，例如輸入 r 再按 Tab 鍵（ls /usr/bin/r<TAB>），這時備選項減少到了 54 個，只佔據半個螢幕。

4.3.2　省略 cd

是的，不但可以寫入開頭字母或什麼都不寫讓 shell 猜，而且連 cd 都可以省了。

還是上面的場景，直接輸入 Doc<TAB> 會被補全為 Documents/，然後按確認鍵，效果與執行 cd Documents/ 完全相同，已經跳躍到 Documents 資料夾下了。那麼回到上一級資料夾應該怎麼做呢？沒錯，不必再用 cd .. 了，只要 .. 就行了，是不是很方便？

你可能要問了，既然直接輸入 Doc 就能跳躍到 Documents 資料夾下，先說省略 cd，再說 Tab 補全不是更自然嗎？

很好的問題，這裡的緣故 4.3.1 節開頭提到了，Tab 補全是常見 shell 都支援的特徵，而省略 cd 和下面要說的大小寫混合比對則是 Bash 所不支援的。如果你翻開本書直接閱讀這裡，並且使用的是 Mint 附帶的 Bash，而非 Zsh。要注意，本節是按適用範圍從大到小的順序介紹的。

省略 cd 後的 Tab 補全和有 cd 時基本一樣，都可以在一行指令中多次使用 Tab 補全各層目錄。唯一的例外是，輸入 cd 後可以直接按 Tab 鍵，shell 會列出目前的目錄下所有資料夾，省略 cd 時則至少要寫一個字母再按 Tab 鍵。直接按 Tab 鍵會發生什麼？動手試試就知道了。

省略 cd 帶來的問題是，Zsh 怎麼知道要執行指令還是目錄跳躍呢？例如目前的目錄下有個名為 ls 的資料夾，當輸入 ls 時，Zsh 到底執行 ls 指令，還是 cd ls 呢？老規矩，用事實說話，如程式清單 4-12 所示。

程式清單 4-12　執行指令還是資料夾跳躍

```
achao@starship ~ 2020/3/10  9:58PM Ret: 0
> mkdir ls
achao@starship ~ 2020/3/10  9:58PM Ret: 0
> ls
Desktop  Documents  Downloads  ls  Music  Pictures  Public  Templates  Videos
```

搞清楚了，Zsh 的原則是執行指令的優先順序高於目錄跳躍。

那麼是不是想進入 ls 資料夾就只能寫成 cd ls 呢？不必，寫成 ./ls 就行了，這是因為 shell 指令裡不能有 / 符號，如果有，說明一定是路徑，只能做資料夾跳躍。

這一點也提醒我們，儘量不要用 shell 指令命名資料夾。

4.3.3　大小寫混合比對

在路徑名稱是否區分大小寫這件事上，Linux 和 Windows 選擇了不同的策略，前者區分大小，mydir 和 myDir 是兩個不同的資料夾；後者不區分大小，將 mydir 和 myDir 視為同一個資料夾。

由於這一點，傳統的 Linux shell 裡輸入目錄名稱對大小寫要求很嚴格。例如在 Bash 中，cd Doc<TAB> 會被補全為 cd Documents，但 cd doc<TAB> 就抱歉了，由於 HOME 資料夾下沒有以 doc 開頭的資料夾，所以按下 Tab 鍵不會有回饋。

然而不可否認的是，輸入大寫字母比小寫字母麻煩得多（要同時按住 Shift 鍵或按一次 Caps Lock 鍵），所以當我們輸入 cd doc 的時候，我們其實希望比對任何大小寫的以 doc 這 3 個字母開頭的資料夾，不管是 Doc、DOC、doC 還是 dOc。Zsh 滿足了這個要求，在 HOME 下輸入 cd doc<TAB> 後會被補全為 cd Documents/，並且能夠和前面的路徑智慧補全、省略 cd 配合使用。下面我們在 Documents 和 Downloads 下分別建立兩個子資料夾，看看把它們組合起來的效果，如程式清單 4-13 所示。

程式清單 4-13　路徑智慧補全、省略 cd 與大小寫混合符合的組合效果

```
achao@starship ~ 2020/3/10 10:20PM Ret: 0
> mkdir Downloads/aDir Documents/bDir
achao@starship ~ 2020/3/10 10:21PM Ret: 0
> d/a<TAB>
```

首先在 Downloads 目錄下建立子資料夾 aDir，在 Documents 目錄下建立子資料夾 bDir，然後輸入 d/a 並用 Tab 鍵補全。如你所料，結果正是 Downloads/aDir/，那麼輸入 d/b 會補全成什麼呢？

4.3.4　歷史目錄跳躍

透過上述 3 種方法的組合，已經極大地縮短了路徑輸入的長度。不過開發者為了避免機械重複工作而發明工具的精神是 "可歌可泣" 的，到這裡只能算開了個頭，下面這出好戲叫歷史目錄跳躍。

所謂歷史目錄，就是之前曾經存取的目錄。雖然一台主機上路徑很多，但常用的常常就那麼十幾（或幾十）筆，其中有些是存取特別頻繁的，即使使用縮寫加上 Tab 補全仍然很麻煩。例如我們在 ~/Documents/aDir/ 下撰寫程式，需要去 /usr/lib/dpkg/methods/apt/ 目錄下檢視某個檔案，這時你愉快地輸入了 /u/l/d/m/a<TAB>，瞬間跳躍，感覺很酷。檢視完檔案後要回到原來的目錄，好，~/d/a<TAB>，也不錯。過了一會兒你又要檢視 /usr/lib/dpkg/methods/apt/ 下的另一個檔案，再次輸入 /u/l/d/m/a<TAB>，感覺有點麻煩，畢竟你只是想回到上次那個目錄而已。等檢視完檔案要再次返回 ~/Documents/aDir/ 時，你會發現問題出在了哪裡：我只想回到剛才那個目錄，至於它是 /usr/lib/dpkg/methods/apt/ 還是 ~/Documents/aDir/，是 /u/l/d/m/a 還是 ~/d/a，不應該是我們操心的事嘛！我們需要的，是一個代表上一個目錄的符號，或再進一步，假設我們從 /a1/a2 跳到 /b1/b2/b3，然後跳到 /c1/c2/c3/c4，最後來到 /d1/d2/d3/d4/d5，如何能夠方便地回到之前存取過的某個目錄？

我們來看看 Zsh 能把這件事簡化到什麼程度，如程式清單 4-14 所示。

程式清單 4-14　Zsh 中的歷史目錄跳躍

```
achao@starship ~ 2020/3/11 10:43PM Ret: 0
> /usr/lib/dpkg/methods/apt                    ❶
achao@starship /usr/lib/dpkg/methods/apt 2020/3/11 10:44PM Ret: 0
> ~/Downloads/aDir                             ❷
achao@starship ~/Downloads/aDir 2020/3/11 10:44PM Ret: 126
> /var/log/apt/                                ❸
achao@starship /var/log/apt 2020/3/11 10:45PM Ret: 0
> ~/Documents/bDir                             ❹
```

```
achao@starship ~/Documents/bDir 2020/3/11 10:47PM Ret: 0
> d                                              ❺
0       ~/Documents/bDir
1       /var/log/apt
2       ~/Downloads/aDir
3       /usr/lib/dpkg/methods/apt
4       ~
achao@starship ~/Documents/bDir 2020/3/11 10:47PM Ret: 0
> 1                                              ❻
/var/log/apt
achao@starship /var/log/apt 2020/3/11 10:47PM Ret: 0
> 1                                              ❼
~/Documents/bDir
achao@starship ~/Documents/bDir 2020/3/11 10:47PM Ret: 0
>
```

❶ 第 1 次目錄跳躍

❷ 第 2 次目錄跳躍

❸ 第 3 次目錄跳躍

❹ 第 4 次目錄跳躍

❺ 按最近存取順序列出歷史目錄

❻ 返回目前的目錄（~/Documents/bDir）上次存取的目錄 /var/log/apt

❼ 又回到了 ~/Documents/bDir 目錄

你可以隨便在目錄間跳躍，想回到上個目錄只要輸入 1 就行了。如果忘了上個或上上個目錄實際是什麼，可以用 d 指令列印歷史目錄清單，目前的目錄的序號是 0，最近存取過的目錄的序號是 1，越早存取的目錄越靠後。要跳到某個歷史目錄，只要輸入它對應的序號即可。

透過把最近的歷史放在最前面，完美解決了在兩個目錄間來回跳躍的問題。如果想在 3 個目錄間來回跳躍，應該輸入幾呢？動手試驗一下，不要忘了前面介紹的各種智慧補全技巧哦。

可能你會好奇，d 指令怎麼知道我們存取過哪些歷史目錄以及它們的順序呢？為了弄清楚這個問題，不妨請老朋友 which 指令幫忙，如程式清單

4-15 所示。

程式清單 4-15　顯示歷史目錄

```
achao@starship /var/log/apt 2020/3/15  7:50AM Ret: 127
> which d
d () {
        if [[ -n $1 ]]
        then
                dirs "$@"
        else
                dirs -v | head -10
        fi
}
```

原來 d 是一個 shell 函數（實際上它定義在 oh-my-zsh 裡）。它做的工作很簡單：如果使用者執行的 d 指令後面有一個參數（if [[-n $1]]），就把它傳給 dirs 指令（參數列表用 $@ 表示）並執行；否則執行 dirs -v | head -10 指令（else 指令）。所以 d 指令最多能顯示幾筆歷史目錄呢？

沒錯，dirs -v | head -10 中的管道符號表示前面指令 dirs -v 的輸出交給 head -10 處理，取輸入文字的前 10 行，所以 d 指令最多能取最近 10 筆歷史目錄。

 那麼 dirs 指令又是如何得到歷史指令列表的呢？

　　原來在我們每次目錄跳躍時，Zsh 都把它記錄在一個叫作目錄堆疊（directory stack）的地方，後放入的目錄蓋在原有目錄上面。由於目錄堆疊是以階段為基礎的，即每個互動列階段儲存自己的目錄堆疊，階段關閉，目錄堆疊也就釋放了，所以每次新開一個互動列階段時目錄堆疊都是空的。

用同樣的方法看看跳躍是如何實現的，如程式清單 4-16 所示。

程式清單 4-16　實現跳躍

```
achao@starship /var/log/apt 2020/3/15  7:57AM Ret: 0
> which 1
1: aliased to cd -
achao@starship /var/log/apt 2020/3/15  8:02AM Ret: 0
> which 2
2: aliased to cd -2
```

也沒有什麼魔法，1 就是 cd - 的簡寫，2 就是 cd -2 的簡寫，依此類推。

目錄堆疊中的每筆目錄都會被編號，從上往下依次標示，越晚入堆疊的越靠上。你可能已經猜到了，編號正是 \-、-2、-3……，所以一個簡單的函數包裝配合目錄堆疊，就實現了短小精悍的歷史目錄清單和跳躍。

4.3.5　模糊比對跳躍

4.3.4 節介紹的歷史目錄跳躍以目錄堆疊為基礎，同一個階段裡，在兩三個目錄間跳躍很方便，而且不同階段保留自己的歷史目錄，彼此不會互相干擾。

不過，有時我們剛好需要跨階段的歷史目錄，例如有兩個資料分析專案，根目錄分別是 ~/Documents/python-workspace/data-science/cool-project 和 ~/Documents/R-workspace/tidyverse-environment/hot-project。每天伴著清晨的陽光，我們都要開啟一個指令列階段，跳躍到 cool-project 目錄下開始一天的工作。而 hot-project 接近完工，隔十天半個月根據客戶回饋進行一些小的調整。整個工作流程都比較順暢，但有兩個問題時不時打斷我們的想法。

首先，工作過程中經常需要臨時開啟一個指令列視窗進行一些輔助性工作，例如撰寫演算法時要看某個資料表有多少筆記錄（等於儲存那個資料

表的檔案行數）。我們當然可以關閉文字編輯器退回到指令列環境下檢
視，但這樣一關一開會打斷想法。更好的方法是保持編輯器視窗不變，新
開一個指令列階段，跳躍到根目錄下，查詢檔案行數，關閉階段，回到文
字編輯視窗繼續開發。

其次，由於全身心投入 cool-project 的開發，完全忘記了 hot-project 的事
情，當有一天客戶要求我們對 hot-project 做些改進的時候，發現自己只記
得 hot-project 這個名字，忘了檔案夾具體放在哪裡。

這時當然可以開啟一個圖形檔案管理員，在資料夾樹上點開每一個目錄耐
心尋找，或在 HOME 下用 find 指令暴力搜尋。但即使找到了目錄位置，
每次跳躍還是要寫一串位址（或位址簡寫）。其實我們根本不關心專案放
在了哪裡，只要能方便地跳躍到專案目錄下就行了。

為了解決上述問題，人們開發了以模糊符合為基礎的跳躍工具。只要説出
某個你曾經去過的路徑中有代表性的一部分，就能直接跳躍過去，不需要
提供完整路徑。

這裡我們使用 wting/autojump 實現模糊跳躍。首先用 audo apt install
autojump 指令安裝，然後告訴 oh-my-zsh 載入它，即在 ~/.zshrc 檔案的外
掛程式列表（plugins=(...)）中加上它的名字，如程式清單 4-17 所示。

程式清單 4-17　安裝 autojump 以及 oh-my-zsh 外掛程式

```
...
plugins=(git autojump)
...
```

外掛程式列表第一個 Git 是 oh-my-zsh 建立 .zshrc 檔案時預設開啟的外掛
程式，在後面加上 autojump，外掛程式名稱之間用空格隔開。

autojump 前面的 wting/ 是什麼意思？

　　越來越多的開放原始碼軟體作者使用程式共用網站發佈自己的軟體，這些網站基本採用相同的格式為軟體分配位址：< 網站 URL>/< 作者 ID>/< 軟體名稱 >。例如 autojump 的完整位址是 https://github.com/wting/autojump，其中網站 URL 部分是 https://github.com，作者 ID 是 wting，軟體名稱是 autojump。由於發佈到 GitHub 上的比例最大，為簡潔起見，人們慢慢開始省略第一部分，寫入作者 ID 和軟體名稱。

　　除了 GitHub，常用的分享網站還有 GitLab、BitBucket 等，這時就要加上網站字首以示區別，例如向量圖繪製軟體 Inkscape 的位址是 https://gitlab.com/inkscape/inkscape，可以簡寫為 gitlab:inkscape/inkscape。

設定好 autojump 外掛程式後，啟動一個新的指令列階段體驗一下，如程式清單 4-18 所示。

程式清單 4-18　使用 autojump 實現路徑的模糊比對跳躍

```
achao@starship ~ 2020/3/15  8:32AM Ret: 0
> mkdir -p ~/Documents/python-workspace/data-science/cool-project      ❶

achao@starship ~ 2020/3/15 12:53PM Ret: 0
> mkdir -p ~/Documents/R-workspace/tidyverse-environment/hot-project    ❷

achao@starship ~ 2020/3/15 12:54PM Ret: 0
> ~/Documents/python-workspace/data-science/cool-project                ❸

achao@starship ~/Documents/python-workspace/data-science/
cool-project 2020/3/15 12:54PM Ret: 0
> ~/Documents/R-workspace/tidyverse-environment/hot-project             ❹
```

```
achao@starship ~/Documents/R-workspace/tidyverse-environment/hot-project
2020/3/15 12:55PM Ret: 0
> j cool                                                            ❺
achao@starship ~/Documents/python-workspace/data-science/cool-project
2020/3/15 12:55PM Ret: 0
> j hot                                                             ❻
achao@starship ~/Documents/R-workspace/tidyverse-environment/hot-project
2020/3/15  1:04PM Ret: 0
>
```

❶ 建立第 1 個新專案根目錄
❷ 建立第 2 個新專案根目錄
❸ 用完整路徑跳躍到第 1 個目錄
❹ 用完整路徑跳躍到第 2 個目錄
❺ 使用模糊比對直接跳躍到第 1 個專案根目錄
❻ 使用模糊比對直接跳躍到第 2 個專案根目錄

模糊比對工具會將你在所有階段中到過的每個目錄記錄在資料檔案（預設為 ~/.local/share/autojump/autojump.txt）裡，並計算每個目錄的存取頻次和距現在的時間。當使用 j 指令跳躍時，它根據這個資料檔案決定跳躍的目標。以 j hot 為例，autojump 挑選出你到過的每一個包含 hot 字串的路徑，如果只有一條，就直接跳躍過去；如果發現有多筆路徑包含 hot，則跳躍到得分最高的那條路徑。分數計算規則是：之前存取次數越多得分越高，最後一次存取時間離現在越近得分越高。

有時 autojump 跳躍到的目錄並不是我們想要的，例如我們想跳躍到 baseline 目錄，輸入 j ba 結果跳躍到了 bagwords 目錄。這時有兩種方法可以修正 autojump 的比對結果。

☐ 提供更多資訊：例如把指令改為 j bas，就可以避免跳躍到 bagwords。

☐ 降低非目標目錄的權重：如果 bagwords 不是你建立的，以後也不打算進入這個目錄，可以執行 j -d 100 指令將目前的目錄權重降低（decrease）100。

如果你對實際細節有興趣，可以透過 j -s 指令檢視每個目錄的積分，或用文字編輯器開啟資料檔案，手動修改某些目錄的分值，進一步改變跳躍目標。這反映了開放原始碼軟體的核心思想：給使用者最大的許可權和自由——既可以像普通商務軟體那樣忽略背後資料的存在，只使用功能，也可以通過了解和修改它的執行機制更進一步地為你服務。更重要的是，你始終擁有你的資料，可以隨意備份、修改、刪除，而不像商務軟體將原本屬於你的資料儲存在只有它自己能識別的二進位檔案裡，如果使用者不想放棄長時間累積的寶貴資料，就只能繼續被綁死在這個軟體上。

4.4　搜尋檔案和目錄

在日常工作中，如果能夠確定尋找目標所在的目錄，且目錄裡檔案也不多，用 ls 指令看一看就行了，不需要使用搜尋技術。本節所說的搜尋指一般只知道目標的大概位置或部分名稱，需要在數量龐大的多級目錄中找出它們的藏身之地。這個範圍的最上一級目錄叫作起始位置，例如要在 /etc 目錄下找到所有副檔名為 conf 的檔案，起始位置是 /etc；在 ~/Documents 下找到所有副檔名為 csv 的檔案，起始位置是 ~/Documents。下面我們先看看在 shell 裡搜尋檔案和目錄的基本方法，然後了解 Zsh 和協力廠商工具提供了哪些更高效的方法。

4.4.1　基本搜尋技術

shell 中最常用的搜尋工具是 find，它的基本格式是：find < 起始位置 > 運算式。運算式可以包含篩選條件和動作，即搜尋滿足條件的目標，並對它執行指定動作：如果沒指定篩選條件，則列出起始位置及其子目錄下的所有檔案和目錄；如果沒指定動作，則不對找到的目標執行任何操作。下面舉例說明，如程式清單 4-19 所示。

程式清單 4-19　按指定副檔名搜尋檔案

```
achao@starship ~ 2020/3/25  3:19PM Ret: 0
> find /usr/lib -type f -name '*.conf'
/usr/lib/sysctl.d/50-coredump.conf
/usr/lib/sysctl.d/50-default.conf
/usr/lib/initramfs-tools/etc/dhcp/dhclient.conf
/usr/lib/NetworkManager/conf.d/no-mac-addr-change.conf
/usr/lib/NetworkManager/conf.d/20-connectivity-ubuntu.conf
/usr/lib/NetworkManager/conf.d/10-dns-resolved.conf
/usr/lib/NetworkManager/conf.d/10-globally-managed-devices.conf
/usr/lib/tmpfiles.d/var.conf
/usr/lib/tmpfiles.d/cryptsetup.conf
/usr/lib/tmpfiles.d/systemd-nologin.conf
/usr/lib/tmpfiles.d/legacy.conf
...
```

程式清單 4-19 尋找 /etc 目錄下所有副檔名為 .conf 的檔案，這裡 /etc 是起始位置，-type f 和 -name '*.conf' 組成了運算式。前者表示只搜尋檔案，後者表示目標的副檔名是 .conf，不對搜尋結果執行操作。

另一個實例如程式清單 4-20 所示。

程式清單 4-20　搜尋指定名字的目錄

```
achao@starship ~ 2020/3/25  3:23PM Ret: 0
> find /usr/lib -type d -name tar
/usr/lib/tar
```

程式清單 4-20 尋找 /usr/lib 目錄下所有名為 tar 的目錄，運算式第 1 部分 -type d 中的 d 表示目錄。同樣不對搜尋結果執行操作。

再一個實例如程式清單 4-21 所示。

程式清單 4-21　按指定規則搜尋檔案並執行操作

```
achao@starship ~ 2020/3/25  3:27PM Ret: 0
> find /usr/lib/gcc -type f -name 'c*' -exec wc {} +
```

```
  12    24 2976 /usr/lib/gcc/x86_64-linux-gnu/7/crtbeginT.o
   1     7 1248 /usr/lib/gcc/x86_64-linux-gnu/7/crtoffloadend.o
 187 1244 9855 /usr/lib/gcc/x86_64-linux-gnu/7/include/sanitizer/common_
interface_defs.h
 139   631 4743 /usr/lib/gcc/x86_64-linux-gnu/7/include/cilk/cilk_
undocumented.h
  82   537 3541 /usr/lib/gcc/x86_64-linux-gnu/7/include/cilk/cilk.h
  71   436 3007 /usr/lib/gcc/x86_64-linux-gnu/7/include/cilk/cilk_stub.h
 436  2205 15236 /usr/lib/gcc/x86_64-linux-gnu/7/include/cilk/cilk_api.h
  49   365 2445 /usr/lib/gcc/x86_64-linux-gnu/7/include/cilk/cilk_api_linux.h
 ...
```

程式清單 4-21 尋找 /usr/lib/gcc 下所有以 c 開頭的檔案，並統計每個檔案的字元、單字和行數。其中 -type f -name 'c*' 是篩選條件；-exec wc {} + 是對搜尋目標執行的動作——exec 是 execute 的簡寫，wc 是統計檔案字元、單字和行數的指令，{} 是代表搜尋結果的預留位置，最後的 + 用來告訴 -exec 所執行指令的結束位置。這裡需要說明一點：還有一種常見的寫法是用 \; 代替 +，寫成 find …-exec wc {} \;，效果一樣。不過需要注意的是：由於 ; 同時還是 shell 的指令分隔符號（例如 pwd; ls），因此需要用反斜線符號對它進行逸出，告訴 shell 不要解析分號，把它交給 find 指令去處理。

篩選條件還有很多其他維度，例如按所有者或群組、建立時間、修改時間、是否為空等條件篩選，這裡就不一一贅述了。

如果只想找到檔案的位置，有個更快的方法：locate。例如想在 /usr 目錄下尋找一個名為 cilk.h 的檔案，可以用 locate 指令和 find 指令分別實現，如程式清單 4-22 所示。

程式清單 4-22　使用兩種方法搜尋指定檔案

```
achao@starship ~ 2020/3/25  4:01PM Ret: 0
> locate '/usr/*/cilk.h'
/usr/lib/gcc/x86_64-linux-gnu/7/include/cilk/cilk.h
achao@starship ~ 2020/3/25  4:01PM Ret: 0
```

```
> find /usr -type f -name 'cilk.h'
/usr/lib/gcc/x86_64-linux-gnu/7/include/cilk/cilk.h
```

locate 指令幾乎瞬間就傳回了結果，find 則用了幾秒鐘才傳回結果。原因在於 locate 並沒有真的去檔案系統中尋找，而是在一個記錄檔案系統的資料庫中尋找的。這樣做的好處是速度飛快，缺點是如果資料庫沒有及時與檔案系統同步，可能會列出錯誤的結果。如果你不確定資料庫是否與檔案系統同步，可以執行 sudo updatedb 指令手動同步（Mac 使用者執行 sudo /usr/libexec/locate.updatedb）。

4.4.2　任意深度展開

透過前面幾個實例，相信你對萬用字元已經比較熟悉了。它不止能用來表示檔案名稱的某種模式，還可以尋找檔案。這裡仍然用 4.3.5 節的實例，要列出 Python 和 R 語言下所有的專案，可以用萬用字元實現，如程式清單 4-23 所示。

程式清單 4-23　用萬用字元列出所有專案根目錄

```
achao@starship ~ 2020/3/25  7:19PM Ret: 0
> Documents
achao@starship ~/Documents 2020/3/25  7:19PM Ret: 0
> ls */*/*project
python-workspace/data-science/cool-project:

R-workspace/tidyverse-environment/hot-project:
```

進入 ~/Documents 目錄後，用 * 代表其中任何一個子目錄，依此類推，*/*/*project 的意思是：任何子目錄下的任何子目錄下所有以 project 結尾的目錄（以及檔案）。

雖然達到了目的，但總覺得有點問題：為了列出所有專案，還要記住整個目錄的結構和層數，記憶負擔未免太大了。腦子裡總記這些東西，就沒有多少精力思考工作本身了。

為了解決這個問題，Zsh 提供了增強版的萬用字元：**，它的意思是任意
層任意目錄，聽上去有點繞，其實很簡單。下面用它來列出所有專案根目
錄，如程式清單 4-24 所示。

程式清單 **4-24**　使用 ** 列出所有專案根目錄

```
achao@starship ~/Documents 2020/3/25  7:19PM Ret: 0
> ls **/*project
python-workspace/data-science/cool-project:

R-workspace/tidyverse-environment/hot-project:
```

同理，4.4.1 節尋找 cilk.h 的指令可以簡化為程式清單 4-25。

程式清單 **4-25**　使用 ** 簡化檔案尋找

```
achao@starship ~/Documents 2020/3/25  7:47PM Ret: 0
> ls /usr/lib/**/cilk.h
/usr/lib/gcc/x86_64-linux-gnu/7/include/cilk/cilk.h
```

你可能注意到了，程式清單 4-22 中的 locate '/usr/*/cilk.h' 指令只用了一
個 * 就實現和這裡 ** 相同的效果。這是由於 locate 指令並不將 * 看作路
徑萬用字元，導致 locate 參數的萬用字元無法在其他指令中發揮作用。而
** 可用於任何需要路徑參數的地方，如程式清單 4-26 所示。

程式清單 **4-26**　任何需要路徑參數的地方都可以使用 **

```
achao@starship ~/Documents 2020/3/25  7:58PM Ret: 0
> wc -l /usr/lib/**/cilk.h
82 /usr/lib/gcc/x86_64-linux-gnu/7/include/cilk/cilk.h
achao@starship ~/Documents 2020/3/25  7:58PM Ret: 0
> head /usr/lib/**/cilk.h
/*  cilk.h                    -*-C++-*-
 *
 *  Copyright (C) 2010-2016, Intel Corporation
 *  All rights reserved.
 *
 *  Redistribution and use in source and binary forms, with or without
```

```
 *  modification, are permitted provided that the following conditions
 *  are met:
 *
 *    * Redistributions of source code must retain the above copyright
```

這裡展示了在 wc 和 head 指令參數中使用 **，你可以試試在 cat、tail 等任何需要路徑參數的地方使用它。

4.4.3　路徑模糊比對

4.4.2 節介紹的方法用來尋找檔案很方便，不過當目標特徵不太確定時，就會有點麻煩，例如想檢視 /usr 下 Python 3 某個以 apt 開頭的套件中 core 檔案的檔案表頭（前 5 行程式），Python 3 的目錄一般以 python3 開頭，但也可能帶小版本編號，例如 python3.4、python 3.6 之類的，用 ** 表達這個意思要寫成程式清單 4-27。

程式清單 4-27　以 ** 為基礎的模糊搜尋方法

```
achao@starship ~ 2020/3/26  8:14AM Ret: 0
> cd /usr
achao@starship /usr 2020/3/26  8:16AM Ret: 0
> head -5 **/python3*/**/apt*/**/core*
==> /usr/lib/python3/dist-packages/aptdaemon/core.py <==
#!/usr/bin/env python
# -*- coding: utf-8 -*-
"""
Core components of aptdaemon.

==> /usr/lib/python3/dist-packages/aptdaemon/__pycache__/core.cpython-36.pyc
<==
3
i^h@sdZdZdIZd
lZd           d
   dlmZd


...
```

找到了搜尋目標 /usr/lib/python3/dist-packages/aptdaemon/core.py，但有兩個問題。

☐ 首先，路徑寫起來有點囉唆，完全不像前面單搜尋檔案時的乾脆俐落。

☐ 其次，搜尋結果第 2 項，那個 pyc 是二進位檔案，不像文字檔那樣分行，所以輸出了一大堆奇怪的東西。由於事先不知道實際檔案名稱，因此這種情況很難避免。

如果能一邊輸入一邊觀察篩選結果，根據結果決定後面怎麼輸入就好了。例如輸入到 core 時，列出所有符合條件的檔案，再選擇最後列印哪個檔案。是的，這種反映廣大同行心聲的需求當然會被無私的開發者實現並分享出來，其中知名度比較高的是 junegunn 開發的 fzf。首先仍然是按照文件安裝，如程式清單 4-28 所示。

程式清單 4-28　安裝模糊搜尋工具 fzf

```
achao@starship ~ 2020/3/15  2:06PM Ret: 0
> git clone --depth 1 https://github.com/junegunn/fzf.git ~/.fzf
~/.fzf/install
...
Do you want to enable fuzzy auto-completion? ([y]/n)      ❶
Do you want to enable key bindings? ([y]/n)               ❷
...
Do you want to update your shell configuration files? ([y]/n)   ❸
...
```

❶ 直接按確認鍵接受預設選項，開啟模糊補全功能
❷ 直接按確認鍵接受預設選項，開啟快速鍵
❸ 直接按確認鍵接受預設選項，更新 shell 設定檔

安裝過程完成後重新啟動 shell，fzf 預設將模糊檔案比對綁定到 Ctrl-t 快速鍵上。在指令中任何位置用這組快速鍵，指令列下方會顯示目前的目錄下所有子目錄、檔案的模糊比對結果，輸入新字元後比對結果會隨之更新，如程式清單 4-29 所示。

程式清單 4-29　*fzf* 路徑模糊比對功能範例

```
achao@starship ~ 2020/3/26  8:14AM Ret: 0
> cd /usr
achao@starship /usr 2020/3/26  8:16AM Ret: 0
> head -5 <Ctrl-t>                              ❶
> python3aptcore                                ❷
  71/287145                                     ❸
> lib/python3/dist-packages/aptdaemon/core.py   ❹
  /usr/lib/python3/dist-packages/aptdaemon/__pycache__/core.cpython-36.pyc
  ...
```

❶ 初始指令列

❷ 模糊比對輸入位置

❸ 比對結果（71）和搜尋範圍內整體數量（287 145）

❹ 目前比對結果，用行首的 > 符號標示

在初始指令 head -5 需要增加目標路徑的位置按模糊比對快速鍵，下方出現模糊比對清單，直接輸入關鍵字 python3、apt、core，不需要加空格等分隔符號。由於目前比對結果 lib/python3/dist-packages/aptdaemon/core.py 正是我們想要的，因此按確認鍵後，初始指令列變為 head -5 lib/python3/dist-packages/aptdaemon/core.py。如果想選擇其他檔案，只要用向上 / 向下鍵（或 Ctrl-p 和 Ctrl-n）在列表中移動到對應位置按確認鍵即可。

◎ 4.5　智慧輔助

前面研究了路徑的補全和展開，接下來我們看看指令中其他成分的智慧增強方法。在開始介紹新理念和新工具之前，先複習一項簡單卻很有用的指令列編輯技術：透過 Up 鍵（向上移動）調出上次執行的指令。有了它，我們就不用擔心辛苦輸入的指令哪裡不對，還要重新輸入，而可以放心大膽地寫，甚至可以故意寫錯一部分觀察系統的反應。shell 不會在你連續寫錯十次後對你翻白眼或叫你白癡，只要出錯後呼叫出上次的輸入，根據錯誤訊息進行修改，並再次執行就行了。

言歸正傳，下面從補全開始了解各項增強工具。

4.5.1　歷史指令自動補全

與經常要跳躍到某個目錄類似，有些指令也會被反覆執行。例如寫作本書就要經常執行 asciidoctor -a data-uri book.adoc 指令，把 Asciidoc 原始程式編譯為 HTML 檔案以觀察效果。如果 asciidoctor 是個會思考的人，成百上千次重複後，只要我一叫他名字，他就會把檔案編譯好，畢竟十有八九是要他編譯檔案。

雖然 asciidoctor 只是一段程式，但它的聰明程度比上面提到的有過之而無不及。例如只要輸入整個指令的第一個字母 a，就會立即被補全成 asciidoctor -a data-uri book.adoc。不過游標並沒有跳到整個指令的最後，而是仍在 a 後面。這樣做的好處是，如果我們想執行的不是編譯檔案，而是搜尋一個叫 Neovim 的套件（apt search neovim），不用辛苦地刪掉 a 後面的 sciidoctor -a data-uri book.adoc 這一大段文字，只要繼續輸入第 2 個字母 p 即可。

這個方便的功能是透過一個叫 zsh-autosuggestions 的工具實現的，它可以作為 oh-my-zsh 的外掛程式安裝，實際分為兩步：首先將程式 clone 到 oh-my-zsh 的外掛程式目錄下（clone 是版本控制工具 Git 的操作，相當於將程式從程式分享網站複製到本機目錄下，後文會詳細說明），然後把名字加到 oh-my-zsh 的外掛程式列表裡即可，如程式清單 4-30 所示。

程式清單 4-30　開啟 zsh-autosuggestions 外掛程式

```
achao@starship ~ 2020/3/15  1:55PM Ret: 0
> git clone https://github.com/zsh-users/zsh-autosuggestions \
  ${ZSH_CUSTOM:-~/.oh-my-zsh/custom}/plugins/zsh-autosuggestions
achao@starship ~ 2020/3/15  2:03PM Ret: 0
> vi .zshrc
...
plugins=(autojump git zsh-autosuggestions)
...
```

重新啟動指令列後，輸入幾個以前執行過的指令就能看到效果了。zsh-autosuggestions 從後向前搜尋指令記錄，找到第一個比對現有輸入的完整指令補全。例如你上個月執行了 1 次 apt search neovim，上周執行了 3 次 asdf plugin-list，昨天執行了 1 次 asdf list python，當你輸入 a 後，補全的是最近一次的 asdf list python，而非使用最頻繁的 asdf plugin-list。這時游標停在 a 後面，自動補全的部分 sdf list python 以淺灰色顯示，表示它們只是建議，不是真的指令。如果你確實要執行 asdf list python，只要按 Right 鍵（向右移動）或 Ctrl-e 快速鍵，這時字型不再以淺灰色顯示，表示它們已經是真實的指令了，然後按確認鍵執行。如果要執行的是 apt search neovim，只要在已經輸入的 a 後面繼續輸入 p，自動補全就會變成 apt search neovim。這時游標仍然停留在 p 後面，需要用 Right 鍵或 Ctrl-e 快速鍵確認，再按確認鍵執行。

如果要執行的是 asdf plugin-list，需要輸入幾個字母才能被自動補全呢？沒錯，6 個，asdf p，即 asdf plugin-list 和 asdf list python 出現差異的第一個字母。

4.5.2 歷史指令模糊比對

前面的歷史指令自動補全有個侷限：必須從頭開始嚴格比對，如果兩個比較長的指令前面都一樣，到中間或後面才不同，輸入還是比較麻煩的，例如下面這個場景。

一個 CSV 檔案，每行包含一個時間戳記（用從 1970 年 1 月 1 日零時到某個時間點間隔的秒數代表這個時間，例如 3 表示 1970 年 1 月 1 日 00:00:03，1564762961 表示 2019 年 8 月 3 日 00:22:41 等），需要轉換成指定格式的日期時間字串，這裡我們只列印前 5 行，如程式清單 4-31 所示。

程式清單 4-31　將時間戳記轉為字串

```
achao@starship ~ 2020/3/23  7:53PM Ret: 0
> cd Documents

achao@starship ~/Documents 2020/3/23  7:53PM Ret: 0
> cat << EOF > times.csv                                      ❶
heredoc> 1524792961
1564762961
1582492961
1582792961
1584792961
EOF

achao@starship ~/Documents 2020/3/23  7:54PM Ret: 0
> head -5 times.csv                                           ❷
1524792961
1564762961
1582492961
1582792961
1584792961

achao@starship ~/Documents 2020/3/23  8:09PM Ret: 0
> head -5 times.csv|xargs -I {} python -c 'from datetime import datetime;
  dt = datetime.fromtimestamp({});
  print(dt.strftime("Full date and time: %Y-%m-%d %H:%M:%S"))'    ❸
Full date and time: 2018-04-27 09:36:01
Full date and time: 2019-08-03 00:22:41
Full date and time: 2020-02-24 05:22:41
Full date and time: 2020-02-27 16:42:41
Full date and time: 2020-03-21 20:16:01

achao@starship ~/Documents 2020/3/23  9:55PM Ret: 0
> head -5 times.csv|xargs -I {} python -c 'from datetime import datetime;
  dt = datetime.fromtimestamp({});
  print(dt.strftime("Local time: %H:%M:%S"))'                  ❹
Local time: 09:36:01
Local time: 00:22:41
Local time: 05:22:41
Local time: 16:42:41
Local time: 20:16:01
```

❶ 產生範例檔案，只做了前 5 行
❷ 驗證檔案內容
❸ 轉為日期 + 時間格式字串
❹ 轉為時間字串

首先用 head -5 取出檔案前 5 行，將每一行文字（例如 1524792961）透過
管道交給 xargs，xargs 再用它取代後面指令中的預留位置，這裡是 {}。
最後的效果是執行了 5 次 Python 程式進行轉換。第 1 行文字處理過程如
程式清單 4-32 所示。

程式清單 **4-32** 　轉換第 **1** 行文字的 **Python** 程式

```
from datetime import datetime
dt = datetime.fromtimestamp(1524792961)
print(dt.strftime("Full date and time: %Y-%m-%d %H:%M:%S"))
```

後面 4 行除了 datetime.fromtimestamp() 中的參數不同，其他完全一樣。
可能你會發現 xargs 的功能類似於函數式程式設計中的 map 函數，確實如
此，不過它和 Python 程式如何轉換時間戳記都不是這裡的重點，只是為
了舉一個日常工作中會用到又比較長的實例。

為什麼寫完第 1 行後按確認鍵，shell 沒有像往常一樣馬上執行而是等待
我們繼續輸入指令呢？這是由於第 1 行指令中 python -c 後的單引號還沒
有配對，shell 會等待我們在後續指令中（不論分成多少行）再輸入一個
單引號完成配對再執行。

這兩次轉換中，一個包含日期和時間兩部分，另一個則只包含時間，其他
處理方法完全一樣。當需要再次執行其中某個指令時，不難想像用指令自
動補全方法會比較麻煩，要輸入很多字元才能到達第 3 行有區別的地方
（一個是 Full date and time，另一個是 Local time），實際上我們想表達
的意思是：執行那個以 python 指令開頭、後面有 Full 的指令，翻譯成模
糊比對就是 pythonfull，或更簡單些：pyfull。

4.4.3 節中的 fzf 工具實現了這一想法，其使用方法和 Ctrl-t 類似，用快速鍵 Ctrl-r 開啟歷史指令比對列表，輸入 pyfull，可以看到 fzf 正確比對到了我們想再次執行的指令。如果沒有，請再執行一下程式清單 4-31 裡的指令，確保目標在歷史指令記錄中。

同理，如果想再次執行前面第 2 種轉換，應該如何比對呢？沒錯，輸入 pylocal，就可以比對到歷史指令中 py 後面跟著 local（不區分大小寫）的指令了。

指令模糊比對開啟了一扇通往新世界的大門，在它的幫助下，一個指令只要被執行過一次（進一步被記錄到了指令記錄中），不論它包含 3 個字元還是 300 個字元，在我們看來都是一兩個關鍵字的拼接，透過幾次按鍵就能把它調出來再執行一次，或拼接成更複雜的指令。

4.5.3　語法反白

補全工具用文字提供幫助，語法反白則透過顏色提供幫助。它一方面用不同顏色繪製指令中的不同成分以方便我們了解，另一方面將錯誤部分用醒目的顏色（一般為紅色）標記出來提醒我們注意。

Zsh 的語法反白透過 zsh-syntax-highlighting 實現，作為 oh-my-zsh 外掛程式，安裝方法和 zsh-autosuggestions 一樣分兩步，如程式清單 4-33 所示。

程式清單 4-33　增加語法反白後的 Zsh 外掛程式列表

```
achao@starship ~ 2020/3/24  1:55AM Ret: 0
> git clone https://github.com/zsh-users/zsh-syntax-highlighting.git \
  ${ZSH_CUSTOM:-~/.oh-my-zsh/custom}/plugins/zsh-syntax-highlighting
achao@starship ~ 2020/3/24  2:03AM Ret: 0
> vi .zshrc
...
plugins=(autojump git zsh-autosuggestions zsh-syntax-highlighting)
...
```

重新啟動指令列後，不妨用 head 指令來體驗一下：當輸入 h、e 和 a 時，文字為紅色，表示 h、he 和 hea 都不是有效指令，繼續輸入 d 後，head 變成了綠色，表示這是有效的指令。

語法反白不僅在手動輸入時為使用者提供即時回饋，從外面複製進來的指令也能被正確標記。例如前面提到的檔案編譯指令 asciidoctor -a data-uri book.adoc，如果你的系統裡沒有安裝 asciidoctor，當你把該指令複製到指令列裡時，asciidoctor 會被繪製成紅色，表示該指令不存在。

4.5.4 智慧安裝建議

安裝建議這類工具為使用者提供的價值，本質上反映了人們對待錯誤的態度轉變。農業時代，社會發展緩慢，祖輩使用的東西，子子孫孫繼續用，一切都有確定的標準答案，人們要做的就是將它們爛熟於心變成本能，隨心所欲不逾矩。在這種社會文化中，錯誤是一個貶義詞，像害蟲瘟疫一樣討厭。後來，在文藝復興和工業革命的推動下，人類的認知和生存空間快速擴充，在未知領域開疆拓土的探索者和改變傳統的創新者成了英雄，與之相伴的探索者文化中，錯誤不再像害蟲或恥辱，變成了一個中性詞，像探險家身上的指南針。

指令列就是一群創造者為包含自己在內的創造者打造的系統，在這個世界裡，錯誤訊息不是責備，而是繼續前進的線索和指引。開發者撰寫錯誤訊息時，會讓使用者儘量實際地了解什麼地方出了岔子，並列出解決問題的建議。

但這個世界畢竟不完美，我們還是經常看到沒什麼建設性的錯誤訊息，其中最常見的大概就是 command not found（指令未找到）。為了解決這個問題，人們開發了一個名叫 command-not-found 的 oh-my-zsh 外掛程式。作為內建外掛程式，只要加入 ~/.zshrc 的 plugins 列表裡就可以使用了，如程式清單 4-34 所示。

程式清單 4-34　增加了 command-not-found 的外掛程式列表

```
plugins=(autojump command-not-found git zsh-autosuggestions zsh-syntax-
highlighting)
```

修改、儲存 ~/.zshrc 檔案並重新啟動指令列後，以 CSV 檔案分析工具 csvstat 為例，看看現在的錯誤訊息是什麼樣的，如程式清單 4-35 所示。

程式清單 4-35　csvstat 指令未找到的錯誤訊息

```
achao@starship ~ 2020/3/24  3:54PM Ret: 0
> csvstat

Command 'csvstat' not found, but can be installed with:

sudo apt install csvkit
```

提示首先指出 csvstat 指令未找到，然後列出了解決問題的實際建議：安裝 csvkit。

command-not-found 會根據你使用的系統列出不同的建議，目前支援 Ubuntu/Linux Mint、Fedora、macOS 和 NixOS 等系統，例如在沒有安裝 csvkit 的 Fedora 系統中執行 csvstat 指令，如程式清單 4-36 所示。

程式清單 4-36　在沒有安裝 csvkit 的 Fedora 系統中執行 csvstat 指令

```
$ csvstat

zsh: csvstat: command not found...

Install package 'python3-csvkit' to provide command 'csvstat'? [N/y]
```

⊚ 4.6 別名機制

別名（alias）是消除機械重複工作的終極武器。如果應用了上述各種方法之後，仍然有一些很長的指令需要反覆輸入，那就給它定義個別名吧。

以第 3 章介紹的 asdf 應用為例，安裝一種新程式語言或工具時，第一個
動作是檢查某門程式語言是否被 asdf 支援，如果支援的話叫什麼名字。
這時要用到 asdf plugin-list-all 指令（參考程式清單 3-58），例如安裝
Node.js，首先要搞清楚如果 asdf 可以安裝，外掛程式名稱是 Node.js、
node.js、node 還是 nodejs？不管怎麼變，其中一定包含 node（不區分大
小寫），那麼可以像程式清單 4-37 這樣尋找。

程式清單 4-37　尋找 Node.js 在 asdf 中的外掛程式名稱

```
achao@starship ~ 2020/3/26  2:55PM Ret: 0
> asdf plugin-list-all|grep -i node
nodejs                    *https://github.com/asdf-vm/asdf-nodejs.git
```

這樣就確定了 Node.js 的外掛程式名稱是 nodejs。如果覺得每次都輸入這
麼一長串指令很麻煩，即使有歷史指令自動補全和模糊比對加持，還是拖
累了你運轉如飛的大腦，不妨嘗試一下別名，如程式清單 4-38 所示。

程式清單 4-38　為尋找外掛程式指令定義別名

```
achao@starship ~ 2020/3/26  2:57PM Ret: 0
> alias apla='asdf plugin-list-all'           ❶
achao@starship ~ 2020/3/26  2:57PM Ret: 0
> apla|grep -i node                           ❷
nodejs                    *https://github.com/asdf-vm/asdf-nodejs.git
```

❶ 為 asdf plugin-list-all 指令定義別名 alpa
❷ 使用別名執行查詢操作

程式清單 4-38 首先為 asdf plugin-list-all 指令定義了別名 alpa，即每個單
字字首的縮寫。當然，也可以使用任何你喜歡的字母數字組合，然後用別
名進行查詢，效果與原指令完全一樣。

定義別名是透過 alias 指令實現的，格式是：alias <alias-name>=
<command>，其中 alias-name 是別名，command 是原來的指令，例如上
面的實例中 alias-name 是 apla，command 是 asdf plugin-list-all。

當 command 中包含空格時，為了避免 alias 將空格後面的部分當成參數，需要用單引號或雙引號將其包裹起來，以告訴 alias 引號包裹的是一個整體。但有時候 command 內部也有引號，如果內外使用相同的引號，就可能發生解析錯誤，例如程式清單 4-39 所示的定義。

程式清單 4-39　引號混淆導致別名定義錯誤

```
achao@starship ~ 2020/3/26  3:41PM Ret: 0
> alias ehw='echo 'hello world''
achao@starship ~ 2020/3/26  3:41PM Ret: 1
> ehw
hello
```

為什麼只有 hello，world 跑哪兒去了？原來 shell 從左到右依次解析指令，'echo ' 被當成了一個整體，與緊接著的 hello 組成了 alias 指令的 command 參數，因此後面的 world" 被當成無效參數捨棄了。

怎麼解決這個問題？

避開引號衝突就行了，實際來說，就是 command 的包裹引號與 command 內部不要使用相同的引號，如程式清單 4-40 所示。

程式清單 4-40　使用不同的引號避免解析錯誤

```
achao@starship ~ 2020/3/26  3:49PM Ret: 130
> alias ehw="echo 'hello world'"
achao@starship ~ 2020/3/26  3:49PM Ret: 0
> ehw
hello world
```

你也許會問，如果 command 裡既有單引號又有雙引號怎麼辦？這時不論用哪種引號包裹 command 都會發生衝突，是不是這樣的指令就不能分配別名了呢？

不是的，為了讓這樣的指令也能定義別名，需要使用逸出（escape）技術。顧名思義，當一個字元被逸出後，該字元就不再是它原本的意義了。下面結合程式清單 4-31 看看逸出是如何解決引號衝突問題的，如程式清單 4-41 所示。

```
程式清單 4-41    使用逸出解決引號衝突問題
achao@starship ~ 2020/3/26  4:12PM Ret: 130
> alias ct="head -5 times.csv|xargs -I {} python -c 'from datetime import
datetime;\
  dt = datetime.fromtimestamp({});\
  print(dt.strftime(\"Full date and time: %Y-%m-%d %H:%M:%S\"))'"
achao@starship ~ 2020/3/26  4:12PM Ret: 0
> ct
Full date and time: 2018-04-27 09:36:01
Full date and time: 2019-08-03 00:22:41
Full date and time: 2020-02-24 05:22:41
Full date and time: 2020-02-27 16:42:41
Full date and time: 2020-03-21 20:16:01
```

我們對原來的指令做了兩處修改後，成功為它定義了別名 ct（代表 convert time），並得到了與原來指令相同的結果。

首先原指令中的雙引號前面加上了反斜線，它告訴 alias 指令：這不是包裹 command 的雙引號，而屬於 command 內部。

其次整個指令比較長，都寫在一行不方便閱讀，所以做了換行處理。由於 Python 是區分縮排的語言，第 2 行 dt = ... 和第 3 行 print(...) 前面的空格會導致無效縮校正誤，所以行尾的反斜線告訴 Python 這些程式都在一行，不要做縮排解析。

一口氣說了這麼多，是不是有點暈？沒關係，這裡的重點是說明使用逸出技術能夠解決引號衝突問題，至於實際方法，隨著經驗的累積慢慢就明白了。

在指令列階段中使用 alias 指令定義別名，當階段結束時別名隨之故障，新的指令列階段中將沒有這個別名，適合臨時使用或測試。如果想讓這個別名在所有階段中都有效，就得把它放到開機檔案裡，對 Zsh 來說，就是 ~/.zshrc 檔案。

最後，要列出目前階段中已定義的別名，執行alias指令（沒有參數）即可，如程式清單 4-42 所示。

程式清單 **4-42**　列出目前階段中的別名

```
achao@starship ~ 2020/3/26  3:31PM Ret: 0
> alias
-='cd -'
...=../..
....=../../..
.....=../../../..
......=../../../../..
1='cd -'
2='cd -2'
...
l='ls -lah'
la='ls -lAh'
ll='ls -lh'
ls='ls --color=tty'
lsa='ls -lah'
md='mkdir -p'
rd=rmdir
which-command=whence
```

現在知道為什麼 l 指令能夠以詳細格式顯示包含隱藏檔案在內的目錄和檔案了，原來它只是 ls -lah 的馬甲而已！

◎ 4.7　說明文件隨手查

4.2 節中我們用 man zshmisc 指令開啟 Zsh 使用者手冊查詢指令提示字元的訂製方法，你也許會覺得，在這個網際網路時代，上網查一下什麼都有，沒必要檢視指令列格式的文件吧？

使用網際網路查詢當然是很重要的方法，但也有不足之處。

☐ 首先，未必能查到要找的資訊，尤其用不太可靠的搜尋引擎的時候。

☐ 其次，即便能找到，未必是合適的。造成資訊不合適的原因很多，例如發佈資訊的作者對資訊的了解不準確，或查到的資訊所使用的版本、作業系統等和你使用的不同。這樣的資訊不完全符合有時不但不能解決問題，反而可能幫倒忙。

☐ 最後，即便能查到合適的資訊，也會由於離開指令列環境而打斷你的工作流。

所以，當你需要查詢的是指令格式、參數選項、實例說明等資訊時，使用指令列幫助工具比使用瀏覽器查詢效果好。

下面按照從簡單到複雜的順序介紹幾種常用的互動列幫助工具。

4.7.1 應用資訊查詢工具

應用資訊查詢工具可以幫助我們了解一個應用某方面的特徵，進一步方便使用或維護應用。本節用到的並不是這類工具的全部，而是出鏡頻率比較高的幾個。這些工具的用法比較簡單，只需將待查詢的應用名稱作為參數即可。首先讓它們做個自我介紹，如程式清單 4-43 所示。

程式清單 4-43　列印各工具的功能介紹

```
achao@starship ~ 2020/3/27  2:27PM Ret: 0
> whatis whatis whereis which type file dpkg        ❶
whatis (1)     - display one-line manual page descriptions
whereis (1)    - locate the binary, source, and manual page files for a command
which (1)      - locate a command
file (1)       - determine file type
dpkg (1)       - package manager for Debian
Dpkg (3perl    - module with core variables
type: nothing appropriate.
```

❶ macOS 預設輸出到 pager 裡，可以將這個指令拆分成 whatis whatis、whatis whereis、whatis which 等分別檢視，並用 whatis brew 代替 whatis dpkg

為簡潔起見，這裡將要查詢的指令（包含 whatis 本身）全部作為 whatis 的參數，一次性傳回所有查詢結果。每次寫入一個參數執行 5 次當然也可以。傳回結果對各工具的功能列出了簡單的解釋。

☐ whatis：列出使用者手冊中的單行描述。

☐ whereis：列出指令二進位、原始程式碼以及手冊檔案的位置。

☐ which：列出指令的位置。

☐ file：列出檔案類型。

☐ dpkg：Debian 發行版本的套件管理工具。

沒有說明 type 工具的功能，不過從名字推斷應該是查詢應用的類型，下面嘗試一下，如程式清單 4-44 所示。

程式清單 4-44　列印各工具的類型

```
achao@starship ~ 2020/3/27  3:08PM Ret: 0
> type whatis whereis which type file dpkg
whatis is /usr/bin/whatis
whereis is /usr/bin/whereis
which is a shell builtin
file is /usr/bin/file
type is a shell builtin
dpkg is /usr/bin/dpkg
```

果然，type 對普通應用列出了指令檔案位置，對 shell 內建函數（shell builtin）說明了類型。

下面來看一個實際工作中使用它們答疑解惑的實例。

Python 是資料分析、系統運行維護、網站開發經常用的一種程式語言，由於它的 3.x 版本不完全相容 2.x 版本以及其他一些歷史原因，從 2008 年 Python 3 發佈，直到 2020 年 Python 官方才不再維護 2.x 版本。這造成在很長一段時間裡，發行版本要同時提供兩個版本的 Python。如果使用者用錯版本，就可能出現正確程式執行出錯的問題。下面我們用上面的工具分析一下系統中安裝的 Python 解譯器，看能不能提供有價值的資訊，如程式清單 4-45 所示。

程式清單 4-45　使用應用資訊查詢工具分析 Python 應用

```
achao@starship ~ 2020/3/28 10:01PM Ret: 0
> whatis python
python (1)     - an interpreted, interactive, object-oriented programming language
achao@starship ~ 2020/3/28 10:05PM Ret: 0
> whereis python
python: /usr/bin/python /usr/bin/python3.6 /usr/bin/python2.7 /usr/bin/python3.6m
/usr/lib/python3.6 /usr/lib/python2.7 /usr/lib/python3.7 /usr/lib/python3.8
/etc/python
/etc/python3.6 /etc/python2.7 /usr/local/lib/python3.6 /usr/local/lib/python2.7
/usr/include/python3.6m /usr/share/python /usr/share/man/man1/python.1.gz
achao@starship ~ 2020/3/28 10:05PM Ret: 0
> which python
/usr/bin/python
achao@starship ~ 2020/3/28 10:05PM Ret: 0
> type python
python is /usr/bin/python
achao@starship ~ 2020/3/28 10:05PM Ret: 0
> file /usr/bin/python
/usr/bin/python: symbolic link to python2.7
achao@starship ~ 2020/3/28 10:05PM Ret: 0
> dpkg -l python
Desired=Unknown/Install/Remove/Purge/Hold
| Status=Not/Inst/Conf-files/Unpacked/halF-conf/Half-inst/trig-aWait/Trig-pend
|/ Err?=(none)/Reinst-required (Status,Err: uppercase=bad)
||/ Name          Version          Architecture      Description
+++-=================-==================-=====================-====================
ii  python        2.7.15~rc1-1     amd64             interactive high-level ...
```

上面的 file 指令只接受路徑作為參數，所以用 which python 的輸出作為 file 參數。對於 dpkg 應用，透過第 3 章的講解我們已經很熟悉了，這裡只用它的 -l 參數作為查詢工具。這兩個指令的輸出顯示 python 對應 Python

2.7，而非 Python 3；whereis python 的傳回結果顯示，還有幾個 python 加上版本編號的原始程式和說明檔案路徑，可以去有興趣的路徑下面檢視。不過，如果只關心可執行應用，更簡單的方法是利用 shell 的自動補全機制，如程式清單 4-46 所示。

程式清單 4-46　使用補全機制列出相關應用

```
achao@starship ~ 2020/3/28 10:05PM Ret: 0
> python<TAB>
python    python2   python2.7   python3    python3.6  python3.6m  python3m
```

用應用資訊查詢工具檢查這幾個應用，不難發現其中大部分是檔案連結，只有 python2.7 和 python3.6 是真正可執行的二進位檔案，如程式清單 4-47 所示。

程式清單 4-47　python2.7 和 python3.6 的檔案資訊

```
achao@starship ~ 2020/3/29 10:23AM Ret: 0
> file /usr/bin/python2.7
/usr/bin/python2.7: ELF 64-bit LSB shared object, x86-64, version 1 (SYSV),
dynamically linked, interpreter /lib64/l, for GNU/Linux 3.2.0,
BuildID[sha1]=f13a620d8b11b76f9ced92adf36191bb8456bf4c, stripped
achao@starship ~ 2020/3/29 10:24AM Ret: 0
> file /usr/bin/python3.6
/usr/bin/python3.6: ELF 64-bit LSB executable, x86-64, version 1 (SYSV),
dynamically linked, interpreter /lib64/l, for GNU/Linux 3.2.0,
BuildID[sha1]=287763e881de67a59b31b452dd0161047f7c0135, stripped
```

現在可以確定，用 python 或 python2.7 執行 2.x 版本的 Python 程式，用 python3 或 python3.6 執行 3.x 版本的 Python 程式。

4.7.2　實例示範工具

資訊查詢工具能夠提供關於一個應用的背景資訊，但對於該應用實際如何使用就幫不上忙了。就像看書首先看目錄一樣，初次接觸一個應用，我們常常想了解它的用法範例和說明，而非一頭紮進使用者手冊的細節中去。

滿足實例示範這個需求的應用有很多，其中比較成熟且使用廣泛的是
tldr。這個詞原本是個網路俚語，意思是（文章）太長了，不看（too long,
don't read），拿來作為應用的名字也算傳神。下面我們就以壓縮和解壓
應用 tar 為例體驗一下，如程式清單 4-48 所示。

程式清單 4-48　　安裝並使用實例示範工具 tdlr

```
achao@starship ~ 2020/3/29 10:51AM Ret: 0
> sudo apt install tldr          ❶
[sudo] password for achao:
Reading package lists... Done
Building dependency tree
Reading state information... Done
The following NEW packages will be installed:
  tldr
...

achao@starship ~ 2020/3/29 10:52AM Ret: 0
> tldr tar
tar
Archiving utility.
Often combined with a compression method, such as gzip or bzip.
More information:
https://www.gnu.org/software/tar
.

 - Create an archive from files:
   tar cf {{target.tar}} {{file1}} {{file2}} {{file3}}

 - Create a gzipped archive:
   tar czf {{target.tar.gz}} {{file1}} {{file2}} {{file3}}

 - Create a gzipped archive from a directory using relative paths:
   tar czf {{target.tar.gz}} -C {{path/to/directory}} .

 - Extract a (compressed) archive into the current directory:
   tar xf {{source.tar[.gz|.bz2|.xz]}}
```

```
- Extract an archive into a target directory:
  tar xf {{source.tar}} -C {{directory}}
...
```

❶ Mac 使用者使用 brew install tldr 安裝

傳回結果首先列出了被查詢應用（tar）的名稱，然後對功能做了簡介（包含官網位址，供使用者尋找更多文件），接下來是各種場景中的使用方法，使用者根據實際情況取代 {{...}} 中的內容即可。注意實例中的中括號表示可選內容，例如 source.tar[.gz] 表示 source.tar 或 source.tar.gz 都是對的，分隔號表示或的關係，例如 .gz|.bz2|.xz 表示從 .gz、.bz2、.xz 中任選一個。把它們組合起來，source.tar[.gz|.bz2|xz] 表示什麼意思呢？沒錯，表示以下 4 種情形中的任何一種都是對的：

☐ source.tar

☐ source.tar.gz

☐ source.tar.bz2

☐ source.tar.xz

4.7.3　使用者手冊和說明文件

雖然很少有人閒暇時閱讀某個應用的使用者手冊打發時間（然而真的有），但使用者手冊至少在下面 3 個場景中是最有效的參考資料：

☐ 查詢某個參數的含義和使用方法；

☐ 系統性地了解某個應用的設計想法和整體架構，確保正確、高效率地使用它；

☐ 用其他方法（包含網路搜尋）得不到要找的資訊。

開啟使用者手冊的方法也很簡單：man 後面加上要查詢的應用名稱，例如執行 man tar 就開啟了 tar 應用的使用者手冊。另一個實際的實例見 4.2 節，這裡不再贅述，需要強調的有兩點。

首先，在比較長的文件中，要善於使用搜尋技術：在 / 後面加上要搜尋的關鍵字，再配合 n/N 跳到上一個 / 下一個關鍵字的位置。尋找選項或參數的用法時，還可以借助正規表示法（3.3.1 節曾用過）加強搜尋效率。例如要查詢 tar 的 -d 選項的使用方法，開啟手冊後輸入指令 /^\s*-d 就能直接跳到對 -d 的說明部分，其各部分含義如下。

☐ /：向下搜尋。

☐ ^：一行的行首（開頭）。

☐ \s*：任意（包含 0）個空格。

☐ -d：代表要搜尋的文字 '-d' 本身。

連起來就表示：向下搜尋以任意個空格開頭並且後面跟著 -d 的字串。

另外，還可以開啟一個叫作 colored-man-pages 的 oh-my-zsh 外掛程式。老辦法，把名字加入 ~/.zshrc 的 plugins=() 清單裡，如程式清單 4-49 所示。

程式清單 4-49　增加了 colored-man-pages 後的 Zsh 外掛程式列表

```
plugins=(autojump colored-man-pages command-not-found git zsh-autosuggestions
zsh-syntax-highlighting)
```

儲存檔案後重新啟動互動列階段，輸入 man tar，有沒有煥然一新的感覺？

有時候你會看到 man 3 printf 這樣的使用方法，其中的 3 是什麼意思呢？

原來 shell 的說明系統按類別分成了 9 節（section），分別用 1 ～ 9 表示。man 的第 1 個參數就是節編號，預設值是 1，所以 man tar 的完整形式是 man 1 tar。日常工作中使用其他節的機會不多，如果你對這方面內容有興趣，可以檢視 man 自己的使用者手冊，沒錯，man man。

有些應用沒有使用者手冊或寫得很簡單，文件放在幫助選項裡，例如第 3 章用到的 asdf 工具。執行 man asdf 傳回 No manual entry for asdf，表示該應用沒有使用者手冊，但可以執行 asdf -h 獲得詳細說明。

在 Zsh 中使用已安裝的 asdf

第 3 章中我們在 Bash 裡安裝了 asdf，在 Zsh 裡使用它不需要重新安裝一遍，只要在 ~/.zshrc 的 plugins 里加上 asdf 即可。

現在的 plugins 包含下列外掛程式：

plugins=(asdf autojump colored-man-pages command-not-found git zsh-autosuggestions zsh-syntax-highlighting)

還有些應用提供了 help 指令，例如 Git，執行 git help 檢視應用級說明文件。要檢視它的某個指令的說明，只要把指令的名字作為 help 的參數即可，例如要檢視日誌功能的說明文件，執行 git help log 即可。

4.8　常用互動列增強工具一覽

表 4-2 列出了常用的互動列增強工具及其實現的功能。

表 4-2　常用互動列增強工具

指令	實現功能
autojump	目錄模糊比對跳躍
fzf	路徑模糊比對
zsh-autosuggestions	歷史指令自動補全
fzf	歷史指令模糊比對
zsh-syntax-highlighting	指令語法反白
command-not-found	智慧安裝建議
tldr	指令實例示範工具
colored-man-pages	使用者手冊語法反白

⊙ 4.9 小結

本章我們聚焦於改進 shell 環境。對新使用者來說，"原始" shell 的不友善主要表現在以下幾個方面：

☐ 缺乏環境資訊和提示；

☐ 輸入複雜，包括大量重複工作；

☐ 記憶負擔重，記不住那麼多參數的寫法就無法使用互動列應用。

針對這些問題，我們首先將 shell 從 Bash 改成擴充能力更強的 Zsh，然後對它的外掛程式系統進行了以下改進：

☐ 增加資訊展示，不用任何操作就能取得目前環境的核心資訊；

☐ 簡化目錄跳躍操作，隨心所欲地在不同目錄間跳躍；

☐ 簡化目錄和檔案尋找，只提供少量關鍵資訊就能達到目標；

☐ 避免重複輸入相同的指令；

☐ 方便地找出曾經執行過的指令再次執行；

☐ 指令輸入過程中即時回饋，避免輸入錯誤浪費時間；

☐ 用別名加強指令輸入的效率；

☐ 各種貼心的幫助工具，忘記參數、格式隨時查詢。

雖然，改造之後的 shell 已經給人以脫胎換骨的感覺，但這不是重點。這些改進只是進入互動列世界的"引路人"，這裡不需要當聽話的學生和無奈的使用者，你要做的是張開想像的翅膀，創造一個嶄新的世界。

第 5 章

縱橫捭闔：
文字瀏覽與處理

世事洞明皆學問，人情練達即文章。

—— 曹雪芹，《紅樓夢》

在人類創造的各種資訊交流方式中，文字佔有重要的一席之地。從泥板、龜甲，到竹簡、草紙，再到今天越來越流行的無紙化辦公，不論儲存媒體如何變遷，文字始終穩如磐石。

透過前面幾章的學習，我們已經了解到使用者與互動列應用之間、互動列應用彼此間的溝通都是透過文字這個媒介進行的。本章我們就讓它做主角，看看在互動列裡如何高效處理文字資訊。

5.1 了解文字資料

如果生活在一百年前的人穿越到現在，大概會覺得我們生活在神話裡——只要在一個小方塊上動動手指，就可以和地球上任何一個地方的人聊天、買東西、玩遊戲、看電影⋯⋯要知道一百年前的電影和今天的 5G 技術一樣，是不折不扣的高科技。生活在一百年前的人們只能把想說的話寫在紙上寄給遠方的朋友，去市場買東西，玩撲克牌和積木⋯⋯他們一定非常羨慕我們在網路空間（cyberspace）裡擁有的一切。

可是假如有一天，開發這些應用的公司突然集體消失了——可能是由於薩諾斯彈了個響指，幸好辦公軟體和繪圖軟體是安裝在電腦上的，之前儲存的檔案還能開啟。可是你很清楚，這些檔案只能用這台電腦的軟體開啟，你要做的就是祈禱電腦不要壞，資料不要丟，軟體不要升級，也不要上網檢查憑證。如果把檔案匯出成不依賴實際軟體的格式呢？遺憾的是，這些軟體有個共同的毛病：和豐富的匯入格式相比，匯出格式少得可憐，而且匯出後的檔案殘缺不全。

即使這樣，我猜很多人也不願意寫信聊天或把筆記寫到紙上。畢竟手寫的速度很慢，也不方便修改、備份和傳輸，更別提在幾千頁文件中尋找某個詞了。那麼，要享受數位時代的便利，是不是只能祈禱這些應用廣告不要太多，內容審核不要太苛刻，訂閱費不要太貴……或這些都忍了，起碼公司不要倒閉呢？這就要說到被商務軟體精心隱藏起來的資料以及資料的格式問題了。

商業應用不希望使用者關心資料，他們希望使用者最好不知道世界上還有資料這回事，這樣他們就可以把使用者資料控制在自己手裡。不論是發送廣告、軟文，還是增加訂閱費，使用者都只能乖乖聽話。使用者越多，利潤越高，再用一部分利潤提升產品品質，打更多廣告獲得更多使用者……如果這個迴圈一直持續下去，看上去也不錯，畢竟商業應用的產品品質也在提升，使用者對產品的滿意度也會緩慢提升。這個美好的前景讓很多人想進來分一杯羹，於是利潤越高的領域競品越多，這時使用者就成了各軟體公司爭奪的核心資源。為了留住使用者，他們常常會搞一套私有資料格式，這樣使用者拿到資料也還是離不開自己。另外，他們會盡可能增加應用能讀取的資料格式種類，爭取把競爭對手的使用者吸引過來。到目前為止他們幹得不錯，我們經常看到一些人以自己是某某產品的粉絲為榮，很多人看到一個檔案的本能反應是：應該用哪個應用開啟？然而那些高喊使用者是上帝的商家永遠不會告訴你的是：作為資料的主人，你連隨心所欲使用自己資料的權利都沒有。

開放原始碼運動改變了這出荒誕劇，開發者為了滿足本身需求開發一個應用，再把它分享出來，與其他開發者一起改進。其他人可以單純作為使用者,也能以開發者的身份參與進來增加新功能或增強既有功能。應用只是產生資料的工具,開放原始碼使用者不會執著於某個工具,而是選擇最合適的工具。為了避免資料被綁定到某個應用上,開放原始碼應用儘量使用公共的編碼方式儲存資料。這樣一來,即使建立資料的應用消失了(幾乎是一定的),還可以借助通用的文字檢視和編輯工具處理資料,就像當年記錄心情的筆已經找不到了,但寫在紙上的字不會變成密碼。

我們在第 2 章介紹檔案的編碼和解碼時談到了字元集的概念,文字檔就是由這些字元集中包含的符號組成的檔案,文字檔之外的檔案就是二進位檔案。

文字包含純文字(plain text)和格式化文字(formatted text)。前者只包含表達語義的文字(包含各種語言的文字)、符號(例如標點符號等)和分行符號;後者在此基礎上還包含格式標記符號,用來描述內容的展現形式。這些符號本身也是文字元號,比較常見的標記系統包含 HTML、Markdown、JSON、CSV 等。

上面對檔案分類的說明採用了純文字(語言描述)方式,下面改用格式化文字展示。

☐ 文字檔

  ■ 純文字檔案:只有表達含義的文字和符號。

  ■ 格式化文字檔案:除了表達含義,還包含定義展示形式的符號。

☐ 二進位檔案

相同效果的 HTML 文字如程式清單 5-1 所示。

程式清單 5-1　檔案分類對應的 HTML 文字

```html
<ul>
  <li> 文字檔
    <ul>
```

```
      <li> 純文字檔案：只有 <strong> 表達含義 </strong> 的文字和符號 </li>
      <li> 格式化文字檔案：還包含定義 <strong> 展示形式 </strong> 的符號 </li>
    </ul>
  </li>

  <li> 二進位檔案 </li>
</ul>
```

其中 <ul>、<li>、</li>、</ul> 表示清單符號，、 在展示上表現為粗體效果。

再寫成相同效果的 Markdown 文字，如程式清單 5-2 所示。

程式清單 5-2　檔案分類對應的 Markdown 文字

```
* 文字檔
    * 純文字檔案：只有 ** 表達含義 ** 的文字和符號
    * 格式化文字檔案：還包含定義 ** 展示形式 ** 的符號
* 二進位檔案
```

其中 * 表示清單符號，** 表示粗體效果。

這裡只展示了格式化文字一個小小的部分，實際上它還可以展示表格、數學公式、流程圖、表情符號（emoji）、圖片、聲音、視訊等（後面 3 種是透過嵌入二進位內容實現的）。

程式清單 5-1 和程式清單 5-2 的繪製過程仍然需要某種應用（標記解譯器）參與。與前述商務軟體的不同之處在於，這裡的轉換規則是公開的，任何實現轉換規則的應用都可以，不論這些應用屬於誰。如果沒有轉換工具，只要花幾分鐘了解一下規則，就能看懂包含這些標記的內容。這時才可以說，你真正 "擁有" 了你的資料。

文字檔這種一覽無餘的特點不僅保證了資料的安全，還實現了文字處理的標準化。前面的章節中我們已經領略了不同工具組合起來處理資訊的威力，但由於主題的關係沒有充分展開，本章就仔細聊聊文字處理這件事。

⊚ 5.2 文字瀏覽

在滑鼠和觸控板成為個人電腦標配的時代，專門討論文字瀏覽工具似乎有點奇怪。你或許會問，用前面介紹的 cat 指令列印出檔案內容，然後用滑鼠向上捲動不就行了嗎，為什麼要使用額外的工具呢？

cat 加滑鼠在圖形化的終端模擬器（terminal emulator）中瀏覽小檔案是可行的，但整體來說，在互動列環境中要儘量避免使用捲動功能（不論是滑鼠還是觸控板），原因是：

☐ 對於比較大的檔案，列印到螢幕上會很耗時，在這段時間裡你除了看螢幕上捲動變化的字元，什麼也不能做；

☐ 不能在瀏覽過程中搜尋有興趣的內容；

☐ 文字可能超出模擬器快取而導致顯示不全；

☐ 部分 shell（例如 mosh）不支援捲動；

☐ 向上捲動會導致文字使用者介面應用（例如 Vim）顯示例外；

☐ 以文字為基礎的終端模擬器不支援滑鼠。

那麼，如何在電腦螢幕上方便地閱讀文字呢？直觀的想法是借鏡紙質書本，把內容分成很多頁，一次顯示一頁。實現這種功能的軟體叫作分頁器（pager）。第一款得到廣泛應用的分頁器是 more（因每頁底部都有 --More-- 字樣提醒使用者向後翻頁而得名）。但它功能有限，例如只能向後翻頁，對向前翻頁支援不充分，沒有搜尋功能等。less 最初是作為 more 的功能增強版被開發出來的，為了讓使用者方便地記住名字而借用了俗語：less is more（少比多好），得名 less。

less 提供了 3 種文字移動方式。

☐ 移動一行：向後和向前移動一行的快速鍵分別是 j 和 k，與 Vim 快速鍵一致。

□ 移動半頁：向後和向前翻半頁的快速鍵分別是 d（down）和 u（up）。

□ 移動整頁：向後和向前翻頁的快速鍵分別是空白鍵和 b（backward）。

□ 除了按順序瀏覽，還可以跳躍到文件的固定位置，也有 3 種方式。

□ 跳躍到文件頭 / 尾：快速鍵是 g/G。

□ 跳躍到指定行：行號加上 G，例如跳躍到 234 行就是 234G。

□ 按文件百分比跳躍：百分比加上 %，例如跳躍到文件中間部分是 50%，跳躍到文件 3/4 處是 75%，依此類推。

除了固定位置，還可以透過標記（mark）跳躍到自訂位置，例如要了解問題 A 先要搞清楚問題 B，A 和 B 又相隔很遠，這時可以在 A 處執行 ma，即在 m 後面加上標記名稱 a，在 B 處執行 mb，然後就可以用 'a 跳躍到 A 處，用 'b 跳躍到 B 處，即單引號加上要跳躍的標記名稱。標記名稱可以用任何一個英文字母。

上面說的是電子文件對紙質文件的模仿，下面的功能紙質文件就望塵莫及了，這就是搜尋整個文件。

前面在閱讀使用者手冊時，我們多次接觸過文件內搜尋，對此你應該不會太陌生。按照方向不同，搜尋分為向後搜尋和向前搜尋，例如以你現在閱讀的這句話為例，在往後一直到文件尾端的文字中搜尋叫作向後搜尋，用 / 指令開頭。例如搜尋 shell，輸入 /shell<CR>，就會自動跳躍到第一次比對到 shell 的位置。反之，在往前一直到文件開頭的文字中搜尋叫作向前搜尋，用 ? 開頭。例如從目前位置向文件開頭搜尋 shell，輸入 ?shell，注意要使用英文問號。

比對到一個結果後，按 n 鍵跳到下一個比對結果，使用 N 跳到上一個比對結果。less 預設會反白顯示所有比對到的結果以方便檢視，但比對結果比較多時，也會影響閱讀。這時執行 <ESC>u 就可以關閉反白顯示（先按 ESC 鍵，鬆開後再按 u 鍵）。

現在，用 less 開啟一個比較長的文字檔，例如 ~/.asdf/docs/core-manage-asdf-vm.md，輸入上述指令感受一下吧。

less 預設的設定適合瀏覽普通文字，對瀏覽程式不太友善，尤其是當視窗比較窄時，例如 ~/.asdf/lib/utils.sh 檔案在寬度為 37 列的視窗中如程式清單 5-3 所示。

程式清單 5-3　窄視窗中 less 預設顯示效果

```
asdf_version() {
  local version git_rev
  version="$(cat "$(asdf_dir)/VERSION
")"
  if [ -d "$(asdf_dir)/.git" ]; then
    git_rev="$(git --git-dir "$(asdf_
dir)/.git" rev-parse --short HEAD)"
    echo "${version}-${git_rev}"
  else
    echo "${version}"
  fi
}
```

可讀性差的原因有兩點，首先換行破壞了原有的程式縮排，其次沒有顯示行號。不過調整 less 的顯示效果並不難，只需輸入 -S<CR> 關閉換行，輸入 -N<CR> 顯示行號，效果如程式清單 5-4 所示。

程式清單 5-4　窄視窗中 less 不換行並顯示行號

```
10 asdf_version() {
11   local version git_rev
12   version="$(cat "$(asdf_dir)
13   if [ -d "$(asdf_dir)/.git"
14     git_rev="$(git --git-dir
15     echo "${version}-${git_re
16   else
17     echo "${version}"
18   fi
19 }
```

現在縮排是不是很清楚了？但是不換行，程式顯示不全怎麼辦？試試用左右方向鍵移動一下。

-N 和 -S 是開關選項，比如說在不顯示行號的情況下，執行 -N 會顯示行號，這時再執行一次同樣的指令就會隱藏行號。

另外，這些選項既可以在 less 視窗內執行，也可以作為指令參數執行，例如以不換行並顯示行號的方式瀏覽 ~/.asdf/lib/utils.sh 檔案的指令是：less -N -S ~/.asdf/lib/utils.sh。

最後，用 q 指令退出 less。

說了這麼多，各式各樣的快速鍵記不住怎麼辦？放心，別忘了我們的口號是幫助隨手查。less 視窗中檢視幫助的指令是 h，其中詳細列出了所有快速鍵和參數，並且退出說明頁面的指令也是 q。

很多應用的快速鍵系統和 less 如出一轍：j、k、g、G 移動，q 退出，/ 搜尋，y 複製，m 標記書籤，例如 PDF 瀏覽器 Zathura、檔案管理員 ranger、圖片瀏覽器 feh、音樂播放機 cmus、網頁瀏覽器 w3m 等。你或許會問，難道這又是開放原始碼社區的某種文化傳統？這裡先賣個關子，後面會細說。對於所有這些瀏覽器的使用重點就是多用多練習，形成本能反應。例如想到向下移動時，手自動按 j 鍵而不用經過大腦思考，也就是形成所謂的肌肉記憶（muscle memory），將會大幅提升你的工作效率和幸福感。

◎ 5.3　文字搜尋

在比較長的文字中尋找資訊可以用瀏覽工具的搜尋功能實現，但如果不能確定要找的資訊在哪個檔案裡，而需要在成千上萬個很長的文字裡尋找怎麼辦呢？本節我們就來解決這個問題。

shell 裡常用的文字搜尋工具是 grep，按照 Unix/Linux 的工具命名傳統，這又是一組單字的字首縮寫吧？沒錯，是 globally search a regular expression and print（全域搜尋正規表示法並列印）的字首縮寫。關於正規表示法（常簡稱為 regex 或 regexp），前面的章節中我們已經打過交道了，它們是一組按照特定語法規則撰寫的字串，功能強大但晦澀難懂，好在大多數時候只要記住一些簡單的規則就足夠了。下面結合實際場景介紹如何用 grep 完成常見的搜尋工作。

5.3.1 常用文字搜尋方法

俗話說：talk is cheap, show me the code。還記得第 4 章安裝的實例示範工具 tldr 嗎？當下正好可以用起來，如程式清單 5-5 所示。

程式清單 5-5　grep 使用方法範例

```
achao@starship ~ 2020/4/16 12:18AM Ret: 0
> tldr grep
grep
Matches patterns in input text.
Supports simple patterns and regular expressions.

 - Search for an exact string:
   grep {{search_string}} {{path/to/file}}

 - Search in case-insensitive mode:
   grep -i {{search_string}} {{path/to/file}}

 - Search recursively (ignoring non-text files) in current directory for an
exact string:
   grep -RI {{search_string}} .
...
```

不難看出 grep 的基本用法是 grep <選項> <比對模式> <檔案清單>。

最後一部分既可以是檔案列表，也可以是標準輸入。對於後者，實際工作中大多是其他指令的輸出文字，透過管道符號交給 grep，從中找出符合 <比對模式> 的文字。

文字搜尋最常見的情形是挑選出包含某段文字的行，例如想了解 asdf 應用的文件中與 java 有關的內容，可以搜尋包含 java 的行，如程式清單 5-6 所示。

程式清單 5-6　找出 asdf 說明文件裡所有包含 java 的行

```
achao@starship ~ 2020/4/7  5:17PM Ret: 0
> grep java ~/.asdf/docs/*.md
/home/achao/.asdf/docs/core-manage-plugins.md:# java
/home/achao/.asdf/docs/core-manage-plugins.md:# java          https://
github.com/skotchpine/asdf-java.git
/home/achao/.asdf/docs/DEPRECATED_README.md:# java
/home/achao/.asdf/docs/DEPRECATED_README.md:# java          https://
github.com/skotchpine/asdf-java.git
```

輸出結果由 4 行組成，每行是一筆比對結果，每個比對結果包含兩部分。

☐ 結果所在檔案的完整路徑，例如第 1 筆結果所在檔案的完整路徑是 /home/achao/.asdf/docs/core-manage-plugins.md。

☐ 結果所在行的完整內容，例如第 1 筆結果所在行的內容為 # java，第 2 筆結果所在的行更長一些：# java https://github.com/skotchpine/asdf-java.git。

上面的搜尋結果中，第 1 筆比對結果和第 2 筆比對結果的檔案路徑一樣，只是行內容不同，第 3 筆和第 4 筆也是如此，表示 grep 在兩個檔案中找到了搜尋目標 java，每個檔案中都有兩個不同位置包含搜尋目標。

有時我們希望知道更實際的位置，也就是比對到的文字在檔案的哪一行，應該怎麼做呢？是的，搜尋手冊。執行 man grep 開啟手冊後搜尋 line number（執行 /line number<CR>），第 2 筆比對結果如程式清單 5-7 所示。

程式清單 5-7　grep 使用者手冊中對行號的說明

```
-n, --line-number
     Prefix each line of output with the 1-based line number within its
input file.
```

原來 grep 的 -n 選項可以顯示行號，下面驗證一下，如程式清單 5-8 所示。

程式清單 5-8　為搜尋結果增加行號

```
achao@starship ~ 2020/4/7 11:10PM Ret: 0
> grep -n java ~/.asdf/docs/*.md
/home/achao/.asdf/docs/core-manage-plugins.md:27:# java
/home/achao/.asdf/docs/core-manage-plugins.md:34:# java          https://
github.com/skotchpine/asdf-java.git
/home/achao/.asdf/docs/DEPRECATED_README.md:118:# java
/home/achao/.asdf/docs/DEPRECATED_README.md:125:# java            https://
github.com/skotchpine/asdf-java.git
```

現在每筆結果由 3 部分組成：檔案名稱、行號和行內容，例如第 1 筆搜尋結果顯示，/home/achao/.asdf/docs/core-manage-plugins.md 檔案的第 27 行內容是 # java。

有了行號，閱讀文件的效率就高多了，首先執行 less /home/achao/.asdf/docs/core-manage-plugins.md 開啟檔案，然後輸入 27G 跳到第 27 行，是不是很方便？

文件搜尋經常會遇到區分大小寫的問題，例如想了解文件中與 Python 有關的內容，只搜尋 python 就會漏掉包含 Python 的內容，如程式清單 5-9 所示。

程式清單 5-9　是否區分大小寫的搜尋結果比較

```
achao@starship ~ 2020/4/8  8:27AM Ret: 0
> grep -n python ~/.asdf/docs/*.md
/home/achao/.asdf/docs/core-configuration.md:26:python 3.7.2 2.7.15 system
achao@starship ~ 2020/4/8  8:28AM Ret: 0
> grep -ni python ~/.asdf/docs/*.md
/home/achao/.asdf/docs/core-configuration.md:22:Python 3.7.2, fallback to
Python 2.7.15 and finally to
the system Python, the
/home/achao/.asdf/docs/core-configuration.md:26:python 3.7.2 2.7.15 system
/home/achao/.asdf/docs/_coverpage.md:10:- Node.js, Ruby, Python, Elixir ...
[your favourite language?]
(plugins-all?id=plugin-list)
```

上面第 2 行指令 grep -ni 是 grep -n -i 的縮寫（畢竟可以節省兩次按鍵），所以它在第 1 行指令的基礎上增加了 -i 參數，表示忽略大小寫。這裡搜尋到 3 筆結果，其中第 1 筆和第 3 筆符合的是 Python，第 2 筆符合的是 python，與區分大小寫的搜尋結果一致。

除了是否區分大小寫，還有一個常見場景 —— 比對全詞（match whole word）。例如要查詢文件中與格式有關的資訊，就要搜尋 format，但如果執行 grep -n format ~/.asdf/docs/*.md，你會發現 information 和 formatted 也出現在搜尋結果中，這時要告訴 grep 要查詢的是一個完整的詞，不包含把它當成一部分的情形。實現方法是加上 -w（w 表示 word）選項，如程式清單 5-10 所示。

程式清單 5-10　grep 全詞比對範例

```
achao@starship ~ 2020/4/8 12:31PM Ret: 0
> grep -wn format ~/.asdf/docs/*.md
/home/achao/.asdf/docs/contributing-doc-site.md:20:- [prettier](https://
prettier.io/) to format our
markdown files
/home/achao/.asdf/docs/core-configuration.md:14:The versions can be in the
following format:
/home/achao/.asdf/docs/core-manage-versions.md:78:The version format is the
same supported by the
`.tool-versions` file.
/home/achao/.asdf/docs/DEPRECATED_README.md:225:The version format is the
same supported by the
`.tool-versions` file.
/home/achao/.asdf/docs/DEPRECATED_README.md:276:The versions can be in the
following format:
```

除了搜尋單一詞，有時還需要按循序搜尋多個詞，例如設定 asdf 時可以透過一個環境變數指定設定檔位置，但是只記得該環境變數由 ASDF 開頭，後面有 FILE，不知道中間是 CONFIG 還是 CONF 怎麼辦？不要緊，告訴 grep 要搜尋的是 ASDF 後面跟著 FILE 就行了，如程式清單 5-11 所示。

程式清單 5-11　grep 循序搜尋範例

```
achao@starship ~ 2020/4/8 12:43PM Ret: 0
> grep -n 'ASDF.*FILE' ~/.asdf/docs/*.md
/home/achao/.asdf/docs/core-configuration.md:48:- `ASDF_CONFIG_FILE` -
Defaults to `~/.asdfrc`
as described above. Can be set to any location.
/home/achao/.asdf/docs/core-configuration.md:49:- `ASDF_DEFAULT_TOOL_
VERSIONS_FILENAME` - The name of
the file storing the tool names and versions. Defaults to `.tool-versions`.
Can be any valid file name.
/home/achao/.asdf/docs/DEPRECATED_README.md:309:* `ASDF_CONFIG_FILE` -
Defaults to `~/.asdfrc` as
described above. Can be set
/home/achao/.asdf/docs/DEPRECATED_README.md:311:* `ASDF_DEFAULT_TOOL_
VERSIONS_FILENAME` - The name of
the file storing the tool
/home/achao/.asdf/docs/plugins-create.md:122:available. Also, the `$ASDF_
CMD_FILE` resolves to the
full path of the file being sourced.
```

這裡又用到了正規表示法，. 表示任意字元，* 表示 0 個或多個，所以 ASDF.*FILE 的意思是 ASDF 後面可能有些字元，後面跟著 FILE 這樣一段文字。搜尋結果列出了 ASDF_CONFIG_FILE、ASDF_DEFAULT_TOOL_VERSIONS_FILENAME 和 ASDF_CMD_FILE 三個選項，顯然第 1 個是我們要找的。

如果連順序也無法確定怎麼辦呢？例如搜尋包括 Python 和 Ruby 的文件，順序可能是 Python 在前，也可能是 Ruby 在前。這時管道符號就可以幫上忙了。思考一下指令怎麼寫，再往下讀。

答案是先用其中一個搜尋一遍，再用第 2 個詞在前面的輸出結果中篩選，如程式清單 5-12 所示。

程式清單 5-12　包含多個詞且不確定順序的搜尋方法

```
achao@starship ~ 2020/4/8 12:44PM Ret: 0
> grep -ni python ~/.asdf/docs/*.md | grep -ni ruby
3:/home/achao/.asdf/docs/_coverpage.md:10:- Node.js, Ruby, Python, Elixir ...
[your favourite language?]
(plugins-all?id=plugin-list)
```

現在思考一下，如果搜尋同時包含 list、install 和 plugin 這 3 個詞的文字行，應該怎麼寫呢？

除了按照內容搜尋，有時文字的位置也很重要。例如用 Markdown 寫的文件中，一級標題用 # 開頭，二級標題用兩個 # 開頭，依此類推，如程式清單 5-13 所示。

程式清單 5-13　Markdown 標記語法的一級標題、二級標題、三級標題

```
# 這是一級標題
## 這是二級標題
### 這是三級標題
#### 這是四級標題
```

如果要列出一篇文件中所有的二級標題，應該怎麼辦呢？搜尋 ## 可以嗎？不行，因為三級、四級等標題裡也包含它。加上全詞比對搜尋 ## 可以嗎？還是不行，因為全詞比對只能分辨英語單字的邊界，而 ## 不是英語單字。如果在 ## 後面加上一個空格，即 ##　（　表示空格，下同），是否能區分出來？不行，和 ## 同理，三級、四級等標題也包含它。4.7.3 節介紹過的行首識別符號 ^ 剛好在這裡可以派上用場，寫成 ^##　，即行首識別符號後面跟著兩個 #，再接一個空格，就可以將二級標題和其他層級分開。測試一下效果，如程式清單 5-14 所示。

程式清單 5-14　搜尋 Markdown 文件中所有的二級標題

```
achao@starship ~ 2020/4/8  2:43PM Ret: 0
> grep -n '^## ' ~/.asdf/docs/*.md
```

```
/home/achao/.asdf/docs/contributing-core-asdf-vm.md:1:## Development
/home/achao/.asdf/docs/contributing-core-asdf-vm.md:13:## Docker Images
...
/home/achao/.asdf/docs/thanks.md:1:## Credits
/home/achao/.asdf/docs/thanks.md:7:## Maintainers
/home/achao/.asdf/docs/thanks.md:15:## Contributors
```

這樣就很好地實現了目標。

記住以上幾種場景中正規表示法的用法,就足以應付大多數搜尋工作了。對於更複雜的搜尋要求,可以從一個簡單的運算式開始,一邊擴充一邊測試效果,直到滿足要求。

5.3.2　增強型文字搜尋工具

grep 自誕生以來一直是 Unix/Linux 文字搜尋界的當家花旦,但在一些特定場合下,它也會顯得力不從心。例如你是一個 Python 程式設計師,與幾十名開發者一起向程式庫中傳送程式,這個程式庫包含幾萬個用各種程式語言撰寫的原始程式碼檔案,總程式行數在百萬級。雖然你已經用上了八核心筆記型電腦,但 grep 對此視而不見,仍然用一個核心慢悠悠地"跑"。你要尋找同事傳送的一段 Python 程式,卻無法簡單地告訴 grep 只搜尋 Python 檔案,忽略幾十萬行的 C++ 程式和 Java 程式。最要命的是,grep 不識別 Git 的忽略列表(不被版本控制系統管理的檔案,儲存在 .gitignore 檔案裡),導致它要耗費大量時間來掃描極大的 CSV 檔案。當然,這不是 grep 的錯,畢竟在它誕生的年代,既沒有多核心 CPU,也沒有 Git,更別提忽略列表了。但問題總是要解決的,用 grep 搜尋程式庫確實太慢了。

針對這類場景,人們開發了一些 grep 的改進版工具,其中使用比較廣泛、效能也很不錯的是 the_silver_searcher,它主要從以下幾個方面做了改進。

□ 支援平行計算,充分採擷多核心 CPU 的平行計算能力。

☐ 支援按檔案類型指定搜尋範圍。

☐ 忽略 .gitignore 檔案中的目錄／檔案。

☐ 透過 .ignore 檔案自訂搜尋忽略列表。

☐ 智慧大小寫比對：如果搜尋模式中全部是小寫字母，則忽略大小寫；
如果有大寫字母，則區分大小寫。

☐ 支援搜尋壓縮檔內的檔案。

☐ 便利性方面的改進：例如預設開啟多層目錄遞迴搜尋，預設關閉二進
位檔案搜尋等。

這個工具的互動名很簡潔：ag。還是先看用法說明，如程式清單 5-15 所示。

程式清單 5-15　ag 使用方法範例

```
achao@starship ~ 2020/4/16 12:22AM Ret: 0
> tldr ag
ag
The Silver Searcher. Like ack, but aims to be faster.
More information:
https://github.com/ggreer/the_silver_searcher
.

 - Find files containing "foo", and print the line matches in context:
   ag {{foo}}

 - Find files containing "foo" in a specific directory:
   ag {{foo}} {{path/to/directory}}

 - Find files containing "foo", but only list the filenames:
   ag -l {{foo}}

...
```

指令參數看上去也比 grep 簡潔一些，動手體驗一下，如程式清單 5-16 所
示。

程式清單 5-16　嘗試執行 ag 指令

```
achao@starship ~ 2020/4/8  2:57PM Ret: 0
> ag

Command 'ag' not found, but can be installed with:
sudo apt install silversearcher-ag
```

哦，忘了安裝就直接執行了，好在第 4 章安裝的 command-not-found 外掛程式發揮了作用，列出了清晰的行動建議，照做就行了，如程式清單 5-17 所示。

程式清單 5-17　安裝 the_silver_searcher

```
achao@starship ~ 2020/4/8  4:33PM Ret: 127
> sudo apt install silversearcher-ag
...
```

安裝成功後，執行一下程式清單 5-8 的 ag 版本，如程式清單 5-18 所示。

程式清單 5-18　使用 the_silver_searcher 進行文字搜尋

```
achao@starship ~ 2020/4/8  5:29PM Ret: 0
> ag java ~/.asdf/docs
/home/achao/.asdf/docs/DEPRECATED_README.md
118:# java
125:# java              https://github.com/skotchpine/asdf-java.git

/home/achao/.asdf/docs/core-manage-plugins.md
27:# java
34:# java              https://github.com/skotchpine/asdf-java.git
```

ag 預設開啟行號顯示，預設遞迴搜尋資料夾下的檔案，所以輸入指令比 grep 精簡，另外輸出自動按檔案分組，可讀性更強。

後面幾個實例也用 ag 實現一遍，首先是忽略大小寫的搜尋，如程式清單 5-19 所示。

程式清單 5-19　ag 的智慧大小寫比對範例

```
achao@starship ~ 2020/4/8  5:30PM Ret: 0
> ag python ~/.asdf/docs
/home/achao/.asdf/docs/_coverpage.md
10:- Node.js, Ruby, Python, Elixir ... [your favourite language?](plugins-
all?id=plugin-list)

/home/achao/.asdf/docs/core-configuration.md
22:Python 3.7.2, fallback to Python 2.7.15 and finally to the system Python, the
26:python 3.7.2 2.7.15 system
```

由於 ag 預設使用智慧大小寫比對規則，並且這裡搜尋模式（python）全部小寫，因此按照比對規則進行了忽略大小寫的搜尋。

接下來是 ag 的全詞比對搜尋，如程式清單 5-20 所示。

程式清單 5-20　ag 全詞比對搜尋範例

```
achao@starship ~ 2020/4/8  5:47PM Ret: 0
> ag -w format ~/.asdf/docs
/home/achao/.asdf/docs/core-manage-versions.md
78:The version format is the same supported by the `.tool-versions` file.

/home/achao/.asdf/docs/contributing-doc-site.md
20:- [prettier](https://prettier.io/) to format our markdown files
38:## Format before Committing

/home/achao/.asdf/docs/DEPRECATED_README.md
225:The version format is the same supported by the `.tool-versions` file.
276:The versions can be in the following format:

/home/achao/.asdf/docs/core-configuration.md
14:The versions can be in the following format:
```

與 grep 的相同點是也用 -w 選項，區別是由於採用智慧大小寫比對規則，因此多了一筆包含 Format 的結果。

接下來是順序多詞搜尋，如程式清單 5-21 所示。

程式清單 5-21　ag 的順序多詞搜尋範例

```
achao@starship ~ 2020/4/8  5:47PM Ret: 0
> ag 'ASDF.*FILE' ~/.asdf/docs
/home/achao/.asdf/docs/DEPRECATED_README.md
309:* `ASDF_CONFIG_FILE` - Defaults to `~/.asdfrc` as described above. Can
be set
311:* `ASDF_DEFAULT_TOOL_VERSIONS_FILENAME` - The name of the file storing
the tool

/home/achao/.asdf/docs/plugins-create.md
122:available. Also, the `$ASDF_CMD_FILE` resolves to the full path of the
file being sourced.

/home/achao/.asdf/docs/core-configuration.md
48:- `ASDF_CONFIG_FILE` - Defaults to `~/.asdfrc` as described above. Can be
set to any location.
49:- `ASDF_DEFAULT_TOOL_VERSIONS_FILENAME` - The name of the file storing
the tool names and versions.
Defaults to `.tool-versions`. Can be any valid file name.
```

由於搜尋模式裡包含大寫字母，所以這次按區分大小寫規則進行搜尋，搜尋結果與 grep 一致。

多詞無序搜尋範例如程式清單 5-22 所示。

程式清單 5-22　ag 的多詞無序搜尋範例

```
achao@starship ~ 2020/4/8  5:51PM Ret: 0
> ag python ~/.asdf/docs | ag ruby
/home/achao/.asdf/docs/_coverpage.md:10:- Node.js, Ruby, Python, Elixir ...
[your favourite language?]
(plugins-all?id=plugin-list)
```

兩次搜尋都採用忽略大小寫策略，結果與 grep 版本一致。

最後是增加位置約束的 ag 版本，如程式清單 5-23 所示。

```
程式清單 5-23　增加了位置約束的 ag 搜尋範例

achao@starship ~ 2020/4/8  5:54PM Ret: 0
> ag '^## ' ~/.asdf/docs
/home/achao/.asdf/docs/core-manage-versions.md
1:## Install Version
10:## Install Latest Stable Version
...
/home/achao/.asdf/docs/core-manage-plugins.md
7:## Add
22:## List Installed
38:## Update
51:## Remove
```

正規表示法的寫法與 grep 版本相同，搜尋結果也一致。

5.4　文字連接

上面討論的瀏覽和搜尋都不會改變文字內容，下面研究如何修改文字。本節將文字作為一個整體，並使用不同方式把它們拼接在一起。後面會繼續深入文字內部，了解各種處理和轉換的實現方法。

5.4.1　行連接

行連接有兩種比較常見的場景。第 1 種是順序連接，即將兩個或更多檔案內容首尾相連組成一段新文字，這種連接方式不會改變被連接的原文件。是否產生新檔案完全由使用者決定。第 2 種是檔案追加，在一個檔案尾端追加新文字，這種追加方式會直接改變被追加檔案。

第一種場景要用到我們的老朋友 cat 指令。前面它一直用來列印單一檔案，其實它還能依次列印多個檔案的內容，如程式清單 5-24 所示。

程式清單 5-24　用 cat 順序列印多個檔案的內容

```
> cat ~/Documents/readme ~/.asdf/docs/README.md ~/.asdf/docs/thanks.md
...
[](https://raw.githubusercontent.com/asdf-vm/asdf/master/ballad-of-asdf.md
':include')

Append a new line here
Append the 2nd line          ❶
<!-- asdf-vm homepage -->    ❷
...
<!-- include the ballad of asdf-vm -->
[](https://raw.githubusercontent.com/asdf-vm/asdf/master/ballad-of-asdf.md
':include')                  ❸
## Credits                   ❹
...
```

---

❶ 第 1 個檔案 ~/Documents/readme 尾端
❷ 第 2 個檔案 ~/.asdf/docs/README.md 開頭
❸ 第 3 個檔案 ~/.asdf/docs/README.md 尾端
❹ 第 4 個檔案 ~/.asdf/docs/thanks.md 開頭

上面的執行結果讓我們對文字連接這個功能有了非常直觀的了解。那麼現在請思考一下，如果需要將結果儲存到檔案 ~/Documents/bigfile 裡，應該怎麼做呢？

接下來介紹第 2 種場景，即文字追加的實現。我們知道 shell 的輸出重新導向符號 > 可以改變指令的輸出位置，例如將原本輸出到螢幕（術語叫"標準輸出"，stdout）上的文字寫入檔案中。而將兩個重新導向符號連在一起，就可以表示文字追加了（由於指令不依賴於目前工作目錄，因此這裡省略互動提示字元，下同），如程式清單 5-25 所示。

程式清單 5-25　使用 >> 進行文字追加

```
> cat ~/.asdf/docs/README.md      ❶
<!-- asdf-vm homepage -->
```

```
<!-- include the repo readme -->
[](https://raw.githubusercontent.com/asdf-vm/asdf/master/README.md ':include')

<!-- include the ballad of asdf-vm -->
[](https://raw.githubusercontent.com/asdf-vm/asdf/master/ballad-of-asdf.md
':include')

> cp ~/.asdf/docs/README.md ~/Documents/readme

> echo "\nAppend a new line here\nAppend the 2nd line" >> ~/Documents/readme    ❷

> cat ~/Documents/readme
<!-- asdf-vm homepage -->

<!-- include the repo readme -->
[](https://raw.githubusercontent.com/asdf-vm/asdf/master/README.md ':include')

<!-- include the ballad of asdf-vm -->
[](https://raw.githubusercontent.com/asdf-vm/asdf/master/ballad-of-asdf.md
':include')

Append a new line here          ❸
Append the 2nd line             ❸
```

❶ 列印原始檔案內容
❷ 使用 >> 向檔案尾端追加文字
❸ 檔案 ~/Documents/readme 尾端新增加的行

這裡首先用 cat 指令列印了原始檔案 ~/.asdf/docs/README.md 的內容，由於我們並不想改變這個檔案，所以用 cp 指令為它做了一個備份：~/Documents/readme；然後用 >> 向該備份追加了兩行文字（在 echo 指令中，用 \n 表示分行符號）；最後用 cat 指令再次列印檔案內容。與原始檔案比較可以發現，檔案尾端確實多了兩行文字。

檔案的連接和追加可以組合使用，如程式清單 5-26 所示。

程式清單 **5-26** 　組合使用連接和追加

```
> echo "This file contains 3 files:\n" > ~/Documents/threefiles

> cat ~/Documents/readme ~/.asdf/docs/README.md ~/.asdf/docs/thanks.md >> \
  ~/Documents/threefiles
```

首先使用 echo 指令產生了一個新檔案 ~/Documents/threefiles，然後將 3
個檔案連接（使用 cat 指令）起來，再整體追加到檔案 threefiles 後面。

5.4.2　列連接

有些文字檔主要用來儲存資料，相當於開放原始碼世界裡的 Excel 檔案。
例如程式清單 5-27 所示的兩個 CSV 檔案，names.csv 記錄了 5 名學生的
學號和姓名，info.csv 記錄了他們的性別、年齡和所在年級。

程式清單 **5-27** 　記錄了學生姓名和其他資訊的 **CSV** 檔案

```
> cat ~/Documents/names.csv
202001, 程新
202002, 單樂原
202003, 彭維珊
202004, 劉子喬
202005, 王立波

> cat ~/Documents/info.csv
男 ,12,5
男 ,11,4
女 ,13,6
女 ,10,3
男 ,11,4
```

沒有輸入法能不能輸入中文？

我們在 1.6.2 節為 Mint 系統安裝了中文輸入法，如果由於某些原因沒有安裝成功，可以先用英文代替裡面的中文字，效果完全一樣。

如果你是個有極客精神的人，可以嘗試一下不用輸入法輸入中文字——只要知道對應中文字的 Unicode 編碼即可。

例如要輸入 "程" 字，首先找到它的 Unicode 編碼（透過搜尋引擎或借助 Unicode 碼表查詢工具）：U+7A0B，然後在互動列視窗需要輸入文字的位置按下 Ctrl-Shift-u 快速鍵

（按住 Ctrl 鍵和 Shift 鍵再按 u 鍵，然後鬆開 Ctrl 鍵和 Shift 鍵），再輸入 7a0b 並按確認鍵，"程" 字就出現了。

有些終端模擬器（例如 WSL）不能正確解析 Ctrl-Shift-u，導致上述方法無法正常執行。不過在 Linux Mint Cinnamon 桌面附帶的 gnome-terminal 中這個方法能夠正常執行。

現在需要將這兩個資料表合併到一起並加上序號，即每筆學生資訊要包含序號、學號、姓名、性別、年齡和所在年級，我們看看如何透過列連接實現，如程式清單 5-28 所示。

程式清單 5-28　使用列連接合併資料表

```
> cd ~/Documents

> seq 5 > ids        ❶

> cat ids
1
2
```

```
3
4
5
> paste -d',' ids names.csv info.csv       ❷
1,202001, 程新 , 男 ,12,5
2,202002, 單樂原 , 男 ,11,4
3,202003, 彭維珊 , 女 ,13,6
4,202004, 劉子喬 , 女 ,10,3
5,202005, 王立波 , 男 ,11,4
```

❶ 使用 seq 指令產生包含序號的檔案
❷ 使用 paste 指令實現多個檔案按列拼接

為了產生序號，首先用 seq 產生一個 5 行的文字檔，每行是從 1 ～ 5 的數字，並透過重新導向儲存到檔案中；然後用 paste 指令將 3 個檔案的每一行依次連接，即列連接，並透過 -d 參數指定文字間的分隔符號使用英文逗點。

🎬 思考題

上面 3 個檔案各自都包含 5 行文字，如果其中一個與其他行數不同，連接後會出現什麼情況呢？將程式清單 5-28 的 seq 5 > ids 改成 seq 7 > ids，再執行一遍看看效果吧。

⊙ 5.5 文字轉換

文字搜尋既可以看成從一大堆文字中找到想要的內容，也可以從轉換的角度來了解。

現有輸入文字序列 C，包含 n 個元素 $L_1, L_2, \cdots, L_n$，每個元素代表一行文字。另有函數 $T(L) =$True|False，輸入 L 代表以分行符號結束的任意一段文字，輸出為 True 或 False。現在把 C 的每個元素 L_i ($i \in 1, \cdots, n$) 依次傳給 T，T 為每個元素打上標記，例如將 L_1 標記為 True，將 L_2 標記為

False，……，直到 L_n 標記為 False，整個處理過程結束。我們把帶 True 標籤的文字行留下，去掉帶 False 標籤的行，就完成了一次文字搜尋。

下面將函數 T 升級為 $\hat{T}(L)$，使得其不僅可以輸出 True 或 False，還能輸出字串，$\hat{T}(L)$ =True | False | L'。也就是說，轉換器不僅能保留或捨棄一行文字，還能把它變成一行不同的文字，這樣文字搜尋工具就變成了文字轉換工具。

下面介紹兩類文字轉換工具在不同場景中的使用方法。一類是專門工具，例如 tr、cut 等，另一類是通用工具，例如 sed 和 awk。

5.5.1　字元取代和過濾

顧名思義，字元轉換就是對輸入文字中的相關字元進行轉換。轉換方式很多，但不論使用什麼方式，都是一個字元一個字元地處理。例如把所有小寫字母轉為大寫字母、把所有逗點轉為空格、去掉所有空格（相當於把空格轉為空字串）等。

tr 是專門用於轉換字元的工具，它的常見用途如下所示：

☐ 將檔案中的某個字元取代成另一個字元；

☐ （透過管道）取代某個指令輸出結果中的字元；

☐ 將輸入文字（包含檔案或指令輸出文字，下同）中的一組字元按順序取代為另一組字元；

☐ 刪除輸入文字中的指定字元；

☐ 合併輸入文字中相鄰的重複字元；

☐ 大小寫轉換；

☐ 字元集反轉取代；

☐ 去掉字串中不在指定範圍內的字元。

下面結合實際的實例看看這些功能是如何實現的，首先是取代檔案內容中的單一字元，如程式清單 5-29 所示。

程式清單 5-29　對檔案做單一字元取代

```
> cat ~/.asdf/docs/README.md          ❶
<!-- asdf-vm homepage -->

<!-- include the repo readme -->
[](https://raw.githubusercontent.com/asdf-vm/asdf/master/README.md ':include')

<!-- include the ballad of asdf-vm -->
[](https://raw.githubusercontent.com/asdf-vm/asdf/master/ballad-of-asdf.md
':include')

> tr h S < ~/.asdf/docs/README.md
<!-- asdf-vm Somepage -->          ❷

<!-- include tSe repo readme -->
[](Sttps://raw.gitSubusercontent.com/asdf-vm/asdf/master/README.md
':include')

<!-- include tSe ballad of asdf-vm -->
[](Sttps://raw.gitSubusercontent.com/asdf-vm/asdf/master/ballad-of-asdf.md
':include')     ❸
```

❶ 列印原始檔案內容
❷ homepage 變成了 Somepage
❸ http 和 githubusercontent 中的 h 都被取代成了 S

接下來使用管道符號，輸入自訂文字觀察取代效果，如程式清單 5-30 所示。

程式清單 5-30　tr 指令使用複雜的字元取代

```
> echo "print('Hello world')" | tr "aeiou" "12345"          ❶
pr3nt('H2ll4 w4rld')

> echo "大小寫轉換" | tr "大小" "小大"          ❷
```

小大寫轉換

```
> echo "tr, cut, sed & awk." | tr -d ',&.'          ❸
tr cut sed  awk

> echo "tr,,,, cut, sed & awk." | tr -s ','          ❹
tr, cut, sed & awk.

> echo "tr, cut, sed & awk." | tr '[:lower:]' '[:upper:]'   ❺
TR, CUT, SED & AWK.

> echo "tR, cUt, sEd & aWk." | tr '[:upper:]' '[:lower:]'   ❻
tr, cut, sed & awk.

> echo "tr, cut, sed & awk." | tr -cs '[a-z]' '-'     ❼
tr-cut-sed-awk-

> echo "tr, cut, sed & awk." | tr -cd '[a-z]'         ❽
trcutsedawk
```

❶ 多字元取代，a 取代為 1，e 取代為 2，依此類推

❷ Unicode 多字元取代

❸ 使用 -d（delete 的簡寫）選項去掉指定字元

❹ 將連續多個字元（這裡是逗點）合併為單一字元，-s 是 squeeze repeats（合併重複項）的簡寫

❺ 將所有小寫字母（[:lower]）轉為大寫字母（[:upper]）

❻ 將所有大寫字母轉為小寫字母

❼ 將不是小寫字母的所有字元轉為橫杠，併合並相鄰的多個橫杠。這裡 -cs 是 -c 和 -s 的簡寫，前者表示反轉（complement），後者表示合併相鄰重複項

❽ 去掉（-d）所有不是（-c）小寫字母（[a-z]）的字元

這裡我們反覆使用 echo 指令加管道符號為 tr 指令提供輸入文字，這個方法可以方便地測試 shell 中的各種字串處理工具。

<1> 中 tr 的參數是字元序列 aeiou 和 12345，而非單一字元（h 和 S）。字元序列與字串不同，aeiou 不是一個整體，而是要與第二個序列成對使用，即把 a 取代為 1，把 e 取代為 2，依此類推。

有些序列實際應用得很廣泛，寫起來又比較複雜，於是人們給它們起了簡短的名字以方便使用，例如代表所有大寫字母的 [:upper:] 相當於 ABC...Z，[:lower:] 相當於 abc...z。此外，比較常見的有字母集合 [:alpha:]（相當於 [:upper:]+[:lower:]）、數字集合 [:digit:]、字母和數字集合 [:alnum:]（alpha+number），等等。詳細內容可以查閱 tr 使用者手冊的 DESCRIPTION 部分。

最後一個實例將 -c 和 -d 組合在一起，實現了以字元為基礎的過濾：只保留小寫字元，去掉所有其他字元。如果只保留 tR, cUt, sEd & aWk. 中的字母（包含大寫字母和小寫字母）應該怎麼做呢？動手試試吧。

5.5.2 字串取代

如果要把一行文字中的某個字串轉為另一個字串，字元轉換就幫不上忙了，shell 中處理這種問題的常用工具是 sed。

sed 是 stream editor 的縮寫，也就是串流編輯器，它以一款叫作 ed 為基礎的行編輯器。我們先看看 ed 是如何編輯檔案的，如程式清單 5-31 所示。

程式清單 5-31　使用 ed 編輯檔案範例

```
achao@starship ~ 2020/4/16  9:14AM Ret: 0
> cd Documents
achao@starship ~/Documents 2020/4/16  9:14AM Ret: 0
> ed ~/.asdf/docs/README.md          ❶
266                                   ❷
n                                     ❸
7       [](https://raw.githubusercontent.com/asdf-vm/asdf/master/ballad-of-
asdf.md ':include')
1                                     ❹
<!-- asdf-vm homepage -->             ❺
s/asdf/xyz/g                          ❻
1
<!-- xyz-vm homepage -->              ❼
w readme                              ❽
```

```
265                                    ❾
q                                      ❿
achao@starship ~/Documents 2020/4/16  9:36AM Ret: 1
> cat readme
<!-- xyz-vm homepage -->
...
```

❶ 用 ed 編輯檔案
❷ ed 列印檔案字元數
❸ 用 n 指令檢視目前所在行號和內容
❹ 輸入行號 1 跳躍到第 1 行
❺ 執行上面指令後的螢幕輸出：列印第 1 行內容
❻ 用 s 指令將 asdf 取代為 xyz，最後的 g 表示取代該行中所有的 asdf
❼ 再次輸入行號列印目前行內容，確認 s 指令修改的效果
❽ 用 w 指令將修改後的檔案儲存到目前的目錄下的 readme 檔案中
❾ 執行寫入檔案指令後的輸入：列印檔案字元數
❿ 用 q 指令退出 ed
⓫ 用 cat 指令檢視新產生檔案的內容

上面用 ed 編輯了 ~/.asdf/docs/README.md 檔案，該檔案一共 7 行，
ed 開啟檔案後跳到最後一行，所以 n 指令傳回的結果是 7。輸入 1 跳到
第 1 行，用 s/asdf/xyz/g 將該行中所有的 asdf 取代為 xyz，這裡 s 是取代
（substitute）的意思。然後將修改後的內容儲存到目前的目錄的 readme
檔案中。最後退出 ed 編輯器。如果用 q 指令傳回了 "?"，説明有修改未
儲存，可使用 Q 強制退出，或執行 w 指令後再退出。

透過體驗 ed 的使用，應該感覺到 Vim 其實是相當友善的編輯器，因為使
用 Vim 至少能看見要編輯的文字（所以得名 "看見"，visual）。考慮到
ed 是 20 世紀 70 年代的 "上古神器"，那時人們還是用終端（真正的終
端機，如圖 5-1 所示）登入到主機上，記憶體和頻寬都十分寶貴，ed 這
種極簡風格也是可以了解的。

圖 5-1 vt100 終端 [a]

隨著硬體和網路的不斷更新，人們不再用 ed 這樣的編輯器手動修改檔案了。sed 繼承了 ed 惜字如金的風格，但已經變成一款非互動式的文字轉換工具了。上面的修改過程用 sed 實現如程式清單 5-32 所示。

程式清單 5-32　用 sed 實現相同的修改過程

```
> sed '1s/asdf/xyz/g' ~/.asdf/docs/README.md > readme
```

與前面 ed 中使用的取代指令基本一樣，只是為了避免 shell 解析 sed 指令而增加了單引號。另外，s 前多了一個 1，後面會詳細說明這樣做的原因和規則，這裡只要知道它表示只對第 1 行執行取代操作即可。

初次見面，sed 給我們的印象還是很正面的，格式標準，語法簡潔。隨著經驗的累積，你會發現它成為 shell 中首選非互動式編輯工具絕非偶然，它確實在便利性和功能性上做到了比較好的平衡。下面我們來了解這個工具的基本概念和用法。

一行完整的 sed 指令由以下幾部分組成：

```
sed [options] instruction input_stream
```

---

a　By Jason Scott - Flickr: IMG_9976, CC BY 2.0, via Wikimedia Commons。

可選參數 [options]（中括號表示裡面的參數可選，下同）用來控制 sed 的行為，後面跟著編輯指令 instruction，最後是輸入文字 input_stream。其中，input_stream 可以是檔案名稱或透過管道傳遞的文字。這裡 options 和 input_stream 的用法與其他指令類似，instruction 比較特別，它表示一行編輯指令（也可以用分號隔開多行指令，但不推薦這樣寫），而一行指令又包含位址和動作兩部分：

```
instruction = [address]action
```

以程式清單 5-32 為例，s 是動作（action），而前面的 1 就是位址（address），即只對第 1 行執行取代操作，其他行保持不變。由於位址是可選的，因此沒有位址（即 s/asdf/xyz/g）表示對輸入文字的所有行執行 action，即取代所有位置的 asdf。sed 這種除非專門限制否則預設處理全部內容的特點，與互動式編輯器 ed、Vim 等正好相反。

sed 指令中的位址用來限定動作的範圍，有下面幾種形式。

□ 單一行：位址用行號表示，例如程式清單 5-32 中的取代指令。

□ 起止範圍：由起點和終點兩部分組成，中間用逗點分隔。

□ 模式比對：位址寫成正規表示法的形式，如果比對目前行，則執行操作，否則跳過。也可以透過反轉標示對不符合的行執行操作，跳過符合的行。

sed 有 25 種編輯動作，其中常用的有字串取代（s）、行刪除（d）、行列印（p）、行插入（i）、行追加（a）、行取代（c）等。本節只介紹與字串處理有關的取代指令（完整格式：s/regexp/replacement/flags），其他指令 5.5.3 節有相關介紹。

互動式編輯器與非互動式編輯器的另一個顯著區別是，使用互動式編輯器時，如果對一次操作的效果不滿意，可以取消（undo），而在非互動式編輯器裡不存在取消操作。

如此說來，豈不是非互動式編輯器對使用者很不友善？

非也。互動式文字編輯器預設儲存修改後的檔案，即覆蓋原文件，而非互動式編輯器預設將轉換後的文字輸出到螢幕上（stdout），而不改變原文件的內容。對非互動式編輯器的使用者而言，盡可以放心大膽地嘗試各種編輯指令。如果想儲存編輯後的結果，使用重新導向把標準輸出的內容寫到一個新檔案裡即可。

理論介紹完畢，下面透過幾個常見實例看看 sed 如何搭配不同的 option、address 和 action 來滿足多種多樣的轉換要求吧。

首先，只取代指定行中的字串，如程式清單 5-33 所示。

程式清單 5-33　取代輸入文字最後一行中的字串

```
> cat ~/.asdf/docs/README.md
<!-- asdf-vm homepage -->

<!-- include the repo readme -->
[](https://raw.githubusercontent.com/asdf-vm/asdf/master/README.md ':include')

<!-- include the ballad of asdf-vm -->
[](https://raw.githubusercontent.com/asdf-vm/asdf/master/ballad-of-asdf.md
':include') ❶

> sed '$s/asdf/xyz/g' ~/.asdf/docs/README.md                    ❷
<!-- asdf-vm homepage -->

<!-- include the repo readme -->
[](https://raw.githubusercontent.com/asdf-vm/asdf/master/README.md ':include')

<!-- include the ballad of asdf-vm -->
[](https://raw.githubusercontent.com/xyz-vm/xyz/master/ballad-of-xyz.md
':include')      ❸

> sed -n '$s/asdf/xyz/gp' ~/.asdf/docs/README.md                ❹
[](https://raw.githubusercontent.com/xyz-vm/xyz/master/ballad-of-xyz.md
':include')
```

❶ 輸入檔案最後一行的內容

❷ s 指令前的 $ 表示最後一行

❸ 轉換後最後一行中所有的 asdf 都變成了 xyz

❹ 透過 -n 和 p 控制輸出內容

第 1 行編輯指令 '$s/asdf/xyz/g' 將最後一行文字中的 asdf 改為 xyz，其中 address 採用了前述 3 種形式中的第 1 種：指定行。不論輸入文字實際有多少行，$ 始終表示最後一行。注意，不要和正規表示法中的 $（代表行尾）混淆。參數 g 表示取代所有比對到的字串，沒有的話則只取代一行文字中第 1 次出現的 asdf，後面的保持不變。

第 2 行指令 -n '$s/asdf/xyz/gp' 只輸出最後一行被取代後的文字，其主體與第 1 筆相同，但增加了 option -n 和 flag p。前者表示不列印原始文字（no printing 的簡寫），後者表示列印（print 的簡寫）取代後的文字，組合在一起就實現了只列印被修改文字的效果。

現在要求只將第 4 行中第 1 個 asdf 取代為 ABC，並輸出整個檔案，應該怎麼寫呢？

如果只修改指定範圍內的文字，可以用範圍的形式定義 address，如程式清單 5-34 所示。

程式清單 5-34　只修改指定範圍內的文字

```
> cat -n ~/.asdf/docs/README.md
     1  <!-- asdf-vm homepage -->
     2
     3  <!-- include the repo readme -->
     4  [](https://raw.githubusercontent.com/asdf-vm/asdf/master/README.md
':include')
     5
     6  <!-- include the ballad of asdf-vm -->
     7  [](https://raw.githubusercontent.com/asdf-vm/asdf/master/ballad-of-
asdf.md ':include')
```

```
> sed '3,5s!readme!read/me!i' ~/.asdf/docs/README.md
<!-- asdf-vm homepage -->

<!-- include the repo read/me -->
[](https://raw.githubusercontent.com/asdf-vm/asdf/master/read/me.md ':include')

<!-- include the ballad of asdf-vm -->
[](https://raw.githubusercontent.com/asdf-vm/asdf/master/ballad-of-asdf.md
':include')
```

編輯指令 '3,5s!readme!read/me!i' 將第 3 行到第 5 行範圍內文字中的 readme（不區分大小寫）取代為 read/me，其中：

☐ 表示範圍的 address 格式為 \<start>,\<end>，這裡是 3,5；

☐ s 指令的分隔符號一般用 /，但也可以使用其他字元，例如這裡為了避免與 read/me 中的字元混淆，使用！作為分隔符號（注意它的位置在指令之後，如果在指令前則可能表示反轉）；

☐ s 指令 flag 部分的 i 表示不區分大小寫（case-insensitive）。

如果指定行號和範圍都不能滿足你的要求，還有更靈活的位址定義方法：正規表示法，如程式清單 5-35 所示。

程式清單 5-35　使用正規表示法取代文字

```
> sed '/^<!-- include/s/-->/=>/g' ~/.asdf/docs/README.md
<!-- asdf-vm homepage -->

<!-- include the repo readme =>          ❶
[](https://raw.githubusercontent.com/asdf-vm/asdf/master/README.md ':include')

<!-- include the ballad of asdf-vm =>    ❷
[](https://raw.githubusercontent.com/asdf-vm/asdf/master/ballad-of-asdf.md
':include')

> sed -e '/^<!-- include/s/-->/=>/g' -e '1s/asdf/ASDF/g' ~/.asdf/docs/README.md
<!-- ASDF-vm homepage -->                ❸
```

```
<!-- include the repo readme =>
[](https://raw.githubusercontent.com/asdf-vm/asdf/master/README.md ':include')

<!-- include the ballad of asdf-vm =>
[](https://raw.githubusercontent.com/asdf-vm/asdf/master/ballad-of-asdf.md
':include')
```

❶ 第 1 個比對到的行
❷ 第 2 個比對到的行
❸ 第 2 行編輯指令產生的效果

第 1 行指令 '/^<!-- include/s/-->/=>/g' 是將所有以 <!-- include 開頭的行中的 --> 取代為⇒，s 前面用 / 包裹的 ^<!-- include 是正規表示法定義。

第 2 行指令示範了如何在一行指令中執行多個編輯指令：使用 -e 選項加上指令文字。其中第 1 行編輯指令與前面的指令內容相同（'/^<!-- include/s/- → / ⇒ /g'），第 2 行編輯指令要求將第 1 行中的 asdf 取代為 ASDF。

還有一種常見的場景，不是取代目標字串，而是在原有基礎上做一些調整，範例如程式清單 5-36 所示。

程式清單 5-36　改進取代文字

```
> sed 's/readme/<&>/ig' ~/.asdf/docs/README.md
<!-- asdf-vm homepage -->

<!-- include the repo <readme> -->             ❶
[](https://raw.githubusercontent.com/asdf-vm/asdf/master/<README>.md
':include')     ❷

<!-- include the ballad of asdf-vm -->
[](https://raw.githubusercontent.com/asdf-vm/asdf/master/ballad-of-asdf.md
':include')

> sed '1s/asdf/ASDF/g' ~/.asdf/docs/README.md | sed 's/\(asdf\)-\(vm\)/\1 - \2/ig'
<!-- ASDF - vm homepage -->        ❸

<!-- include the repo readme -->
```

```
[](https://raw.githubusercontent.com/asdf-vm/asdf/master/README.md ':include')

<!-- include the ballad of asdf - vm -->    ❹
[](https://raw.githubusercontent.com/asdf-vm/asdf/master/ballad-of-asdf.md
':include')

> sed '/^<!-- include/!s/asdf/ASDF/g' ~/.asdf/docs/README.md
<!-- ASDF-vm homepage -->        ❺

<!-- include the repo readme -->
[](https://raw.githubusercontent.com/ASDF-vm/ASDF/master/README.md ':include')

<!-- include the ballad of asdf-vm -->      ❻
[](https://raw.githubusercontent.com/ASDF-vm/ASDF/master/ballad-of-ASDF.md
':include')
```

❶ readme 被轉為 <readme>

❷ README 被轉為 <README>

❸ ASDF-vm 被轉為 ASDF - vm

❹ asdf-vm 被轉為 asdf - vm

❺ asdf 被轉為 ASDF

❻ asdf 沒有被轉為 ASDF

第 1 行指令 's/readme/<&>/ig' 將 readme（不區分大小寫）包裹進 <> 裡。由於我們事先不知道比對到的是 readme、README 還是 Readme，無法直接寫在 s 指令裡，所以用 & 表示比對到的各種情況。

第 2 行指令示範了更為複雜的轉換要求：在 asdf-vm（不區分大小寫）的橫杠兩側各插入一個空格。由於不區分大小寫，因此無法直接寫成 asdf - vm，也不能簡單地在模杠兩側插入空格（s/-/ - /g），那樣會導致 <!--、--> 、ballad-of-asdf 中的橫杠也被插入空格。

解決方法是使用正規表示法的分組（group）工具，將不變的部分放在分組中，即用括號包裹起來。例如 asdf 變成了 \(asdf\)（括號在正規表示法中需要用反斜線逸出），是第 1 組；vm 變成了 \(vm\)，是第 2 組。在取代文字裡，用 \1 代表第一組，\2 代表第 2 組，依此類推，最多可到 \9。

原始輸入檔案裡 asdf-vm 只有一種情況，所以我們用前一部分 sed '1s/asdf/ASDF/g' ~/.asdf/docs/README.md 人為構造出 ASDF-vm，透過管道交給第 2 部分 sed 's/\(asdf\)-\(vm\)/\1 - \2/ig' 處理。

最後一行指令示範了對 address 反轉的方法：加驚嘆號（！）。原本 /^<!--include/ 的意思是所有以 <!-- include 開頭的行，反轉之後 /^<!-- include/! 表示所有不以 <!-- include 開頭的行。整個編輯指令 '/^<!-- include/!s/asdf/ASDF/g' 的意思是：將所有不以 <!-- include 開頭的行中的 asdf 取代為 ASDF。

反轉不僅能與正規表示法配合使用，也可以與其他兩種 address 形式配合實現反轉的效果，這些內容後面還會講到。

5.5.3　文字行轉換

這裡的行轉換指將文字行作為一個整體操作，包含刪除、插入、取代、追加、列印等。

本節仍以 sed 作為主要轉換工具，5.5.2 節編輯指令中的各種 address 定義方法仍適用，只是 action 不同。

首先我們看一個很常見的操作，刪除空行，如程式清單 5-37 所示。

程式清單 5-37　使用 sed 刪除文字中的空行

```
> sed '/^$/d' ~/.asdf/docs/README.md
<!-- asdf-vm homepage -->
<!-- include the repo readme -->
[](https://raw.githubusercontent.com/asdf-vm/asdf/master/README.md ':include')
<!-- include the ballad of asdf-vm -->
[](https://raw.githubusercontent.com/asdf-vm/asdf/master/ballad-of-asdf.md
':include')
```

編輯指令 '/^$/d 仍然是 address+action 格式。address 部分採用第 3 種位址格式：用 / 包裹的正規表示法，其中 ^ 表示行首，$ 表示行尾，行首和行

尾之間什麼都沒有表示這是一個空行。action 部分的 d 是 delete 的簡寫，
整個指令去除空行，將不可為空行發送到標準輸出。

根據上面的介紹，$d、1,3d、/http/d 分別去掉了哪些行，保留了哪些行呢？
動手執行一下，驗證自己的想法吧。

接下來是 "三兄弟"：插入、取代、追加，放在一起看會更清楚，如程式
清單 5-38 所示。

程式清單 5-38　對特定文字行的插入、取代和追加

```
> cat -n ~/.asdf/docs/README.md           ❶
    1  <!-- asdf-vm homepage -->
    2
    3  <!-- include the repo readme -->
    4  [](https://raw.githubusercontent.com/asdf-vm/asdf/master/README.md
':include')
    5
    6  <!-- include the ballad of asdf-vm -->
    7  [](https://raw.githubusercontent.com/asdf-vm/asdf/master/ballad-of-
asdf.md ':include')

> sed '/http/i http line' ~/.asdf/docs/README.md        ❷
<!-- asdf-vm homepage -->

<!-- include the repo readme -->
http line
[](https://raw.githubusercontent.com/asdf-vm/asdf/master/README.md ':include')

<!-- include the ballad of asdf-vm -->
http line
[](https://raw.githubusercontent.com/asdf-vm/asdf/master/ballad-of-asdf.md
':include')
achao@starship ~ 2020/4/21 11:27PM Ret: 0

> sed '/http/c http line' ~/.asdf/docs/README.md        ❸
<!-- asdf-vm homepage -->
```

```
<!-- include the repo readme -->
http line

<!-- include the ballad of asdf-vm -->
http line
achao@starship ~ 2020/4/21 11:28PM Ret: 0

> sed '/http/a http line' ~/.asdf/docs/README.md          ❹
<!-- asdf-vm homepage -->

<!-- include the repo readme -->
[](https://raw.githubusercontent.com/asdf-vm/asdf/master/README.md ':include')
http line

<!-- include the ballad of asdf-vm -->
[](https://raw.githubusercontent.com/asdf-vm/asdf/master/ballad-of-asdf.md
':include')
http line
```

❶ 列印原始檔案
❷ i 指令在比對文字行前插入 http line
❸ c 指令將比對文字行取代為 http line
❹ a 指令在比對文字行後追加 http line

3 行指令的 address 部分相同：/http/，即所有包含 http 字串的行，action
分別是在前面插入行、取代目前行和在後面追加行。為保證清晰易讀，
action（i）和後面的內容（http line）之間用空格分開。

借助分行符號和指令組合能實現更豐富的效果，如程式清單 5-39 所示。

程式清單 5-39　插入、取代為多行文字以及指令組合

```
> sed '/http/i HTTP header\naddress details:' ~/.asdf/docs/README.md    ❶
<!-- asdf-vm homepage -->

<!-- include the repo readme -->
HTTP header
address details:
```

```
[](https://raw.githubusercontent.com/asdf-vm/asdf/master/README.md ':include')

<!-- include the ballad of asdf-vm -->
HTTP header
address details:
[](https://raw.githubusercontent.com/asdf-vm/asdf/master/ballad-of-asdf.md
':include')
achao@starship ~ 2020/4/21 11:40PM Ret: 0

> sed '/http/c HTTP header\nHTTP address\nAddress over' ~/.asdf/docs/README.
md      ❷
<!-- asdf-vm homepage -->

<!-- include the repo readme -->
HTTP header
HTTP address
Address over

<!-- include the ballad of asdf-vm -->
HTTP header
HTTP address
Address over

> sed -e '/http/i HTTP header:' -e '/http/a More details...'  ~/.asdf/docs/
README.md      ❸
<!-- asdf-vm homepage -->

<!-- include the repo readme -->
HTTP header:
[](https://raw.githubusercontent.com/asdf-vm/asdf/master/README.md ':include')
More details...

<!-- include the ballad of asdf-vm -->
HTTP header:
[](https://raw.githubusercontent.com/asdf-vm/asdf/master/ballad-of-asdf.md
':include')
More details...
```

❶ 插入兩行文字，行間用 \n 分隔
❷ 取代為三行文字，行間用 \n 分隔
❸ 組合插入和追加指令

前兩行指令透過在 i 和 c 的取代參數裡加入分行符號 \n 實現了插入、取代為多行文字的效果。第 3 行指令使用兩個 -e 選項實現對目標行同時做插入和追加操作。

最後一個比較常用的 action 是 p（print 的簡寫）。它主要與 -n 選項群組合使用，列印出 address 比對到的行，如程式清單 5-40 所示。

```
程式清單 5-40   使用 p 列印比對行
> sed -n '3,5!p' ~/.asdf/docs/README.md          ❶
<!-- asdf-vm homepage -->

<!-- include the ballad of asdf-vm -->
[](https://raw.githubusercontent.com/asdf-vm/asdf/master/ballad-of-asdf.md
':include')

> sed -n '/http/p' ~/.asdf/docs/README.md          ❷
[](https://raw.githubusercontent.com/asdf-vm/asdf/master/README.md ':include')
[](https://raw.githubusercontent.com/asdf-vm/asdf/master/ballad-of-asdf.md
':include')
```

❶ 範圍型 address 加驚嘆號表示對範圍反轉，即除 3 ～ 5 行外的其他文字行
❷ 列印包含 http 的文字行

你會發現 p 指令和文字搜尋部分介紹的 grep 指令功能類似，二者都可以使用正規表示法作為比對工具，只是 grep 功能單一，寫法相對簡潔一些。

5.5.4 文字列篩選

假設有這樣一個資料表，在前面學生資訊的基礎上還包含了每個人的成績，如程式清單 5-41 所示。

程式清單 5-41　學生資訊和成績表

```
> cat ~/Documents/scores.csv
ID, 學號 , 姓名 , 性別 , 年齡 , 年級 , 語文 , 數學 , 英語
1,202001, 程新 , 男 ,12,5,92,95,88
2,202002, 單樂原 , 男 ,11,4,86,92,90
3,202003, 彭維珊 , 女 ,13,6,94,85,82
4,202004, 劉子喬 , 女 ,10,3,88,84,82
5,202005, 王立波 , 男 ,11,4,92,95,98
```

現在需要分析出每個學生的學號和各科成績，供後續統計，即以逗點作為列分隔符號，分析每行文字的第 2、第 7、第 8、第 9 這 4 列。

或許可以借助字串轉換方法，用正規表示法比對出需要保留的列，然後用分組參考的方法分析目標列（參考程式清單 5-36 第 2 行指令）。這個方法理論上可行，但實現比較複雜，不理想。

除了資料檔案，以普通文字格式（而非 CSV 格式）寫成的檔案也會有按列處理的需求。例如為一篇列寬 80 的文章產生一段預覽，列寬變為 60，例如用 cat 指令在列寬為 60 的終端視窗中輸出檔案 ~/.asdf/docs/thanks.md，如程式清單 5-42 所示。

程式清單 5-42　thanks.md 檔案原始狀態

```
> cat ~/.asdf/docs/thanks.md
## Credits

Me ([@HashNuke](https://github.com/HashNuke)), High-fever, cold, cough.

Copyright 2014 to the end of time ([MIT License](https://github.com/asdf-vm/
asdf...

## Maintainers

- [@HashNuke](https://github.com/HashNuke)
- [@danhper](https://github.com/danhper)
- [@Stratus3D](https://github.com/Stratus3D)
```

```
- [@vic](https://github.com/vic)
- [@jthegedus](https://github.com/jthegedus)

## Contributors

See the [list of contributors](https://github.com/asdf-vm/asdf/graphs/...
```

在這些場景中，我們需要一種工具，將每行文字按某種規則拆分成獨立的列，方便重新組織。例如第 1 種場景中，每行按逗點拆開，第 1 列是 ID，第 2 列是學號，等等。第 2 種場景中，每個字元是獨立的一列，由於產生文章預覽不需要顯示完整內容，保留每行前 60 個字元即可。

shell 中最適合完成這類工作的是 cut，對於第 1 種場景，只要告訴它以逗點分隔，取第 2 列和第 7 列到第 9 列即可，如程式清單 5-43 所示。

程式清單 5-43　使用 cut 分析指定列
```
> cut -d',' -f2,7-9 ~/Documents/scores.csv
學號,語文,數學,英語
202001,92,95,88
202002,86,92,90
202003,94,85,82
202004,88,84,82
202005,92,95,98
```

這裡 -d 指定分隔符號（delimiter）為逗點（注意是英文逗點）。-f 指出按域（field，而非字元）拆分行，並分析指定列：2,7-9。不連續的列以逗點分隔，連續列不需要都寫出來，可以簡寫為 start-end。

對於第 2 種場景，則要透過 -c 選項告訴 cut 按字元拆分，如程式清單 5-44 所示。

程式清單 5-44　使用 cut 將文字行截斷為指定寬度
```
> cut -c1-60 ~/.asdf/docs/thanks.md
## Credits
```

```
Me ([@HashNuke](https://github.com/HashNuke)), High-fever, c

Copyright 2014 to the end of time ([MIT License](https://git

## Maintainers
- [@HashNuke](https://github.com/HashNuke)
- [@danhper](https://github.com/danhper)
- [@Stratus3D](https://github.com/Stratus3D)
- [@vic](https://github.com/vic)
- [@jthegedus](https://github.com/jthegedus)

## Contributors

See the [list of contributors](https://github.com/asdf-vm/as
```

這裡 -c1-60 表示分析第 1 個到第 60 個字元。

-f、-c 的列範圍定義除了明確指出起始（start-end）位置，還可以用 -n 表示第 1 列到第 n 列。例如上面的 -c1-60 可以寫為 -c-60。也可以用 m- 表示第 *m* 列到最後一列。例如 -c61- 表示第 61 個字元到行尾。那麼問題來了，cut -d',' -f7- ~/Documents/scores.csv 會輸出哪些列呢？

最後，當列比較多並且只需要去掉其中少數幾列時，把需要保留的寫出來會很麻煩。我們需要像使用 sed address 後的驚嘆號一樣，透過某些運算式來表示除列出的幾列外，其他都要，簡便做法如程式清單 5-45 所示。

程式清單 5-45　透過 --complement 選項選擇除 ID 外的其他列

```
> cut -d',' -f1 --complement ~/Documents/scores.csv
學號,姓名,性別,年齡,年級,語文,數學,英語
202001,程新,男,12,5,92,95,88
202002,單樂原,男,11,4,86,92,90
202003,彭維珊,女,13,6,94,85,82
202004,劉子喬,女,10,3,88,84,82
202005,王立波,男,11,4,92,95,98
```

沒錯，就像上面幾行程式所顯示的那樣，只要在 field 列表 -f1 後面加上 --complement 就可以實現我們需要的功能。

5.6　常用文字處理指令一覽

表 5-1 列出了常見的文字處理工作及其對應的指令。

表 **5-1**　常用文字處理指令

文字處理工作		指令
文字瀏覽		less
文字搜尋		grep、ag
文字連接	行連接	cat、>>
	列連接	paste
文字轉換	字元轉換	tr
	字串轉換	s 指令（sed 編輯器）
	文字行轉換	d、i、c、a、p 等指令（sed 編輯器）
	文字列篩選	cut

5.7　小結

本章說明了在過去和現在（以及可預見的未來）的科技水準下，資訊最主要的展現形式——文字的處理方法。

說明在豐富多樣的資訊展示形式中文字仍然處於核心位置的原因之後，本章主體內容按照資訊流向分為以下兩個主要部分。

(1)　資訊輸入：如何從文字中分析有興趣的資訊，包含巨觀的文字瀏覽技術和微觀的文字搜尋技術。

(2)　資訊輸出：以已有資訊為基礎，如何創造新資訊，並將其儲存到檔案中。從粗細微性的檔案級處理，到細細微性的字元、字串、文字行和列處理，都做了介紹。

本章介紹的應用不是彼此割裂的,而是能透過管道符號等工具有機地組合在一起——每個工具像一塊積木,透過不同的組合方式,可以實現從簡單到複雜的各種功能要求。這種 1+1>2 的特點是互動列應用的一大優勢,在後面的章節中還會不斷表現。

## 第 6 章

點石成金：
資料分析

在所有關於自然的特定理論中，我們能夠發現多少數學，
就能發現多少真正的科學。

——康德

透過第 5 章的介紹，我們已經能夠對表格資料（tabular data）進行簡單處理了，例如列連接和篩選等。不過這些操作是從純粹的"文字"角度看待資料的，如果要對它們做些計算統計，例如計算每個學生各門功課的平均分，列處理工具就無能為力了。可能你會感到奇怪，這類工作難道不是試算表處理軟體（例如 Excel 或 Numbers）做的嗎？就算不想付費購買商務軟體，還有開放原始碼的 LibreOffice Calc 可用，為什麼要在互動列裡分析資料呢？

圖形化的試算表處理軟體確實可以很好地完成資料分析工作，但面對一個包含 15000 名學生成績的資料檔案，要計算每個學生的各門功課平均分，大致會經歷以下過程：

(1) 啟動試算表軟體，關掉時不時冒出來的升級或廣告彈窗；

(2) 點擊"開啟檔案"選單，開啟資料檔案；

(3) "檔案編碼解析失敗"是為什麼？上網搜尋一番，原來是編碼問題，指定 UTF-8 編碼，總算開啟了檔案；

(4) 修正了幾處缺失或格式錯誤的資料，雖說有點卡，但還不影響使用；

(5) 計算平均值的選單在什麼位置想不起來了，再上網查詢一番；

(6) 滑動滑鼠選取包含成績的各列，點擊確認；

(7) 滑鼠變成了漏斗、漩渦或其他可愛的小東西，即使盯著它發呆也不會感覺無聊。

下樓取個快遞，回來去趟洗手間，再次坐到電腦前，介面還在"轉圈圈"，更糟糕的是試算表軟體不回應滑鼠點擊了。只好強制關閉，再次開啟，不但平均值沒算出來，一開始修改的幾處例外資料也沒有儲存。

與此同時，某個平行世界中的你，默默地敲了程式清單 6-1 所示的指令。

```
程式清單 6-1    使用 awk 計算平均分
> awk -F',' 'NR>1 {print $1": " ($7 + $8 + $9)/3}' scores.csv    ❶
1: 91.6667    ❷
2: 89.3333
3: 87
4: 84.6667
5: 95
...
```

❶ 假設學生成績資料儲存在 scores.csv 裡
❷ 每行代表一個學生三門功課的平均分

瞬間得到了答案。

不用購買、安裝、學習任何試算表軟體，許多資訊處理工作只用一行程式就能搞定。

是不是有些躍躍欲試了？在進入實際的分析場景之前，我們先來了解一些必要的背景知識。

◎ 6.1 資料格式和分析工具

首先以第 5 章的學生資訊和成績表為例,看看表格資料的特點,如程式清單 6-2 所示。

程式清單 6-2 學生資訊和成績表內容

```
> xsv table scores.csv
ID    學號  姓名 性別 年齡 年級 語文 數學 英語
1     202001  程新 男 12    5      92     95     88
2     202002  單樂原 男 11   4      86     92     90
3     202003  彭維珊 女 13   6      94     85     82
4     202004  劉子喬 女 10   3      88     84     82
5     202005  王立波 男 11   4      92     95     98
...
```

xsv 的安裝過程請參考程式清單 3-61(也可以透過 brew install xsv 安裝), 它的 table 指令將表格資料列印成方便檢視的形式,第 1 行是標頭,後面 是資料。

表中包含 5 行(row)、9 列(column)資料,每行叫作一筆記錄(record), 每列叫作一個特徵(attribute)。每筆記錄包含一個學生的資訊,由 9 個 欄位(field)組成,每筆記錄包含特徵的數量和順序都必須一致。

同一特徵中,欄位的資料類型要一致,例如"年級"在 5 筆記錄中不是都 是整數,就是都是字串,不能既有"4"又有"五"。但不同特徵的資料 類型可以不一樣,例如"姓名"是字串類型,"語文"則是實數類型。

儲存表格資料的檔案,常見的有 CSV 和 TSV 兩種格式,本章的分析物件 都採用 CSV 格式,如程式清單 6-3 所示。

程式清單 6-3 學生資訊和成績表的原始文字

```
> head scores.csv
ID,學號,姓名,性別,年齡,年級,語文,數學,英語
1,202001,程新,男,12,5,92,95,88
```

```
2,202002, 單樂原 , 男 ,11,4,86,92,90
3,202003, 彭維珊 , 女 ,13,6,94,85,82
4,202004, 劉子喬 , 女 ,10,3,88,84,82
5,202005, 王立波 , 男 ,11,4,92,95,98
```

CSV 格式使用英文逗點作為欄位分隔符號，TSV 格式採用定位字元 Tab 分隔欄位，其他與 CSV 格式相同，這裡不再贅述。

一個 CSV 檔案包含的資料大致相當於一個單頁 xlsx（Excel）檔案，或關聯式資料庫中的一張表（table）。為了實現比試算表軟體更方便、更強大的處理能力，我們需要一些稱手的工具。

首先介紹一位新面孔：GNU awk，也就是程式清單 6-1 中使用的工具。它是 AWK 語言的一種實現，這是一種資料驅動（data-driven）的指令碼語言，得名於 3 位作者姓氏字首的縮寫。它的工作模式和 sed 有類似之處：每次取輸入檔案的一行進行處理；可以包含多筆處理敘述；每筆處理敘述也寫成類似於 address+action 的形式。awk 與 sed 的不同之處如下。

☐ awk 為文字處理和資料分析提供了豐富的基礎設施。在簡單的處理場景中，比通用程式語言（例如 Python、Java 等）更簡潔。

☐ 在開始迴圈處理每行文字之前以及處理完所有文字之後，awk 可以定義預先處理和後處理邏輯，表達能力更強。

☐ awk 是圖靈完備的程式語言，有條件判斷、迴圈等敘述，能夠定義變數和陣列，可以撰寫函數，實現非常複雜的處理邏輯。

除了 awk，另一位主角 VisiData（安裝過程如程式清單 3-58 所示）是個文字使用者介面（text-based user interface，TUI）應用，與大多數指令 "行" 應用不同，TUI 應用執行時佔用整個螢幕（所有行）。有些還支援滑鼠操作。這時你可能想到了 Vim，沒錯，Vim 也是一個 TUI 應用。

TUI 具備圖形應用即時回饋的特點（所以也叫互動式工具），同時保留了互動列應用回應速度快、佔用資源少、傳輸資料量小（在遠端工作時對使用者體驗影響很大）的優勢。不過俗話說"沒有銀彈"，TUI 和 GUI 一樣，很難透過管道符號與其他應用協作，也不方便作為指令稿的一部分架設自動化工具。

下面我們先介紹適合批次自動化處理的非互動式分析方法，再介紹以資料探索和了解為主的互動式分析方法。

6.2 產生範例資料

為了方便示範各種場景下的分析方法，需要合適的資料集作為範例。這裡我們按照規模大小選擇了加州大學爾灣分校（UCI）的兩個資料集：

☐ 汽車資料集（Automobile Data Set），包含幾百種車型的多項參數；

☐ 收入資料集（Adult Data Set），包含幾萬名受訪者的個人資訊。

首先將原始資料轉為 CSV 格式資料，如程式清單 6-4 所示。

程式清單 6-4　將原始資料轉為 CSV 格式資料

```
> wget https://archive.ics.uci.edu/ml/machine-learning-databases/autos/
imports-85.data ❶

> cat <(echo 'symboling,normalized-losses,make,fuel-type,aspiration,'\    ❷
'num-of-doors,body-style,drive-wheels,engine-location,wheel-base,length,width,'\
'height,curb-weight,engine-type,num-of-cylinders,engine-size,fuel-system,'\
'bore,stroke,compression-ratio,horsepower,peak-rpm,city-mpg,highway-
mpg,price') \
imports-85.data > smallset.csv

> wget https://archive.ics.uci.edu/ml/machine-learning-databases/adult/
adult.data         ❸

> sed 's/, /,/g' adult.data > adult.csv                                   ❹

> cat <(echo 'age,workclass,fnlwgt,education,education-num,'\              ❺
'marital-status,occupation,relationship,race,sex,capital-gain,'\
'capital-loss,hours-per-week,native-country,income') adult.csv > bigset.csv
```

❶ 下載汽車範例資料

❷ 為汽車資料集增加標頭，結果儲存在 smallset.csv 檔案中

❸ 下載收入範例資料

❹ 使用 sed 的字串取代指令去掉資料檔案中多餘的空格

❺ 為收入資料集增加標頭，結果儲存在 bigset.csv 檔案中

首先用 wget 指令從加州大學爾灣分校的 Machine Learning Repository 將
原始資料檔案下載到本機磁碟。由於這些檔案都不包含標頭，所以用 cat
增加標頭。這裡使用了輸入重新導向技術 <()，將指令 echo 的輸出轉為
cat 指令的輸入，和後面的 imports-85.data 組合在一起，儲存到 smallset.
csv 檔案中。這個轉換也可以用 sed 的插入指令實現，不妨動手實現一下。

◎ 6.3　資料概覽

面對一個陌生資料檔案，我們首先想了解的是一些綜合性資訊，例如包含
多少筆記錄、多少個特徵，每個特徵的類型和設定值範圍等，如程式清單
6-5 所示。

程式清單 6-5　取得資料集概要資訊

```
> xsv count smallset.csv          ❶
205

> xsv headers smallset.csv        ❷
1    symboling
2    normalized-losses
3    make
4    fuel-type
5    aspiration
6    num-of-doors
7    body-style
8    drive-wheels
9    engine-location
10   wheel-base
11   length
12   width
```

```
13   height
14   curb-weight
15   engine-type
16   num-of-cylinders
17   engine-size
18   fuel-system
19   bore
20   stroke
21   compression-ratio
22   horsepower
23   peak-rpm
24   city-mpg
25   highway-mpg
26   price

> xsv stats -s make smallset.csv|xsv table      ❸
field   type       sum   min            max     min_length   max_length   mean   stddev
make    Unicode          alfa-romero    volvo   3            13
```

❶ 使用 count 指令列印資料集的記錄數
❷ 使用 headers 指令列印資料集的特徵清單
❸ 使用 stats 指令的 -s 選項列印特徵 make 的統計資訊

xsv 的 count 指令計算資料集中包含多少筆記錄，傳回結果 205 表示 smallset.csv 資料集包含 205 筆記錄。接下來的 headers 指令列出了所有特徵的名字，從序號可以看出該資料集包含 26 個特徵。如果還想了解每個特徵更詳細的資訊，就要用到 stats 指令了，它能根據每列資料的形式推斷出類型。這裡我們選擇了代表生產廠商的特徵 make，將統計結果透過管道符號讓 xsv 的 table 指令格式化以方便閱讀。

要列出所有特徵的統計資訊也很方便，如程式清單 6-6 所示。

程式清單 6-6　列印資料集概要資訊
```
> xsv stats smallset.csv | xsv table
field        type      sum    min    max    min_length   max_length   mean
stddev
```

```
symboling    Integer   171    -2      3        1            2
0.8341463414634145    1.242265781250978
normalized-losses  Unicode  101    ?        1            3
make         Unicode   alfa-romero  volvo  3            13
fuel-type    Unicode   diesel gas    3        6
aspiration   Unicode   std    turbo  3        5
num-of-doors          Unicode    ?        two          1            4
body-style   Unicode   convertible  wagon  5            11
drive-wheels          Unicode    4wd      rwd          3            3
engine-location       Unicode    front    rear         4            5
wheel-base   Float     20245.100000000024  86.6     120.9        2    6
98.75658536585362    6.007070472147535
length       Float     35680.10000000003   141.1    208.1        6    6
174.04926829268288    12.307160792874921
width        Float     13511.099999999993  60.3     72.3         5    5
65.90780487804875    2.1399652518208305
height       Float     11013.600000000008  47.8     59.8         5    5
53.724878048780475    2.4375548743804125
curb-weight  Integer   523891 1488   4066   4        4
2555.5658536585365    519.4086992752509
engine-type  Unicode   dohc    rotor  1        5
num-of-cylinders      Unicode    eight    two          3            6
engine-size  Integer   26016  61      326    2        3
126.90731707317067    41.54100172732023
fuel-system  Unicode   1bbl    spfi   3        4
bore         Unicode   2.54    ?        1        4
stroke       Unicode   2.07    ?        1        4
compression-ratio  Float    2079.2200000000003        7            23   4    5
10.142536585365859    3.9623405752190672
horsepower   Unicode   100     ?        1        3
peak-rpm     Unicode   4150    ?        1        4
city-mpg     Integer   5170   13      49     2        2
25.21951219512195    6.526165703262262
highway-mpg  Integer   6304   16      54     2        2
30.751219512195117    6.869626394897536
price        Unicode   10198  ?        1        5
```

stats 指令不加 -s 選項就會列印所有特徵的統計資訊，從上面的結果中可
以看到對不同類型特徵的統計項目。

字串類型特徵：例如 make（生產廠商）、fuel-type（燃油類型）等，列出最大值、最小值（按字母排序）以及字串的最大長度、最小長度。

☐ 整數類型特徵：例如 symboling（某一車型保險賠付的風險等級），除了列出字串類型的 4 項統計值，還有總計（sum）、平均數（mean）和標準差（stddev，表示資料的分散程度，值越大，資料越分散）。

☐ 實數類型特徵：例如車的長（length）、寬（width）、高（height）等，統計指標和整數類型相同。

上面的統計結果中，有些特徵的類型判斷有問題，例如 horsepower（引擎馬力[a]）、peak-rpm（峰值轉速）和 price（價格），顯然都應該是實數類型，但被判斷成了字串（Unicode）類型。原因是資料集中存在缺失資料，這些缺失的位置預設用？填補，類型判斷演算法發現這些值無法轉為實數，就把特徵類型標記成了字串。現實世界中的資料絕大多數存在各種各樣的問題，需要人根據實際情況靈活做出調整，而這正是 TUI 程式所擅長的。

下面我們看看如何使用 VisiData 檢視資料集的概要資訊。首先用 VisiData 開啟 smallset.csv，如程式清單 6-7 所示。

程式清單 6-7　使用 VisiData 開啟資料集

```
> vd smallset.csv        ❶

symboling | normalized-losses | make         | fuel-type | aspiration ...
3         | ?                 | alfa-romero  | gas       | std
3         | ?                 | alfa-romero  | gas       | std
1         | ?                 | alfa-romero  | gas       | std
2         | 164               | audi         | gas       | std
2         | 164               | audi         | gas       | std
...

smallset|                 ❷
```

---

a　馬力是功率的非法定計量單位，1 馬力約合 735 瓦。

❶ TUI 應用啟動後會更新螢幕，而非在指令下面直接輸出。本書在指令（vd smallset.csv）和 TUI 內容間增加一個空行顯示這一區別，下同

❷ 表單名稱

VisiData 的指令是 vd。開啟資料集後，呈現在我們面前的是包含在 smallset.csv 中的資料的表單（sheet）。表單是 VisiData 中展示資料和計算結果的基本單位。每個表單都有自己的名字，顯示在視窗左下角。例如現在螢幕左下角顯示的是 smallset，表示目前表單的名字是 smallset，即包含 smallset.csv 原始資料的表單。後續我們會看到更多其他類型的表單，並可以透過使用 S 鍵在各個表單間跳躍，使用 q 退出目前表單。

現在 smallset 表單中所有欄位都是左對齊的，表示它們的類型是字串。VisiData 提供了字串（預設類型）、整數、實數等幾種常見資料類型，並透過設定不同對齊方式和標記方便我們檢視。

☐ 字串（string）類型：欄位左對齊，用 ~ 標記（或無標記）。

☐ 整數（int）類型：欄位右對齊，用 # 標記。

☐ 實數（float）類型：欄位右對齊，用 % 標記。

☐ 日期（date）類型：欄位右對齊，用 @ 標記。

☐ 貨幣（currency）類型：欄位右對齊，用 $ 標記。

在沒有任何操作的情況下，第 1 個特徵 symboling 處於反白狀態，表示它是 "目前" 特徵。這個反白的矩形叫作游標（cursor），用 l 鍵向右移動，用 h 鍵向左移動（又是 Vim 風格快速鍵）。左右移動一下，再移回 symboling 特徵，現在按 # 鍵把它設定為整數類型，再向右移動到 normalized-losses 特徵上，按 % 鍵將其設定為實數類型，如程式清單 6-8 所示。

```
程式清單 6-8    在 VisiData 中標記特徵類型

symboling  #| normalized-losses %| make         | fuel-type | aspiration ...
        3 | ?                  !| alfa-romero | gas       | std
        3 | ?                  !| alfa-romero | gas       | std
        1 | ?                  !| alfa-romero | gas       | std
        2 |           164.00    | audi        | gas       | std
        2 |           164.00    | audi        | gas       | std
        2 | ?                  !| audi        | gas       | std
...

smallset|
```

設定後欄位名稱後面分別加上了 # 和 % 標記，表示類型設定生效，並且
欄位變成了右對齊。雖然手動設定類型比自動判斷麻煩一點，但避免了資
料缺失等問題導致的類型判斷錯誤。

要獲得某個特徵的統計資訊，只要選取該特徵（將游標移動到該特徵
上），然後按 F 鍵即可。以 symboling 為例，按 F 鍵後出現一個新表單，
如程式清單 6-9 所示。

```
程式清單 6-9    使用 VisiData 檢視 symboling 特徵的分佈情況

symboling  #‖count  #| percent  %| histogram
        0 ‖67  |      32.68 | ********************************
        1 ‖54  |      26.34 | **************************
        2 ‖32  |      15.61 | ****************
        3 ‖27  |      13.17 | *************
       -1 ‖22  |      10.73 | ***********
       -2 ‖3   |       1.46 | *

smallset_symboling_freq|
```

這個名為 smallset_symboling_freq 的表單包含 4 列，從左向右依次如下。

❑ 特徵設定值：包含從 –2 到 3 共 6 個值。

□ 某個設定值對應的記錄數：可以看到原始資料集中，symboling 包含了
　67 個 0、54 個 1，等等。

□ 某個設定值在整體中的佔比。

□ 以長條圖形式展示的佔比大小。

按 q 鍵關閉這個表單，回到 smallset 表單。這樣就完成了對一個整數型特
徵的分析。下面用同樣的方法分析實數型特徵 normalized-losses 和字串型
特徵 make，如程式清單 6-10 和程式清單 6-11 所示。

程式清單 6-10　檢視特徵 normalized-losses 的統計資訊

```
normalized-losses  %‖ count  #| percent  %| histogram
could not convert…!‖    41 |    20.00 | ********************
           161.00 ‖    11 |     5.37 | *****
            91.00 ‖     8 |     3.90 | ****
           150.00 ‖     7 |     3.41 | ***
           104.00 ‖     6 |     2.93 | ***
...

smallset_normalized-losses_freq|
```

這個特徵中有 20%（41 個欄位）由於資料缺失或其他原因無法轉為實數，
在能夠正確轉換的欄位中，161.00 出現的次數最多，後面依次是 91.00、
150.00 等。

程式清單 6-11　檢視特徵 make 的統計資訊

```
make           ‖ count  #| percent  %| histogram
toyota         ‖    32 |    15.61 | ****************
nissan         ‖    18 |     8.78 | *********
mazda          ‖    17 |     8.29 | ********
honda          ‖    13 |     6.34 | ******
mitsubishi     ‖    13 |     6.34 | ******
...

smallset_make_freq|
```

可以看到排名前五的生產商分別是：Toyota、Nissan、Mazda、Honda 和 Mitsubishi。

除了分析目前特徵，用 I 鍵產生類似於程式清單 6-6 的所有特徵統計概覽，如程式清單 6-12 所示。

程式清單 6-12　在 VisiData 中產生所有特徵統計資訊概覽

column	errors	nulls	distinct	mode ~	min ~	max ~	median ~	mean %	tdev %
symboling	0	0	6	0	-2	3	1	0.83	1.25
normalized-losses	41	0	51	161.0	65.0	256.0	115.0	122.00	35.44
make	0	0	22	toyota				!	!
fuel-type	0	0	2	gas				!	!
aspiration	0	0	2	std				!	!
num-of-doors	0	0	3	four				!	!
body-style	0	0	5	sedan				!	!
drive-wheels	0	0	3	fwd				!	!
engine-location	0	0	2	front				!	!
wheel-base	0	0	53	94.5	86.6	120.9	97.0	98.76	6.02
length	0	0	75	157.3	141.1	208.1	173.2	174.05	12.34
width	0	0	44	63.8	60.3	72.3	65.5	65.91	2.15
height	0	0	49	50.8	47.8	59.8	54.1	53.72	2.44
curb-weight	0	0	171	2385.0	488.0	4066.0	2414.0	2555.57	520.68
engine-type	0	0	7	ohc				!	!
num-of-cylinders	0	0	7	four				!	!
engine-size	0	0	44	122.0	61.0	326.0	120.0	126.91	41.64
fuel-system	0	0	8	mpfi				!	!
bore	4	0	38	3.62	2.54	3.94	3.31	3.33	0.27
stroke	4	0	36	3.4	2.07	4.17	3.29	3.26	0.32
compression-ratio	0	0	32	9.0	7.0	23.0	9.0	10.14	3.97
horsepower	2	0	59	68.0	48.0	288.0	95.0	104.26	39.71
peak-rpm	2	0	23	5500.0	4150.0	6600.0	5200.0	5125.37	479.33
city-mpg	0	0	29	31.0	13.0	49.0	24.0	25.22	6.54
highway-mpg	0	0	30	25.0	16.0	54.0	30.0	30.75	6.89
price	4	0	186	16500.0	5118.0	45400…	10295.0	13207.…	7947.07

```
smallset_describe|
```

對於字串型特徵，列出了錯誤值個數（errors）、缺失值個數（nulls）、不同值個數（distinct，一個集合中去重後剩下不同值的數量，例如 1, 2, 3, 3, 2, 8 去重後是 1, 2, 3, 8，所以不同值個數為 4）和眾數（mode，一個集合中出現次數最多的元素）。對於整數型和實數型特徵，除了以上 4 個量，還列出了最大值（max）、最小值（min）、中位數（median）、平均值（mean）和標準差（stdev）。

完成分析後，按 q 鍵退出 VisiData。

6.4 資料抽樣和排序

了解資料集的統計特徵後，就要對資料做更細緻的分析了。當資料量比較大時，經常需要透過抽樣（sample）取出部分資料，再排序，以分析資料中隱藏的規律。

以範例資料 bigset.csv 為例，它包含 32561 筆受訪者資訊，下面我們隨機從中取出 10 筆受訪者記錄，如程式清單 6-13 所示。

程式清單 6-13　使用 shell 附帶工具實現資料抽樣

```
> shuf -n 10 bigset.csv | xsv table | less -S

48   Private          130812   HS-grad        9    Married-civ-spouse   ...
45   Self-emp-inc     121836   Some-college   10   Married-civ-spouse   ...
46   Private          169953   Some-college   10   Divorced             ...
35   Private          26999    Bachelors      13   Separated            ...
26   Private          121559   HS-grad        9    Married-civ-spouse   ...
23   Private          32950    Some-college   10   Never-married        ...
40   Self-emp-not-inc 45093    HS-grad        9    Divorced             ...
53   Self-emp-not-inc 284329   Masters        14   Divorced             ...
47   Private          201865   HS-grad        9    Married-civ-spouse   ...
24   Private          450695   Some-college   10   Never-married        ...
```

使用 shell 附帶的 shuf（shuffle 的簡寫）工具做資料抽樣，在 -n 後面加上希望取出樣本的數量即可。為了讓輸出結果易於閱讀，將結果文字透過管道符號交給 xsv 的 table 指令格式化。由於 bigset.csv 有 15 個特徵，輸出結果每行都很長，直接輸出到螢幕上會發生換行，所以最後再交給 less 在分頁器中顯示，透過左右方向鍵在水平方向上捲動。

對樣本按學歷排序，結果如程式清單 6-14 所示。

程式清單 6-14　使用 shell 附帶工具對樣本字串特徵排序

```
> shuf -n 10 bigset.csv | sort -t, -k4 | xsv table | less -S

17   Private     130125   10th          6    Never-married        ...
39   Local-gov   43702    Assoc-voc     11   Married-civ-spouse   ...
77   Local-gov   144608   HS-grad       9    Married-civ-spouse   ...
30   Private     111415   HS-grad       9    Married-civ-spouse   ...
31   Private     178841   HS-grad       9    Never-married        ...
42   Private     180019   HS-grad       9    Never-married        ...
62   Private     270092   Masters       14   Married-civ-spouse   ...
44   Private     279183   Some-college  10   Married-civ-spouse   ...
40   Local-gov   188436   Some-college  10   Married-civ-spouse   ...
46   Private     188861   Some-college  10   Married-civ-spouse   ...
```

將 shuf 取得的樣本透過管道符號傳給 sort 指令排序，這裡 -t, 表示以逗點作為分隔符號，-k4 表示以第 4 列（education，字串類型）作為排序標準。

也可以按年齡排序，如程式清單 6-15 所示。

程式清單 6-15　使用 shell 附帶工具對樣本數值特徵排序

```
> shuf -n 10 bigset.csv | sort -t, -n -k1 | xsv table | less -S

21   State-gov   145651   Some-college  10   Never-married        ...
23   Private     69911    Preschool     1    Never-married        ...
26   ?           130832   Bachelors     13   Never-married        ...
26   Private     247455   Bachelors     13   Married-civ-spouse   ...
27   Private     213421   Prof-school   15   Never-married        ...
28   Private     251905   Prof-school   15   Never-married        ...
30   Private     78980    Assoc-voc     11   Married-civ-spouse   ...
33   Private     391114   HS-grad       9    Never-married        ...
```

```
34  Private     185063  Some-college  10  Married-civ-spouse  ...
51  Private     259323  Bachelors     13  Married-civ-spouse  ...
```

與字串類型特徵相比，除了 -k 的參數從 4 變成了 1，對數值型特徵排序時增加了 -n 選項，用以告訴 sort 要排序的是數值而非文字。那麼二者的區別是什麼呢？假設需要對 9 和 25 進行排序，如果是數數值型態，9 排在 25 前面（9<25）；如果是文字類型，9 則排在 25 後面（按字母排序，9 排在 25 的第 1 個字元 2 後面）。

使用附帶工具的優點是不需要安裝應用。在不能安裝應用的伺服器上，這是唯一可行的方案。另外，這類通用處理工具適用面廣，任何文字檔都能處理。而缺點同樣來自它的通用性：不區分 CSV 檔案的標頭和資料，輸出結果不會保留標頭。

更 "專業" 的方法是使用 CSV 處理工具進行抽樣，如程式清單 6-16 所示。

程式清單 6-16　使用 CSV 處理工具實現資料抽樣

```
> xsv sample 10 bigset.csv | xsv table | less -S

age workclass    fnlwgt  education     education-num  marital-status       ...
58  Local-gov    54947   Some-college  10             Never-married        ...
44  Private      95255   Some-college  10             Divorced             ...
32  Private      180284  10th          6              Married-civ-spouse   ...
21  ?            314645  Some-college  10             Never-married        ...
41  Federal-gov  510072  Bachelors     13             Married-civ-spouse   ...
41  State-gov    48997   HS-grad       9              Married-civ-spouse   ...
37  Private      232614  HS-grad       9              Divorced             ...
36  Private      132879  HS-grad       9              Divorced             ...
17  ?            258872  11th          7              Never-married        ...
33  Private      202046  Bachelors     13             Never-married        ...
```

這裡使用 xsv 的 sample 指令，加上要取出的樣本數量 10，實現了從 bigset.csv 檔案中抽樣的操作。

下面對樣本按學歷排序，如程式清單 6-17 所示。

程式清單 6-17　使用 xsv 對文字特徵排序

```
> xsv sample 10 bigset.csv | xsv sort -s4 | xsv table | less -S

age   workclass        fnlwgt   education      education-num  marital-status      ...
39    State-gov        121838   HS-grad        9              Divorced            ...
44    Private          214838   HS-grad        9              Married-civ-spouse  ...
23    Private          227471   HS-grad        9              Never-married       ...
81    Self-emp-not-inc 137018   HS-grad             9         Widowed             ...
21    Private          154165   HS-grad        9              Never-married       ...
32    Private          34437    HS-grad        9              Never-married       ...
30    Private          156718   HS-grad        9              Never-married       ...
65    Private          154171   Prof-school 15                Married-civ-spouse  ...
20    Private          56322    Some-college   10             Never-married       ...
55    State-gov        153788   Some-college   10             Married-civ-spouse  ...
```

將抽樣結果透過管道符號傳給 xsv 的 sort 指令，透過 -s4 要求 xsv 按照第 4 列（education）欄位值的字母排序排序。可以看到相同學歷的記錄放在了一起。

然後按照年齡排序，如程式清單 6-18 所示。

程式清單 6-18　使用 xsv 對數值特徵排序

```
> xsv sample 10 bigset.csv | xsv sort -N -s1 | xsv table | less -S

age workclass        fnlwgt education      education-num marital-status        ...
36  Self-emp-not-inc 340001 HS-grad        9             Married-civ-spouse    ...
41  Federal-gov      168294 HS-grad        9             Married-civ-spouse    ...
45  Private          297676 Assoc-acdm 12                Widowed               ...
45  Private          61751  HS-grad        9             Married-civ-spouse    ...
51  Private          196501 Bachelors 13                 Divorced              ...
51  Private          120270 Assoc-voc 11                 Married-civ-spouse    ...
52  Private          204584 Bachelors 13                 Married-spouse-absent ...
56  Private          146326 HS-grad        9             Married-civ-spouse    ...
66  Self-emp-not-inc 28061  7th-8th        4             Widowed               ...
67  Local-gov        181220 Some-college   10            Divorced              ...
```

除了 xsv sort 指令的 -s 選項的參數從 4 變成了 1，-N 選項的作用和 [shell_

sort_demo] 中 sort 指令的 -n 選項類似，指出特徵的類型是數值而非文字。

參與排序的特徵可以多於 1 個，例如對特徵 A、B 排序，首先對 A 排序，如果 A 值相等，再按 B 排序，例如對樣本的受教育年數和年齡排序，如程式清單 6-19 所示。

程式清單 6-19　使用 xsv 對多個特徵排序

```
> xsv sample 10 bigset.csv | xsv sort -s5,1 | xsv table | less -S

age  workclass         fnlwgt  education     education-num  ...
27   Private           279608  5th-6th       3              ...
17   Private           176017  10th          6              ...
20   Self-emp-not-inc  306710  HS-grad       9              ...
20   Private           291979  HS-grad       9              ...
34   Private           424988  HS-grad       9              ...
42   Private           89073   HS-grad       9              ...
22   Private           250647  Some-college  10             ...
32   Private           351869  Some-college  10             ...
65   ?                 137354  Some-college  10             ...
28   ?                 196971  Bachelors     13             ...
```

多個特徵用逗點隔開作為 -s 的參數。這裡首先按受教育年數從低到高進行了排序，對於年數相同的受訪者，再按照年齡從小到大進行排序。當然，從大到小排序也行，只要給 sort 指令加上 -R 參數即可。

在使用 VisiData 進行的互動式分析場景中，隨機抽樣用 random-rows 指令實現。開啟資料集，按空白鍵後進入指令輸入狀態，輸入 random-rows 指令，視窗左下角出現提示訊息：

random number to select:

在後面輸入想要取出的樣本數量，例如 10，然後按確認鍵，就完成了抽樣。

要按某個特徵排序，首先將游標移動到該特徵上，標記資料類型，再用 [（昇冪）或]（降冪）鍵進行排序。

⦿ 6.5 資料篩選

資料概覽、抽樣和排序幫助我們從整體認識資料，在此基礎上，經常需要從整體中分析出某些部分進行詳細檢查，本節我們來看如何對資料進行篩選。

5.3 節討論了如何從大量文字中尋找滿足要求的行，不論是搜尋還是輸出，都以行作為處理單位。對表格資料的篩選將行進一步拆分成了多個欄位，實現更精細的搜尋：對於資料集 D，篩選出滿足規則集 Q 的記錄集合 R，輸出 R 中每個元素的特徵集 F。如果你了解關聯式資料庫，會發現輸出特徵集 F 對應 SQL 的 SELECT 指令，資料集 D 對應 SQL 的 FROM 指令，規則集 Q 相當於 SQL 的 WHERE 指令。

不熟悉 SQL 也沒關係，下面我們透過幾個實例看看如何篩選表格資料。

6.5.1　對文字特徵的篩選

對於類型是字串的特徵，基本的文字比對規則這裡都可以用。仍然以 smallset.csv 資料集為例，要知道奧迪（audi）各個車型的車門數量（num-of-doors）、車身長度（length）和售價（price），可以透過完全符合方式進行篩選，如程式清單 6-20 所示。

程式清單 6-20　完全符合篩選的附帶工具實現

```
> xsv headers smallset.csv
1   symboling
2   normalized-losses
3   make
...
26 price

> awk -F, '$3 == "audi" {print $3 "," $6 "," $11 "," $26}' smallset.csv |
xsv table
audi  four  176.60  13950
audi  four  176.60  17450
```

```
audi   two    177.30  15250
audi   four   192.70  17710
audi   four   192.70  18920
audi   four   192.70  23875
audi   two    178.20  ?
```

首先透過 xsv 的 headers 指令獲得特徵序號。我們知道 make、num-of-doors、length 和 price 的序號分別是 3、6、11 和 26，所有奧迪車型的 make 欄位值都是 audi，所以規則集 Q 可以表示為 make == "audi"，輸出特徵集 F 則包含第 3、第 6、第 11 和第 26 個特徵。

awk 的 -F, 選項表示每筆記錄中用英文逗點作為各個欄位間的分隔符號，後面的敘述本體與 sed 的 address+action 結構類似，大括號前面是 address 部分，大括號內部是 action。awk 用 $ 後面加特徵序號的方式表示每個特徵，所以這裡的 address 部分 $3 == "audi" 選擇第 3 個特徵（即 make）值為 audi 的記錄。action 部分中，{print $3 "," $6 "," $11 "," $26} 表示列印一筆記錄的第 3、第 6、第 11 和第 26 個特徵，所以二者組合起來就是：列印那些第 3 個特徵為 audi 的行的第 3、第 6、第 11 和第 26 個特徵。

print 是 awk 的內建函數，功能是列印後面的參數。與大多數通用程式語言不同，awk 組合字串的方法是用空格隔開，例如 $3 "," $6 表示第 3 個欄位內容後面緊跟著英文逗點，後面跟著第 6 個欄位內容。作為對照，Python 等通用程式語言的寫法多類似於 f3 + "," + f6。awk 是專為文字處理設計的語言，在處理文字時寫法更簡潔。

接下來用 xsv 實現相同的功能，如程式清單 6-21 所示。

程式清單 6-21　完全符合篩選的協力廠商工具實現

```
> xsv search -s 3 audi smallset.csv | xsv select 3,6,11,26 | xsv table
make   num-of-doors  length  price
audi   four          176.60  13950
audi   four          176.60  17450
audi   two           177.30  15250
```

```
audi    four            192.70   17710
audi    four            192.70   18920
audi    four            192.70   23875
audi    two             178.20   ?
```

xsv 不具備 awk 靈活的表達能力，只能分步驟完成對記錄的篩選和對特徵的選擇。第 1 步用 search 指令實現，選項 -s 3 audi 相當於 $3 == "audi"。第 2 步對特徵的選擇透過 select 指令實現，參數是要輸出的特徵序號清單：3,6,11,26。

互動式應用 VisiData 中也採用分步驟的方法實現對記錄和特徵的選擇。開啟資料集（vd smallset.csv）後，用 k 鍵移動游標選取 make 特徵，再用 j 鍵移動到第 1 筆 make 特徵為 audi 的記錄上，然後按 , 鍵（英文逗點，表示選取所有與目前欄位值相同的記錄）。這時所有 make 特徵為 audi 的記錄都被選取，按 " 鍵（英文雙引號）將選取記錄單獨顯示在一個表單中，最後按 - 鍵隱藏不需要的特徵。

除了完整比對，還可以透過正規表示法對欄位進行更加靈活的比對。例如要列印所有以 p 開頭的車型的車門數量、車身長度和售價，如程式清單 6-22 所示。

程式清單 6-22　使用正規表示法篩選資料

```
> awk -F, '$3 ~ /^p/ {print $3 "," $6 "," $11 "," $26}' smallset.csv | xsv table
peugot     four    186.70   11900
...
plymouth   two     157.30   5572
...
porsche    two     168.90   22018
...
```

action 部分不變，只要將 address 部分的 $3 == "audi" 改成 $3 ~ /^p/ 就行了，即 ~ 加上斜線包裹的正規表示法。^p 表示以 p 開頭的所有字串。

同理，要列印出收入資料集（bigset.csv）中所有政府員工的年齡和學歷應該怎麼做呢？政府員工的 workclass 特徵都以 gov 結尾。

互動式應用 VisiData 也可以使用正規表示法選擇記錄。開啟資料檔案後，仍然要將游標移動到 make 上。但這次不再用逗點，而是使用 | 後面加上正規表示法選擇記錄。例如這裡應該輸入 |^p 然後按確認鍵，就選取了所有 make 值以 p 開頭的記錄。後面的操作與前面一樣，用雙引號把選取的記錄在新表單中開啟，進行後續處理。

6.5.2　對數值特徵的篩選

如果說文字特徵主要透過 "比對" 篩選記錄，那麼數值特徵則主要透過 "比較" 進行篩選。常見的 6 種比較為等於（==）、不等於（!=）、大於（>）、小於（<）、大於等於（>=）和小於等於（<=）。仍然以汽車資料集為例，要找出車身長度超過 190 英吋（約 4.8 公尺），且售價在 3 萬美元以上的車型，可以以下操作，如程式清單 6-23 所示。

```
程式清單 6-23　用數值比較方法篩選符合條件的記錄
> awk -F, '$11 > 190 && $26 > 30000 {print $3 "," $11 "," $26}' smallset.csv
| xsv table
make           length  price
bmw            193.80  41315
bmw            197.00  36880
jaguar         199.60  32250
jaguar         199.60  35550
jaguar         191.70  36000
mercedes-benz  202.60  31600
mercedes-benz  202.60  34184
mercedes-benz  208.10  40960
mercedes-benz  199.20  45400
```

使用 awk 進行數值篩選的重點在於執行敘述中 address 部分（$11 > 190 && $26 > 30000）的寫法，其他與文字特徵篩選沒有區別。其中 $11 代表車身長度（length），$26 代表售價（price），&& 表示前後兩個條件是"並且"的關係。

awk 支援上述 6 種比較操作以及 3 種組合關係：與 &&、或 || 和邏輯反轉！將各種數值比較和文字比對運算符號號用不同關係組合在一起，可以實現非常精細的篩選。舉個實例，如何在前面實例的篩選結果中剔除寶馬（make == bmw）車型？

只要在 address 部分裡增加一個邏輯與（&&）部分即可，如程式清單 6-24 所示。

程式清單 6-24　數值特徵和文字特徵組合篩選

```
> awk -F, '$11 > 190 && $26 > 30000 && !($3 == "bmw") {print $3 "," $11 ","
$26}' smallset.csv | xsv table
make           length  price
jaguar         199.60  32250
jaguar         199.60  35550
jaguar         191.70  36000
mercedes-benz  202.60  31600
mercedes-benz  202.60  34184
mercedes-benz  208.10  40960
mercedes-benz  199.20  45400
```

等於（==）再反轉（!），實際上就是不等於（!=），所以上面的篩選條件還能進一步簡化，為什麼呢？動手驗證一下吧。

到目前為止似乎一切還算順利，不過現實世界中常常隱藏著很多意想不到的問題。6.3 節中遇到的缺失問題也會在篩選時出來搗亂，例如要找出引擎功率大於 200 馬力（約 147 千瓦）的車型，如程式清單 6-25 所示。

程式清單 6-25　有缺失資料的情況下執行篩選操作

```
> awk -F, '$22 > 200 {print $3 "," $22}' smallset.csv | xsv table
make       horsepower
jaguar     262
```

```
porsche    207
porsche    207
porsche    207
porsche    288
renault    ?
renault    ?
```

為什麼缺失資料（最後兩筆包含問號的記錄）也會出現在篩選結果裡呢？
要搞清楚這個問題，首先要了解 awk 是如何區分數值和字串的。

awk 根據處理欄位值的函數和運算符號號來推斷欄位值的類型，例如在 $3
+ 5 中，運算符號號 + 只用於數值之間的加法，不能用於字串之間，所以
awk 推斷出 $3 是數數值型態。而在 $3 "," $11 中，空格運算符號號只用於
連接字串，不能用於數值之間，所以 awk 推斷出 $3 和 $11 是字串類型。

但 awk 的比較運算符號號二者通吃，既能比較數值，也可以比較字串。
上面的實例中，每處理一筆記錄，awk 先嘗試將 $22（引擎馬力的列序號）
轉為數值，然後與數值 200 比較大小；當轉換失敗（例如欄位值是?）時，
則將欄位值視為字串，與字串 "200" 按字母排序比較大小。由於 ? 按字母
排序排在 "200" 後面，符合比較條件，所以也出現在了篩選結果中。

解決這個問題的方法是利用 awk 的強制轉換規則，如程式清單 6-26 所示。

程式清單 6-26　利用強制轉換規則去掉無效資料

```
> awk -F, '$22 + 0 > 200 {print $3 "," $22}' smallset.csv | xsv table
jaguar     262
porsche    207
porsche    207
porsche    207
porsche    288
```

雖然 $22 > 200 和 $22 + 0 > 200 好像完全一樣，但加號的出現要求 $22 必
須是數值。awk 規定當一個字串無法轉為有效數值時，就將其視為 0，所
以 ? 會被轉為 0，不滿足大於 200 的要求，也就不會出現在篩選結果裡了。

⊙ 6.6 數值計算

前面的章節中，不論是概覽、抽樣還是篩選，都是將資訊化繁為簡。本節我們反其道而行之，看看如何根據已有資料產生新資料，並在此基礎上取得新發現，得到新結論。

6.6.1 產生新特徵

對表格資料來說，產生新資料最常用的方法是對一個特徵進行轉換，或將已有的幾個特徵組合在一起，得到一個或多個新特徵。例如在本章開頭的學生成績資料集上，以每個學生的語文、數學、英語成績為基礎產生總分或平均分，或在汽車資料集上，根據兩種路況下不同的油耗資料，計算平均值為車型的整體燃油經濟性評價指標等。

在不考慮資料缺失等特殊情況下，80 個學生計算出 80 個平均分，200 個學生計算出 200 個平均分，不會多也不會少，所以人們常把這類操作叫作 "映射"（map）或 "轉換"（translate）以突出其 "多少進來就有多少出去" 的特點，與篩選、分組整理等 "進來多出去少" 的計算相區別。

非互動式場景中產生新特徵，awk 仍然是挑大樑的角色。以本章開頭的程式清單 6-1 為例，計算三門功課的平均分透過 NR>1 {print ($7 + $8 + $9)/3} 實現。由於三門功課的特徵序號分別是 7、8 和 9，不難了解 action 部分中 ($7 + $8 + $9)/3 表示計算平均分，那麼 address 部分的 NR>1 是什麼意思呢？

原來和 $7、$8、$9 一樣，NR 在 awk 中也有特殊含義：表示文字所在行數（number of record），學生資訊表所在的 scores.csv 檔案的第 1 行是標頭：

```
ID,學號,姓名,性別,年齡,年級,語文,數學,英語
```

對這一行執行 ($7 + $8 + $9)/3 時，會變成 ("語文" + "數學" + "英語")/3。由於 awk 規定不能轉為數字的字串一律當作 0 處理，所以該運算式進一

步變為 (0 + 0 + 0)/3。下面透過去掉 NR>1 驗證一下，如程式清單 6-27 所示。

程式清單 6-27　沒有 NR>1 約束下的計算結果

```
> awk -F',' '{print ($7 + $8 + $9)/3}' scores.csv
0                    ❶
91.6667
89.3333
87
84.6667
95
```

---

❶ 針對標頭的計算結果

與程式清單 6-1 比較，輸出結果從 5 行變成了 6 行，第 2 ～ 6 行與原來的結果相同，說明第一行的 0 是針對標頭的計算結果。所以我們用 NR>1 要求 awk 跳過對第 1 行求平均值。

同樣的方法，在汽車資料集中，透過對下面兩個特徵計算平均值得到平均燃油經濟性指標。

☐ city-mpg：市區每加侖 [a] 燃油行駛距離，特徵序號 24。

☐ highway-mpg：高速路上每加侖燃油行駛距離，特徵序號 25。

應該如何計算呢？

特徵之間的運算不僅限於數值計算，也可以和文字處理組合運用。例如產生一個簡單的 "姓名：平均分" 報表，如程式清單 6-28 所示。

程式清單 6-28　簡易版姓名：平均分報表

```
> awk -F',' 'NR>1 {print $3 ": "  ($7 + $8 + $9)/3}' scores.csv
程新：91.6667
單樂原：89.3333
彭維珊：87
```

---

a　1 美制加侖約等於 3.79 升。——編者註

劉子喬：84.6667
王立波：95

互動場景下如何產生新特徵呢？其核心也是撰寫一個包含基礎特徵的運算式。下面仍以 VisiData 為例說明處理過程。需要說明的是，由於 VisiData 採用 Python 語法定義運算式，而 Python 變數中不能包含連字元號（-），所以我們首先要將兩個基礎特徵名稱中的連字元號改成底線，再進行計算。實際過程如下。

(1) 開啟資料集：vd smallset.csv。

(2) 修改特徵名稱：將游標移動到列 city-mpg 上按 ^ 鍵，輸入 city_mpg 後按確認鍵完成特徵名稱的修改。

(3) 設定資料類型：按 % 鍵將 city_mpg 特徵資料類型設定為實數。

(4) 將特徵 highway-mpg 名稱改為 highway_mpg，並設定資料類型為實數，方法同第 (3) 步。

(5) 產生平均值特徵：按 = 鍵，在視窗左下角出現的 new column expr= 後面輸入 (city_mpg + highway_mpg)/2 並按確認鍵，在 highway_mpg 列右側產生新的平均值列，名稱為 (city_mpg + highway_mpg)/2。

(6) 將游標移動到新產生的列上，用第 (2) 步介紹的方法將特徵名稱修改為 avg_mpg。

(7) 儲存新產生的資料表：使用快速鍵 Ctrl-s，在視窗左下角的 save to: 提示後輸入檔案名稱 cars.csv 並按確認鍵。

這樣，包含新特徵的資料集就儲存到檔案 cars.csv 中了。

6.6.2 資料整理

顧名思義，資料整理是將一組資料"匯聚"成一個資料，輸入／輸出資料在數量上發生了變化。在試算表出現之前，人們經常把新特徵寫在原始表格右側，而把整理結果寫在原始表格下方。

整理方法有很多種，以學生成績表的語文成績為例，既可以計算所有學生語文成績的最大值，也可以計算所有成績的平均值。常用整理方法還有取總和、最小值、中位數、標準差等。

非互動式場景下，用 awk 可以方便地實現各種整理，例如程式清單 6-29計算了汽車資料集中所有車型的平均車身長度。

程式清單 6-29　計算汽車資料集中所有車型的平均車身長度

```
> awk -F',' 'NR>1 {sum = sum + $11} END{print sum/(NR-1)}' smallset.csv
174.049
```

這裡使用了 awk 的一些新特性。首先是建立變數 sum，就像一個蓄水池，awk 每處理一筆記錄，就拿出第 11 個欄位（車身長度）加到 sum 裡。所以當檔案處理完畢後，sum 保留了車身長度的總和。

其次是 END 敘述。從名字就可以猜到，END 後面的敘述不像主體敘述（sum = sum + $11）一樣每筆記錄執行一次，而是僅在整個檔案掃描完畢後執行一次。這時 NR 的值是檔案總行數 206，去掉第一行標頭，實際記錄數是 NR-1，所以車身長度的平均值就是 sum/(NR-1)。

如果想知道所有車型中最短的是多少怎麼辦呢？用類似的想法，首先命名一個變數 min，每讀取一筆記錄，就把它和目前記錄中的車身長度比較。如果 min 比目前車身長度更小，保持 min 的值不變，否則就用目前車身長度取代 min 的值，如程式清單 6-30 所示。

程式清單 6-30　計算汽車資料集中所有車型車身長度的最小值

```
> awk -F',' 'NR>1 {min = min < $11 ? min : $11} END {print min}' smallset.csv
```

這裡我們使用了 awk 的 ?: 運算子。對於運算式 A ? B : C，如果 A 為真，則運算式的值為 B，否則為 C。所以 min < $11 ? min : $11 的意思是：如果 min 小於目前車身長度（$11），則保持 min 值不變，否則用目前車身

長度取代 min，進一步保證 min 始終是掃描過的車身長度裡的最小值。最後用 END 敘述輸出最終結果。

這個邏輯似乎沒有問題，但計算結果只輸出了一個空行，問題出在哪裡呢？

原因在於 awk 規定變數初值為空字串（對於數值型變數是 0）。由於 < 也適用於字串比較，並且空字串小於所有不可為空字串，所以 min 保留初值不變，直到在 END 敘述中被輸出。

找到了問題的癥結，下一步是解決問題。一個自然的想法是，既然問題出在了初值上，是否可以透過消除初值的問題解決問題呢？

確實如此，常用的處理方法是給 min 設定一個比較大的數值，確保一定會被某個 $11 更新，如程式清單 6-31 所示。

程式清單 6-31　透過設定初值解決取最小值出錯問題

```
> awk -F',' 'BEGIN{min=999} NR>1{min = min < $11 ? min : $11} END{print
min}' smallset.csv
141.10
```

這裡又出現了 awk 的新語法——BEGIN 敘述。它的作用和 END 正相反，在開始處理文字行之前執行，正好適合設定初值。

執行結果表示，程式正確地找到了所有車身長度的最小值。

互動式場景下，VisiData 使用 z+ 進行整理操作。實際步驟如下。

(1) 開啟汽車資料集：vd smallset.csv。

(2) 將游標移動到車身長度特徵（length）上：使用 l 鍵移動游標。

(3) 執行整理指令：輸入 z+。

(4) 這時視窗左下角出現：min/max/avg/mean/median/sum/distinct/count/q3/q4/q5/q10/keymax:，表示可以從中任選一個。這裡我們要計算最

小值，所以輸入 min 後按確認鍵。

(5)　視窗左下角列出整理結果：141.10。

與 awk 計算結果相同。

6.7　分組整理

綜合上述各種方法，我們實現了對一個資料集產生指定特徵、篩選有興趣的部分、最後整理的完整處理流程。

不過當需要研究的類型很多時，一組一組分析未免太麻煩了，能否一次性將各種成分的整理特徵都計算出來呢？

在互動列的世界裡，一切皆有可能。以汽車資料集為例，它包含 205 款車型資訊，也就是 205 筆記錄，計算每款車型的平均燃油經濟性指標 avg_mpg 後，仍然是 205 筆記錄。下面我們對該特徵進行整理，計算每個品牌所有車型 avg_mpg 的最大值。例如奧迪車型共有 7 款，選出其中 avg_mpg 值最大的，作為奧迪這一組（group）車型的計算結果，對其他品牌也做同樣處理。最後得到的結果仍然是一個資料表，只不過結構和原始資料表完全不同了。它由 22 行（每個品牌一筆記錄）2 列（品牌名稱和平均燃油經濟性最大值）組成，說明了不同品牌汽車在燃油經濟性方面的最佳表現。

這樣的實例還有很多，例如對學生成績表按班級整理平均分，對收入資料表按不同職業整理各職業最低收入，等等。人們發現這類處理雖然名目繁多，五花八門，但套路是一樣的。

(1)　將整個資料集按某個特徵分成許多組，例如學生按班分組，車型按品牌分組，受訪者按職業分組等。這個用來分組的特徵叫作 "分組特徵"。

(2) 在每組的另一個特徵上做整理操作，得到單一值。例如同一班的學生在 "平均分" 特徵上，按 "取最大值" 整理，這個班裡平均分的最大值就成了整個班的代表。這裡 "平均分" 叫作 "整理特徵"，"取最大值" 叫作 "整理方法"。

(3) 最後將每個組的單一值合併在一起，得到新的資料表。

整個過程可以概括為 "分算合"（split-apply-combine）。注意其中分組特徵、整理特徵和整理方法這 3 個概念，它們組合在一起就定義了一個分組整理操作。

非互動式場景下，由於計算結果不再是單一值，而是一組值，因此不能再用單一變數儲存中間計算結果。好在 awk 支援陣列（array，相當於通用程式語言中的字典 dict 或雜湊表 hashmap）資料結構。所以只要把原來的中間變數換成陣列，用分組特徵中的元素值作為索引即可，如程式清單 6-32 所示。

程式清單 6-32　非互動場景下汽車資料集的分組整理計算

```
> awk -F',' 'NR>1 {max_mpg[$3] = max_mpg[$3] > $26 ? max_mpg[$3] : $26}
  END {for (i in max_mpg) print i "," max_mpg[i]}' cars.csv
peugot,30.5
honda,51.5
mitsubishi,39.0
mercury,21.5
volkswagen,41.5
porsche,23.0
nissan,47.5
mercedes-benz,23.5
bmw,26.0
...
```

為了更進一步地呈現計算結果，可以用前面介紹的排序方法增強分組整理結果。例如程式清單 6-33 對分組整理計算出的平均燃油經濟性指標做了從小到大的排序。

程式清單 6-33　對分組整理結果排序

```
> awk -F',' 'NR>1 {max_mpg[$3] = max_mpg[$3] > $26 ? max_mpg[$3] : $26}
  END {for (i in max_mpg) print i "," max_mpg[i]}' cars.csv |\
  sort -t, -n -k2 | xsv table
jaguar      17.0
mercury     21.5
porsche     23.0
...
nissan      47.5
chevrolet   50.0
honda       51.5
```

這裡的排序工具仍然是 sort 指令，對每行文字，以逗點作為分隔符號（-t,）拆分成列，將第 2 列（-k2）作為數字（-n）排序。可以清楚地看到經濟型轎車（如本田、日產等）比跑車（如捷豹、保時捷等）更省油。

互動式場景下，VisiData 提供了分組整理指令，只要指定三元素（分組特徵、整理特徵和整理方法），就可以進行分組整理了，實際步驟如下。

(1) 標記整理特徵的資料類型：這裡是實數，用 % 標記。

(2) 指定整理方法：+ 後加上函數名稱 max 並按確認鍵。

(3) （可選）標記分組特徵的資料類型：由於字串類型是預設類型，因此可以不標記。

(4) 分組整理：按 F 鍵計算出新的分組整理表。

(5) （可選）按一定的規則對整理結果排序：這裡對整理特徵 max_avg_mpg 從小到大進行排序。

最後得到的計算結果如程式清單 6-34 所示。

程式清單 6-34　互動式場景下整理並排序的結果

make		count #	max_avg_mpg %
jaguar	‖	3 |	17.00 ‖
mercury	‖	1 |	21.50 ‖

```
porsche          ‖       5 |      23.00 ‖
mercedes-benz    ‖       8 |      23.50 ‖
alfa-romero      ‖       3 |      24.00 ‖
saab             ‖       6 |      24.50 ‖
bmw              ‖       8 |      26.00 ‖
...
```

可以看到和 awk 的計算結果一致。

6.8 其他工具

如果熟悉 SQL，可以使用下面的工具查詢表格資料：

☐ csvsql

☐ harelba/q

 為什麼不用 csvkit ？

csvkit 是處理 csv 檔案的小工具，使用 Python 語言開發，可以直接透過 pip install csvkit 安裝。由於 Python 是一種指令碼語言，效能弱於 Rust 等編譯型語言，所以在處理大資料集時，與 xsv 等由 Rust 語言開發的工具相比，csvkit 的效能差一些；但在處理中小資料集時，對熟悉 Python 工具鏈的使用者來說上手更容易。

6.9 常用資料分析工作和實現指令一覽

表 6-1 列出了常見的資料分析工作及實現工作的指令，其中指令中的中括號表示需要根據實際情況取代其中的變數，中括號表示可選參數，互動式操作的指令都以 VisiData 為例。

表 6-1　常用資料分析工作及實現指令

資料分析工作	實現指令	
取得資料	wget <data-url>	
修改資料檔案的分隔符號	sed 's/<old>/<new>/g' <input.csv> > <result.csv>	
為資料檔案增加標頭	cat <[1](echo <table-header>) <input.csv> > <result.csv>	
取得資料集的記錄數 [2]	xsv count <input.csv>	
列印標頭及序號	xsv header <input.csv>	
以使用者友善格式列印資料表	xsv table <input.csv>	
計算資料集所有特徵統計量	非互動式	xsv stats <input.csv>
	互動式	I
計算資料集指定特徵統計量	非互動式	xsv stats -s <feature-name> <input.csv>
	互動式	F
資料隨機抽樣	非互動式	shuf -n <number> <input.csv> xsv sample <input.csv>
	互動式	random-rows
資料排序	非互動式	sort -t<delimiter> -k<column-number> [-n] [-r] <input.csv> xsv sort [-N] [-s] <input.csv>
	互動式	[（昇冪）和]（降冪）
資料篩選	非互動式	awk '$<column-number> == <target>' <input.csv> awk '$<column-number> ~ <regex>' <input.csv> awk '$<column-number> > <number>' <input.csv> xsv search <target> <input.csv>
	互動式	,（英文逗點） I<regex>、zl<python-expression>
特徵映射（產生新特徵）	非互動式	awk '{print(<calculation-expression>)}' <input.csv>[3]
	互動式	z+ 然後輸入整理函數
設定特徵類型	字串	~
	整數	#
	實數	%
其他應用產生的資料作為輸入	head <input.csv> I vd -f csv	
將修改後的資料儲存到磁碟檔案	Ctrl-s	

說明

1　注意，cat < 中的 < 是重新導向符號，不是變數取代標記

2　除標頭外的文字行數

3　這裡計算運算式一般是幾個特徵間的數學運算或字串拼接

⊚ 6.10 小結

本章聚焦於用簡單高效的工具分析和展示表格類型資料，將分析物件從第 5 章的文字拓展到了數值領域。

首先介紹了開放原始碼社區常用的資料儲存格式：CSV 和 TSV，以及常用的資料分析工具。

☐ 非互動式應用

- xsv：使用 Rust 開發的高性能資料統計和展示工具，簡單好用，處理大檔案時表現優異。

- GNU awk：*nix 系統上資料分析的 "瑞士刀"，以 AWK 語言為基礎，常用於實現比較複雜的資料處理邏輯。

- shuf、sort 等 shell 內建工具：完成一些單一的處理工作，例如隨機抽樣、排序等。

☐ 互動式應用 VisiData：具有與圖形化資料分析應用（Excel、Numbers）類似的互動式操作體驗，支援多種輸入資料格式，例如 CSV、xlsx、JSON、HTML 等。雖然 VisiData 效能稍遜於非互動式應用，但處理百萬行等級的資料仍然不在話下。

接下來建立範例資料，下載原始資料並用第 5 章介紹的檔案拼接方法為資料增加了標頭。

本章的主體部分仍然採用先檢視、後修改的順序組織內容。前者從巨觀到微觀由以下幾部分組成。

☐ 資料概覽：取得資料集的標頭、記錄數、各個特徵的類型、統計值（最大值、最小值、平均數、方差）等資訊。

☐ 資料抽樣：從整體資料集中隨機取出指定數量的記錄作為代表。

☐ 資料排序：包含對字串（按字母排序）排序和對數字排序。

□ 資料篩選：按照指定規則從整體資料集中篩選出符合條件的記錄。

□ 後者關於產生新資料，包含下面幾部分內容。

□ 特徵映射：以一個或多個特徵產生新特徵為基礎。

□ 資料整理：計算某個特徵並整理成一個值，整理的規則既可以是基本的最大值、最小值、平均值，也可以是任何有效的計算公式。這裡的計算只包括一個特徵。

□ 分組整理：根據 "分組特徵" 將 "整理特徵" 分成許多組，每組按照 "整理方法" 計算出一個結果，最後得到一個整理資料表。這裡的計算包括兩個特徵，是整理計算的複雜形式。

除了表格類型資料結構，另一種常見方式是像檔案系統一樣，用樹狀結構組織資料，例如 HTML、JSON、YAML 等格式都是採用這種結構的實例。人們一般用 jq、yq 等工具，或 Python 相關的函數庫分析這類資料。

第 7 章

駕馭神器：
Vim 文字編輯

不滯於物，草木竹石均可為劍，漸進於無劍勝有劍之境。

——金庸，《神鵰俠侶》

第 5 章中我們介紹了非互動式的文字編輯和轉換方法，本章的主題是互動式文字編輯。

喜歡武俠、手游的朋友們都了解，真正強大的武器都不是那麼容易駕馭的，角色們總是要付出一定的努力才能參透奧義，解鎖隱藏其中的神秘力量。而這也正是 "上古神器" Vim 的重要特徵，它完全用鍵盤進行編輯，不需要滑鼠幫助，各種功能增強、語法反白、配色方案等數不勝數……無論是作為文字編輯工具還是整合式開發環境，都可以絲般順滑、得心應手。"常念為經，常數為典"，下面我們就從原理到實作，來了解一下互動式文字編輯及其經典實現 Vim。

🔘 7.1 Vim 核心：模式編輯

在 2.4 節中，我們了解了模式編輯（modal editing）的原理：同樣的力道吹笛子，按住不同的孔會發出不同的聲音。同樣是按下 x 鍵，在標準模式（normal mode）下是執行刪除動作，而在插入模式（insert mode）下是輸入字元 x。Windows 的記事本應用只有編輯模式，按下 x 鍵只能輸入字元，不會有其他效果，相當於一管沒有孔的笛子。不過話説回來，記事本的純編輯模式符合人們對文字處理工作的傳統認知，就像用筆在紙上寫字，編輯區相當於白紙，鍵盤滑鼠造成了筆的功能。寫字之外的其他功能，由視窗頂端的選單（以及工具列）完成，例如建立、關閉、儲存檔案，搜尋、取代文字等。

Vim 沒有選單和工具列，各種編輯功能是如何實現的呢？我們從編輯區裡的幾種模式說起。

7.1.1　編輯區模式

Vim 編輯區裡常用模式有 3 種，除了前面接觸過的標準模式和插入模式，還有一種視覺化模式（visual mode），各自分工如下。

□ 標準模式：移動游標、其他各種處理文字工作。

□ 插入模式：輸入文字。

□ 視覺化模式：選擇文字。

插入模式和視覺化模式的功能相對單一，標準模式則像個大總管，不歸其他模式管的事都交給它處理。任何時候，只要按下 ESC 鍵，都會回到標準模式。由於在該模式下可以任意移動游標，並且能夠方便地轉換到其他各種模式，所以用好 Vim 的一個重要原則是：儘量多使用標準模式，能在標準模式下做的事，就不要在其他模式下做。

下面我們使用 heredoc 技術製作一個練習檔案，如程式清單 7-1 所示。

程式清單 7-1　製作 Vim 練習檔案

```
> cat << EOF > demo.txt
There are three main modes in editor area of vim. They are:

* Normal mode (default mode)
* Insert mode
* Visual mode
```

```
We use insert mode ONLY when we need insert texts,
use visual mode ONLY when we need select texts for the followed operation.
Otherwise, vim are always in normal mode.

This is a variable-with-dash in a script,
which distinguish a WORD (visual it with `vaW`) and a word (visual it with
`vaw`).

The following Python code is a demonstration for different (and nested)
parentheses:

print("[A demo {arithmetic expression}] with <Python syntax>: %s" % (3 * (5
+ 4)))
print('This is for single quotes: %s' % (7 * 8))
EOF
> vi demo.txt        ❶
```

❶ vi 是一個指向 Vim 的連結

1. 移動游標和選擇文字

開啟檔案後所處的就是標準模式，先用 h、j、k、l 這幾個鍵（分別是向左、向下、向上、向右移動游標）四處逛逛吧。一開始你可能有些不習慣，但隨著使用時間的增加，慢慢會形成肌肉記憶。例如腦子裡想讓游標下移一行時，食指就會自動按 j 鍵，就像呼吸、吃飯一樣自然，這時純鍵盤操作的威力就表現出來了。

其他常用的移動游標指令如表 7-1 所示。

表 7-1　常用的移動游標指令

指令	實現功能
gg	將游標移動到檔案表頭
G	將游標移動到檔案尾端
[n]G	跳躍到第 [n] 行，例如跳躍到第 2345 行是 2345G
[n]%	跳躍到文件的百分之 [n] 部分，例如跳躍到長度為 1000 行的文件中間（第 500 行）是 50%，跳躍到 4/5 處（第 800 行）是 80%

指令	實現功能
b/w	向前 / 後移動到下一個單字首字元
B/W	向前 / 後移動到下一個 WORD 首字元
ge/e	向前 / 後移動到下一個單字結尾字元
gE/E	向前 / 後移動到下一個 WORD 結尾字元
0	將游標移動到行首
$	將游標移動到行尾
(/)	向前 / 後移動一個句子
{/}	向前 / 後移動一個段落

在練習檔案裡嘗試一下，觀察游標在不和單位上如何移動。尤其是當游標在 variable-with-dash 的某個字元上時，分別執行 w、W、b、B、e、E 等，感受一下普通單字（word）和 WORD 的差別。是的，單字（word）之間的分隔符號是空格或標點符號（例如這裡的連字元號，以及句號、逗點、引號等），WORD 的分隔符號則只有空格。

或許你會奇怪為什麼分得這麼細，增加了很多記憶負擔。不必專門記這些指令，只要知道有這些指令就行了。以後當你發現用基本的 hjklbw 處理文字很麻煩時，再回來找這些指令就很容易掌握了。

好，熟悉了移動（motion）指令之後，接下來登場的是文字物件（text object），一個文字物件由兩部分組成。

☐ 修飾符號：可以是 a（表示一個）或 i（inner，表示內部）。

☐ 物件名稱：可以是 w（單字）、s（sentence，句子）、p（paragraph，段落）以及各種括號等。

為了對各種文字物件建立直觀認識，我們要借助一下視覺化模式。在標準模式下按 v 鍵就進入了視覺化模式（視窗左下角出現 -- VISUAL -- 標記）。想知道一個文字物件長什麼樣，就在 v 後面加上文字物件的名字，例如要展示一個（a）單字（w），就依次輸入 v、a、w（為簡便起見，連續的按鍵我們就連在一起，寫為 vaw，下同），可以看到輸入後游標所在位置的單字反白顯示，表示被選取了。現在按下 ESC 鍵取消選擇，返回標準模式（視窗左下角的 -- VISUAL -- 標記消失），再移動游標到其他位置（注意要在標準模式下移動），再次輸入 vaw，觀察選取部分有什麼變化，體會 aw 的含義。

了解了 "一個單字"，再來看看 "內部單字"，即輸入 viw，觀察反白的區域與 vaw 的區別。

常用的文字物件指令如表 7-2 所示。

表 7-2　常用的文字物件指令

指令	實現功能
aw/iw	有 / 無邊界的單字（word）
aW/iW	有 / 無邊界的廣義單字（WORD）
as/is	有 / 無邊界的敘述（sentence）文字物件
ap/ip	有 / 無邊界的段落（paragraph）文字物件
a(/i(	有 / 無邊界的 () 文字物件
a[/i[	有 / 無邊界的 [] 文字物件
a{/i{	有 / 無邊界的 {} 文字物件
a</i<	有 / 無邊界的 <> 文字物件
a"/i"	有 / 無邊界的雙引號包含文字物件
a'/i'	有 / 無邊界的單引號包含文字物件

關於表 7-2 中的指令，我們有以下幾點説明。

☐ as、ap 與游標跳躍部分的句子、段落相同，只是把跳躍變成了選取，類似於在無模式編輯器裡按下 Shift 鍵再點擊滑鼠的效果。

☐ 最後 6 組文字物件與上面的不同，它們都必須成對出現，例如 (和)，[和]，一對單 / 雙引號，等等。這一對對符號與它們中間包含的文字就構造了一個文字物件。當游標位於該文字物件中的任何字元上時，都可以用相同的按鍵選取整數個文字物件，例如 demo.txt 中的 <Python syntax>，不論游標位於從 P 到 x 的哪個字元上，vi< 的效果都相同。

☐ 對於巢狀結構括號，只要在文字物件前加上一個 "量詞" 就可以選取不同的範圍，例如在 demo.txt 中，將游標移動到倒數第 2 行 5 + 4 中的任意位置，分別輸入 vi(、v2i(和 v3i(，選取的文字逐級變大（別忘了用 ESC 鍵返回標準模式）。

量詞不僅可以放到文字物件前面，也可以放到游標移動指令前面，例如 3j 是向下移動 3 行，5w 是向後移動 5 個單字，等等。

如果你要選擇的文字不屬於上述任何一種或記不住這麼多指令，也不要緊，用 h/j/k/l 鍵手動選擇就好了。方法是按 v 鍵進入視覺化模式，目前游標就是選擇文字的起點，用游標移動指令移動到終點就好了。

如果要處理整行文字，更方便的方法是用 V，不論游標在什麼位置，使用 V 都能選取整數行，再用 j/k 鍵選擇相鄰的其他行就行了。

2. 修改文字

掌握了移動游標和選擇文字的方法後，就可以對文字進行修改了。你也許會想，我剛接觸 Vim 啊，萬一改錯了怎麼辦？萬一某個指令記錯了把所有內容都刪掉了怎麼辦？別急，對於這個問題 Vim 有很好的解決方案，它就像一張安全網，讓你能隨心所欲練習各種高難度動作而不用擔心出岔子。這張安全網就是：取消（undo）與重做（redo）。功能與微軟 Office 以及其他文字編輯器中名稱相同工具的相同。

☐ 取消：取消上一次編輯對內容的更改，對應指令是 u。

☐ 重做：取消上一次取消動作，即還原上一次編輯對內容的更改，對應的快速鍵是 Ctrl-r。

下面進入正題，先來看一索引準模式下如何處理文字，如表 7-3 所示。

表 7-3　標準模式下的文字處理指令

指令	實現功能
d	剪貼文字
y	複製文字
p	在游標後剪貼文字
P	在游標前剪貼文字
dd	剪貼游標所在行
D	剪貼游標到行尾的文字
yy	複製游標所在行
x	剪貼游標所在位置字元

前兩個指令後面需要跟一個移動或文字物件，才能完成一次編輯動作，例如 dj、d3w、y0、y$ 等，後面的指令則獨立完成一次編輯動作。不論是剪貼還是複製，都可以用 p 或 P 指令剪貼，嘗試一下這些指令吧。

這種編輯語法除了方便快速，還提供了一種確定性。例如交換相鄰兩個字元的位置是 xp，相鄰兩行上下對調是 ddp——不用關心這兩個字元是什麼、這兩行都有多長、滑鼠要滑動多長才能選取整數行這些問題，閉上眼睛輸入 ddp，也能確定兩行一定會對調位置。練習使用形成肌肉記憶後，腦子裡想到“把這行文字放到其他位置”時，中指會下意識地兩次擊鍵，大腦不用把想法從內容修改切換到文字編輯，手也不用離開鍵盤找滑鼠。這種編輯體驗是如此流暢，以至於許多人習慣了模式編輯後會把所有需要寫字的地方都加上 vi mode。

上述這些指令都是在標準模式下執行的，執行後也仍在標準模式下。下面我們來看另一組指令（如表 7-4 所示），它們也是在標準模式下執行，但執行後進入插入模式，其中的 i 指令我們已經比較熟悉了。

表 7-4　執行後進入插入模式的指令

指令	實現功能
i	在游標前插入
I	在行首插入，相當於先把游標移動到行首再進入插入模式，即 0i
a	在游標後插入，相當於 li
A	在行尾後追加，相當於 $a
o	在游標所在行下插入新一行，相當於游標在行尾追加後按確認鍵，即 A<CR>
O	在游標所在行前插入新一行，相當於 ko
s	剪貼游標所在位置字元，並進入插入模式，相當於 xi
S	剪貼游標所在的整行文字，並進入插入模式，相當於 0d$i
c	類似於 s，不過不能單獨執行，後面要加上移動或文字物件，例如 caw、c$ 等
C	剪貼游標到行尾的文字，並進入插入模式，相當於 d$a

執行這些指令後進入插入模式，輸入文字後用 ESC 鍵回到標準模式，進一步形成一個閉環。

同理，我們也能從標準模式切換到視覺化模式，處理完文字後再回到標準模式。不過在視覺化模式下由於文字已經選因此只輸入操作指令就完成了編輯動作回到標準模式，不需要在操作指令後面加文字物件。例如要剪貼 3 個單字，既可以透過"標準—標準"路徑，即執行 d3w 完成，也可以透過"標準—視覺化—標準"路徑，執行 v3ed 達到同樣的效果。後一種方式雖然按鍵略多一點，但能在操作之前看到要處理文字的範圍，在選好文字後再決定用什麼方法處理（剪貼還是複製？），或乾脆取消處理（按 ESC 鍵取消選擇退回標準模式），比較而言更靈活，適合處理複雜文字。

需要說明的是，從標準模式進入插入模式後，不論插入或用倒退鍵、刪除鍵修改了多少文字，都算一個編輯動作。例如我們要輸入兩行文字，第 1 行是 one，第 2 行是 two，按 i 鍵進入插入模式，輸入 one，按確認鍵，輸入 two。接下來我們用倒退鍵刪掉 two，輸入 three，這時如果想改回原來的 two，應該怎麼做呢？

如果回到標準模式下按 u 鍵，你會發現 one 和 three 兩行文字都消失了。由於整個文字輸入和修改都沒離開插入狀態，所以算一次編輯動作，取消時也是作為一個整體被取消。

所以我們應儘量避免在插入模式下使用方向鍵和刪除鍵、倒退鍵編輯文字，多使用標準模式，不僅編輯效率高，而且每個編輯動作改動都不大，方便進行精細的取消 / 重做調整。

很多文字編輯器有錄製巨集（macro）的功能，把常用的編輯動作用巨集錄製下來，需要重複操作時只要播放先前錄製的巨集即可。Vim 提供了 . 指令來重複上一次編輯動作，相當於記錄下每個編輯動作，用 . 重播。結合上面對一次編輯動作的定義，能大幅減少重複操作。例如一個 HTML 檔案裡有 10 個 <div> 標籤需要改成 <div class="row">，在第 1 個 <div 後面插入 class="row"，後面 9 個標籤，只要把游標移動到 div 的最後一個字元 v 上按 . 鍵就行了。

除了 3 種主要模式，還有兩種使用頻率略低，但也很有用的編輯區模式：

☐ 取代模式（replace mode）；

☐ 列模式（visual block）。

標準模式下透過 R 指令進入取代模式，這時輸入文字將直接取代目前字元，而非插入到這些字元前面。例如在 one 的第一個字元上執行 i 指令進入插入模式，輸入 two 再使用 ESC 鍵返回標準模式，這時我們得到了 twoone。同樣的過程但把 i 指令換成 R 指令進入取代模式，最終得到的結果是 two。

用 R 指令開啟取代模式後，需要用 ESC 鍵返回標準模式。如果你只想取代一個字元，先按 R 鍵再按 ESC 鍵就太麻煩了（是的，我們在提升工作效率方面就是這麼有追求），這時 r 指令是最合適的。例如你發現不小心把 print 寫成了 pront，只要游標移動到 o 上執行 ri 就取代完目前字元後自動回到標準模式。

列模式適於批次處理垂直對齊的文字，例如要把

```
require os
require sys
require datetime
```

改成：

```
import os
import sys
import datetime
```

可以先用 cw 指令把第一行的 require 改為 import，再用 . 指令修改下面兩個 require。但由於 3 個單字長度一樣，垂直上是對齊的，因此可以用列模式一次性修改。方法是把游標移動到第 1 個 require 的第 1 個字元上，然後執行 <C-v>2jecimport<ESC>。

是不是感覺有點像咒語，拆開看其實不複雜。

(1) <C-v>：使用 Ctrl-v 快速鍵進入列模式。

(2) 2j：游標向下移動兩行。

(3) e：選取整數個單字。

(4) c：取代這個單字。

(5) import：輸入要取代的文字 import。

(6) <ESC>：返回標準模式。

由於這是單一的編輯動作，因此按 u 鍵就可以回復到原始文字，再用 Ctrl-r 快速鍵又回到修改後的文字，實際的修改過程則被封裝在了動作內部，不需要我們再操心了。

3. 自動補全和剪貼文字

在插入模式下輸入文字時，常見的情況是反覆輸入同樣的單字，對此

Vim 的 Ctrl-n 快速鍵提供了自動補全功能。例如你輸入過 this_is_a_long_word，後續再輸入這個單字時，只要輸入 th，然後按 Ctrl-n 快速鍵，就會根據目前文字的情況自動補全。如果已經輸入的所有文字中只有 this_is_a_long_word 是以 th 開頭的，那麼按 Ctrl-n 快速鍵會直接把 th 補全成 this_is_a_long_word。如果前面還有 that、the 等也以 th 開頭的單字，使用 Ctrl-n 快速鍵會出現一個選單，繼續按 Ctrl-n 快速鍵就會在各個備選項間跳躍，選取 this_is_a_long_word 後不需要按確認鍵確認，直接輸入後面的文字即可。

另一個常用的操作是剪貼文字，例如之前用 y 指令複製的文字，輸入過程中不需要退回標準模式用 p 指令剪貼（當然這樣做也可以），而是按 Ctrl-r 快速鍵（注意，與標準模式下的 Ctrl-r 相區別）然後再輸入英文雙引號。

這裡的雙引號是 Vim 預設暫存器（register）的名字，7.2 節會詳細説明，現在只要記住要剪貼某個暫存器裡的文字，按 Ctrl-r 快速鍵加上暫存器的名字即可。

7.1.2 指令模式

前面我們説到 Vim 的功能表列時特意加上了引號，相信你也注意到了，這個編輯器根本沒有類似於功能表列之類的東西，而下面要講的指令模式（command mode）的作用就類似於功能表列。不過還是那句話，比功能表列方便多了。

其實我們對指令模式並不陌生，2.4 節中，Vim 最簡編輯流程的最後一步，:wq（儲存檔案並退出）是指令模式常見的使用場景之一，這 3 個字元各司其職，下面一一道來。

首先英文冒號將編輯器從標準模式切換到指令模式。與編輯區模式不同，按下冒號鍵後視窗最底部會顯示冒號，表示目前已進入指令模式了，等待繼續輸入後續指令。這時你可以繼續輸入指令，並按確認鍵執行，或用 ESC 鍵退回標準模式。

接下來的 w 和 q 是 Ex 指令 write 和 quit 的簡寫，所以 Vim 的指令模式和在互動列裡執行指令的方式基本一樣，寫出指令按確認鍵執行。

 什麼是 Ex 指令？

電腦誕生早期，還沒有我們今天習以為常的顯示器，而是要用電傳打字機（teletypewriter，縮寫為 TTY）把文字列印到捲筒紙上供人閱讀，逐行列印，不可能像今天在螢幕上前後左右來回跳躍，所以 Unix 早期的編輯器 ed 是行編輯器（我們在第 5 章打過交道）。後來人們開發了更加使用者友善的編輯器 ex，不過仍然是行編輯器。再後來隨著顯示器的出現，輸出裝置從一維進化到了二維時代，ex 也隨之增加了多行編輯功能，變成了 Unix 系統上的 vi 應用。此後人們又以 vi 為基礎開發了開放原始碼的改進版 vi（Vi IMproved），也就是我們今天使用的 Vim。

雖然經過了不斷進化，但 Vim 使用的指令和老祖宗差別不大，畢竟不論輸出裝置怎麼變化，檔案總是要儲存、退出的，也一直使用 "Ex 指令" 這個名字。所以每次我們敲擊 w、q、s 這些 Ex 指令，都是人類資訊技術進步的迴響。

今天的 Vim 仍然保留著 Ex 模式（Ex mode）。在標準模式下可以使用 Q 指令進入該模式，我們平時使用的 Ex 指令都可以在 Ex 模式下使用，編輯完成後用 q 指令退出 Vim，或用 visual 指令返回 Vim 的標準模式。

在實際介紹 Ex 指令之前，我們透過一個日常工作場景了解一下 Vim 編輯檔案的基本流程和主要概念。例如更新某個專案需要修改 app.py 和 lib.py 兩個檔案，先用 vi app.py 指令開啟第一個檔案，這時 Vim 將 app.py 中的文字載入到記憶體的一塊區域中，這塊區域叫作緩衝區（buffer）。緩衝區用檔案名稱命名，使用 Ctrl-g 快速鍵可以在 Vim 視窗底端的狀態列（statusline）中看到目前緩衝區的名字 app.py。對緩衝區做的所有修改，只有執行寫入（write）指令時才會寫入磁碟檔案。

對 app.py 進行了一些修改後，我們需要對 lib.py 做對應修改，於是用 :e lib.py 開啟 lib.py 檔案（e 是 Ex 指令 edit 的簡寫）並開始修改。修改過程中發現需要參考 app.py 程式，於是執行 :ls 指令，在狀態列看到如程式清單 7-2 所示的輸出。

程式清單 7-2　ls 指令的執行結果

```
:ls
  1 #    "app.py"        line 5
  2 %a   "lib.py"        line 13
```

Vim 對每個緩衝區進行了編號，app.py 的編號為 1，lib.py 的編號為 2，目前緩衝區（current buffer，即正在編輯的緩衝區，用 % 符號標記）是 lib.py。用 :b1 指令將 app.py 調回前台，也就是在 :b 後面加上要編輯緩衝區的編號（這裡 b 是 buffer 的簡寫）。但這樣一來 lib.py 又看不到了，而我們希望能夠同時把兩個檔案呈現在螢幕上。

Vim 的視窗（window）能夠幫助我們實現這個需求：執行 :sp（split 的簡寫）將原來的 Vim 視窗分為上下兩部分，不過兩個視窗裡都顯示 app.py，所以又在下面的視窗裡執行 :e lib.py，現在下面的視窗顯示的是 lib.py 緩衝區的內容，上面的視窗顯示的是 app.py 緩衝區的內容。我們編輯完 lib.py 後輸入 :qa 關閉所有視窗退出 Vim，這裡 a 是 all 的簡寫。

在視窗間跳躍

　　使用 Ctrl-w 字首加一個移動指令實現在 Vim 游標在各個視窗間跳躍，實際如下。

- □ 跳躍到左側視窗：**Ctrl-w Ctrl-h**。
- □ 跳躍到右側視窗：**Ctrl-w Ctrl-l**。
- □ 跳躍到上方視窗：**Ctrl-w Ctrl-k**。
- □ 跳躍到下方視窗：**Ctrl-w Ctrl-j**。

　　也就是按住 **Ctrl** 鍵，然後依次按 **w** 鍵和 **h** 鍵，最後鬆開 **Ctrl** 鍵。如果你覺得這樣跳躍很麻煩，不妨參考 **7.4** 節中簡化視窗間跳躍的方法。

需要說明的是，Vim 的視窗類似於 tmux 的面板（pane），只能將一個大視窗分割成幾個小視窗，小視窗之間不能互相遮蓋。另外，視窗與緩衝區彼此獨立，一個緩衝區可以出現在多個視窗中，一個視窗也可以用來顯示不同的緩衝區。最後，有水平切分為上下兩個視窗的 :sp 指令，自然就有垂直切分為左右兩個視窗的 :vs（vertical split）指令，可以根據需要選擇一種切分方式。

除了管理檔案、緩衝區和視窗，Ex 指令還可以用來進行文字的搜尋和取代、查閱使用者手冊、設定編輯器選項（option）、定義映射（map）、縮寫（abbreviation）、指令（command）以及函數（function）等。

其中文字搜尋有點特殊，不是用冒號開頭，而是用 / 鍵進入指令模式，然後輸入要搜尋的文字，按確認鍵後從游標所在位置向後搜尋比對項。例如用 Vim 開啟 demo.txt，游標在第 1 行第 1 列時輸入 /mode 並按確認鍵，游標會跳躍到第 3 行第 1 個 mode 的第 1 個字母 m 上。這時按 n（表示

next）鍵，就會跳躍到第 2 個比對目標（即 mode）的第一個字母 m 上。
如果後面沒有比對目標了，再次按 n 鍵則會回到第 1 個 mode 出現的地方。
與 n 跳躍到下一個比對項相對，N 是跳躍到上一個比對項。/ 是從游標所
在位置向後搜尋，? 則是從游標所在位置向前搜尋，在多個比對項之間跳
躍也是 n 和 N。

使用 Vim 一段時間後，熟悉了 hjkl 移動游標，有時候會下意識地拿它們
當滑鼠用：先按住 j 鍵把游標移動到目標所在行首，再按住 l 鍵移動到目
標字元，這時別忘了多用用 / 這個簡單強大的定位工具。

閱讀文件、分析程式時經常需要檢視某個單字在文件中出現的每個地方，
例如在一個 Python 程式檔案中檢視哪些地方使用了變數 my_var：基本方
法是 /my_var；不過更簡單的方法是使用 * 指令，當游標位於 my_var 的
任一個字元上時，輸入 * 就會跳躍到下一個 my_var 的第 1 個字元上，之
後和 / 指令一樣使用 n 和 N 在搜尋結果中跳躍。

回到本節開始的問題，Vim 之所以不需要無模式編輯器（例如記事本）的
選單和工具列，是因為標準模式完成了文字操作相關工作，而指令模式完
成了剩餘工作。Vim 的圖形化版本 gVim 加上了選單和工具列（可以透過
設定去掉），卻免不了給人一種畫蛇添足的感覺。

◎ 7.2 暫存器和巨集

編輯文字時經常需要將一個單字取代成另一個單字，例如有以下程式：

```
from nltk.tokenize import TreebankWordTokenizer
tkz = tokenizer()
```

我 們 發 現 第 2 行 程 式 寫 錯 了， 正 確 的 寫 法 是 tkz =
TreebankWordTokenizer()。這時我們先把游標移動到第 1 行程式的
TreebankWordTokenizer 上執行 yaw 複製這個單字，然後移動到第 2 行

tokenizer 上執行 daw 刪除這個單字，但剪貼出現了問題，執行 P 後出現的是 tokenizer，而非 TreebankWordTokenizer。原因是 d 指令將 tokenizer 剪貼（而非刪除）到剪貼簿中覆蓋了原來的 TreebankWordTokenizer。怎麼解決這個問題呢？是不是只能先取消所有操作，刪除 tokenizer 再複製 TreebankWordTokenizer 呢？不用這麼複雜，上面操作的前兩步（複製和刪除）不用改，只要把第 3 步剪貼指令改為 "0P 就行了。

那麼為什麼加上 "0 就能取到先前複製的內容呢？原來 Vim 的 "剪貼簿" 不只有一個，而有幾十個，Vim 術語叫暫存器（register，再次表現了 Vim 的悠久歷史），常用的有以下幾種。

- □ ""：無名暫存器（unnamed register），各種複製、剪貼的內容都存在這裡。
- □ "0：複製暫存器，只儲存使用 y 指令複製的文字。
- □ "a ~ "z：26 個命名暫存器。

上面的實例中，執行 yaw 指令複製文字時，TreebankWordTokenizer 被儲存到 "" 和 "0 兩個暫存器裡，接下來執行 daw 則只將 tokenizer 儲存進 "" 裡，"0 的內容不發生變化，最後 "0P 的意思是將 "0 暫存器裡的文字剪貼到游標前。

同理，如果要將不同位置的 3 個單字剪貼到另一處，只要先將這 3 個單字分別複製到不同的暫存器裡（這裡選 "a、"b、"c），再分別剪貼即可。實際來說，就是在第 1 個單字上執行 "ayaw，在第 2 個單字上執行 "byaw，在第 3 個單字上執行 "cyaw，最後在要剪貼文字的位置執行 "ap"bp"cp。

除了標準模式，插入模式下也可以方便地剪貼暫存器中的文字，例如要剪貼暫存器 "a 的文字，只要在插入模式下按 Ctrl-r 快速鍵，然後輸入 a 即可。

暫存器不但可以儲存文字，還可以執行文字，這就是 Vim 的巨集功能。前面介紹的 . 指令重複上一次編輯動作，不過更複雜的文字處理很難在一個編輯動作裡完成，這時它就幫不上忙了。下面透過一個實例看看巨集如何幫助我們完成複雜且重複的編輯工作。

假設有一個 2000 行的 CSV 檔案，每行 5 個數字，如下所示：

```
12.5, 95.84, 75.68, 46.7, 11.3
3.4, 2.56, 584.7, 25.2, 77.9
...
```

現在要將第 2 列挪到行尾，即原來的 1、2、3、4、5 列變成 1、3、4、5、2 列。首先我們在第 1 行上錄製巨集：

(1) 標準模式下輸入指令 qa，表示將巨集儲存到暫存器 "a 裡，這時狀態列裡出現 recording @a 表示開始錄製巨集；

(2) 繼續輸入 0WdWA，<ESC>pbD，這裡 0W 保證不論游標的初始位置在哪裡，都能跳躍到第 2 列第 1 個字元，dW 剪貼第 2 列，A，<ESC>在行尾插入逗點和空格，並用 ESC 鍵返回標準模式，最後 pbD 剪貼第 2 列內容，並去掉數字後面的逗點和空格；

(3) 輸入 j 將游標移動到下一行；

(4) 輸入 q 結束巨集錄製。

這樣巨集就錄製游標在第 2 行，我們輸入 @a 執行這個巨集，可以看到第 2 列確實被移動到了行尾。驗證無誤後就可以批次執行了：輸入 2000@a，該指令要求這個巨集執行 2000 次，由於游標目前停留在第 3 行，實際上只要執行 1998 次就夠了；但巨集執行到檔案尾端會自動停止，所以我們也就懶得做算術了，取個稍微大一點的整數。當然，你也可以執行 100@a 先轉換 100 行，做一些編輯，再執行 1900@a 完成剩餘轉換。只要 "a 暫存器沒有清空，就一直可以使用 @a 執行這個巨集。

那麼我們怎麼知道 "a 暫存器裡的巨集還在不在呢？可以用 :reg 指令（:registers 指令的簡寫）檢視：

```
...
"a    0WdWA, ^[pbDj
...
```

 胸有成竹之 Vim 巨集定義

　　古人熟悉竹子的形態樣貌，不用對照實物也能畫得栩栩如生。上面講到巨集就是一系列文字編輯指令，如果你對要撰寫的巨集的來龍去脈已經非常清楚，可以跳過巨集的錄製步驟直接定義撰寫然後執行。

　　例如前面錄製的這個巨集，可以在編輯器裡寫下 0WdWA, ^[pbDj 然後用 "ayy 將它複製到 "a 暫存器裡，或在指令模式下直接設定暫存器內容：

```
:let @a = "03WdWA, ^[pbDj"
```

　　其中代表 ESC 的 ^[的輸入方法是：Ctrl-v Ctrl-[，即按住 Ctrl 鍵，然後依次按 v 鍵和 [鍵，再鬆開 Ctrl 鍵。

可能你會想，既然巨集這麼方便，是不是可以取代第 5 章介紹的 sed、awk 等非互動式文字處理工具呢？在不考慮效能的情況下，確實可以。不過在處理大檔案時，用 Vim 開啟檔案需要一定時間，迴圈執行巨集就更慢了，所以巨集一般用來處理不太大的檔案（視硬體條件而定，例如萬行以內）。

7.3 說明系統

前面介紹了這麼多模式和指令，是不是感覺很難記呢？其實掌握一項技能最重要的是經常在實際場景中使用，而非抱著學習的態度練習。實際到

Vim，在不使用滑鼠和方向鍵的情況下編輯檔案，很快就會習慣它的各種指令，想忘也忘不掉。

對於一些比較複雜且使用頻率沒那麼高的指令，遺忘是很正常的。跟 shell 一樣，Vim 也提供了一套方便的使用者手冊查詢系統來解決這個問題。下面我們以文字取代為例看看如何使用 Vim 附帶的知識庫。

前面我們曾經用列模式將

```
require os
require sys
require datetime
```

一次性改成了：

```
import os
import sys
import datetime
```

如果要把一個長度為 3000 行的檔案中散落在不同位置的 require …都改成 import …，應該怎麼做呢？

首先，由於這些要取代的行不一定相鄰，列模式就幫不上忙了。能否用 /^require 搜尋每一個位於行首的 require，然後改成 import？理論上是可行的，但如果需要修改的行很多，一個一個改，即使有 . 的幫助，也要花很長時間；而且如果想取消修改，要用很多次 u 指令，不夠簡潔。

這時我們想到第 5 章中曾經用 sed 的 s 指令取代字串，既然 Vim 和 sed 都從 ed 那裡繼承了指令系統，Vim 會不會也有 s 指令呢？

互動列中檢視指令使用者手冊的指令是 man，Vim 中對應的是 :help，簡寫為 :h，所以不妨試一試執行 :h :s，執行後出現了一個新的 Vim 視窗，狀態列中的標題是：

```
change.txt [Help][RO]
```

它表示新開啟的文件名字是 change.txt，[Help] 標記表示這是一份說明文件，並且是唯讀的（[RO] 表示 Read Only）。

看來 Vim 確實有一個叫 s 的指令，那麼它是不是用來做字串取代的呢？我們來看一下文件對這個指令的解釋，如程式清單 7-3 所示。

程式清單 7-3　Vim 使用者手冊對 s 指令的解釋

```
4.2 Substitute                              *:substitute*
                                            *:s* *:su*
:[range]s[ubstitute]/{pattern}/{string}/[flags] [count]
        For each line in [range] replace a match of {pattern}
        with {string}.
        For the {pattern} see |pattern|.
        {string} can be a literal string, or something
        special; see |sub-replace-special|.
        When [range] and [count] are omitted, replace in the
        current line only.  When [count] is given, replace in
        [count] lines, starting with the last line in [range].
        When [range] is omitted start in the current line.
                *E939*
        [count] must be a positive number.  Also see
        |cmdline-ranges|.

        See |:s_flags| for [flags].
```

結果不僅證實 s 指令確實是做字串取代的，並且指令的完整形式是 substitute，還可以寫成 su。

從第 3 行開始文件對指令中的各個參數的作用進行了解釋。

☐ s 指令前可以加上一個表示範圍的參數。

☐ 指令格式與 sed 的 s 指令一樣：s/<old>/<new>。

☐ 指令後面可以加上 flags 參數。

由此可知取代操作大致是…s/requre/import/…這樣，還需要確定範圍（range）和參數（flags），下面我們來看如何確定它們。

對於第一個問題，要取代檔案中所有 require，所以取代範圍（即 range）應該是檔案的所有行，如何用 Vim 的語法表達 "所有行" 呢？

Vim 的說明文件與網頁類似，也有很多 "超連結"，不過在 Vim 中它們叫作 tag，可以像超連結一樣跳躍。例如現在我們要搞清楚取代範圍怎麼寫，可以把游標移動到第 4 行 For each line in [range] replace …的 range 上，然後按 Ctrl-] 快速鍵，於是跳躍到了包含 range 的說明文件中（狀態列中的標題變成了 cmdline.txt [Help][RO]），如程式清單 7-4 所示。

程式清單 7-4　**range** 的說明文件

```
...

Line numbers may be specified with:              :range E14 {address}
      {number}          an absolute line number
      .                 the current line                      :.
      $                 the last line in the file             :$
      %                 equal to 1,$ (the entire file)        :%    ❶
      't                position of mark t (lowercase)
...
```

❶ 表示所有行的符號

好，這樣我們知道了用 % 將取代範圍設定為檔案所有行，下面用 Ctrl-o 快速鍵跳回程式清單 7-3，來解決第 2 個問題。

將游標移動到下面的 s_flags 處按下 Ctrl-] 快速鍵跳躍到該參數的說明文件中，注意有兩個參數比較重要，如程式清單 7-5 所示。

程式清單 7-5　取代指令 **flags** 參數的說明文件

```
...

[c]      Confirm each substitution.  Vim highlights the matching string (with
```

```
        hl-IncSearch).  You can type:                        :s_c
            'y'       to substitute this match
            'l'       to substitute this match and then quit ("last")
            'n'       to skip this match
            <Esc>     to quit substituting
            'a'       to substitute this and all remaining matches {not in Vi}
            'q'       to quit substituting {not in Vi}
...

[g]     Replace all occurrences in the line.  Without this argument,
        replacement occurs only for the first occurrence in each line.  If
        the 'edcompatible' option is on, Vim remembers this flag and toggles
        it each time you use it, but resets it when you give a new search
        pattern.  If the 'gdefault' option is on, this flag is on by default
        and the [g] argument switches it off.

...
```

參數 c 使得每次取代前都會詢問使用者如何處理目前取代，可以選擇同意、最後一次、跳過、取消、自動取代剩餘等，利用該機制可以實現更友善的取代流程。

☐ 先驗證再取代：第一次取代時，輸入 y 執行取代，如果達到預期效果，後續用 a 自動取代所有剩餘比對；如果沒有達到預期效果，則用 q 或 ESC 中斷取代流程。

☐ 選擇性取代：例如要把所有 import os, ..., sys 取代成 import sys, ..., regex，但 os 和 sys 之間包含 pathlib 的不進行取代。可以寫一個複雜的正規表示法剔除包含 pathlib 的行，但這樣很麻煩，還不如簡單寫成 import os.*sys，然後遇到包含 pathlib 的比對項輸入 n 跳過，否則輸入 y 執行取代來得簡單。

s 指令預設只取代一行中的比對項，參數 g 的作用是取代一行中所有的比對項。例如對於文字行 day and day，執行 :s/day/night/g 後得到 night and night，而執行 :s/day/night 則得到 night and day。

現在我們得到了兩個問題的答案：range 參數為 %，由於取代情況複雜，我們希望看到每次的取代結果，所以 flags 使用 c 參數；由於只取代行首的 require，所以不需要 g，最終的取代指令為：:%s/require/import/c。

Vim 的文件非常詳盡，絕大部分模式、指令、參數以及其他我們想了解的，都可以透過 :h <keyword> 的形式查閱文件，範例如表 7-5 所示。

表 7-5　文件查閱指令

指令	實現功能
:h visual-mode	視覺化模式說明文件
:h s	標準模式下 s 指令的說明文件
:h :s	Ex 指令 s 的說明文件
:h window	視窗的概念和使用方法說明文件
:h registers	各種暫存器名稱和作用說明文件
:h map	各種模式下定義映射指令說明文件

✍ 說明

表 7-5 中的 visual-mode 可以換成 replace-mode，s 可以換成標準模式下的其他指令，例如 c、y、q 等，:s 可以換成其他 Ex 指令，例如 :w、:q 等。總之，有任何疑問，都不妨先在 Vim 文件中查閱一下，這是最準確、最快速地獲得幫助的方法。

⊚ 7.4 設定 Vim

還記得第 4 章中的 .zshrc 嗎，把符合個人使用習慣的快速鍵、提示符號、別名、外掛程式等定義在這些設定檔中，使得相同的應用在不同使用者手中呈現出多姿多彩的樣貌，這就是所謂的訂製化（customization）。每個開放原始碼應用就像一塊未經鍛造的鑄鐵，最後變成了干將莫邪還是一根燒火棍，就看如何打造設定檔了。

Vim 也有自己的設定檔，在使用者這個等級是 ~/.vimrc，每次 Vim 啟動時，如果發現存在這個檔案，就會執行其中的內容。任何能在 Vim 裡手動執行的指令都可以寫在 .vimrc 檔案裡啟動時自動執行，一般用來定義快速鍵、函數、指令，以及設定執行時屬性等，我們從定義快速鍵說起。

由於執行 Ex 指令要先輸入冒號，因此對 Vim 使用者來說它屬於超高頻使用字元，從語義上說，冒號非常合適，但從按鍵上來說，每次都要雙手合作（Shift+;），其中一個還是有點遠的 Shift 鍵，實在不算高效。剛好分號的使用頻率遠沒有冒號那麼高，於是很多人對調了這兩個字元的功能，右手單獨按分號鍵就可以進入指令模式。下面我們按先手動驗證，再自動執行的方法實現該功能。

首先按照下面的步驟手動設定分號到冒號的映射。

(1)　執行 vi 指令開啟一個空白文件，按分號鍵，你會發現編輯器沒有任何反應。這是因為分號指令是配合 f 指令搜尋下一個比對項，我們沒有執行 f 指令，自然不存在下一個符合的問題。

(2)　輸入冒號，即按住 Shift 鍵再按分號鍵，編輯器視窗左下角出現冒號，表示進入了指令模式，說明到目前為止，分號還是分號，冒號還是冒號。

(3)　在冒號後繼續輸入 nnoremap ; : 並按確認鍵。

(4)　輸入分號，你會發現視窗左下角出現了冒號，分號到冒號的設定成功了。

(5)　按 ESC 鍵返回標準模式，按冒號鍵，仍然進入指令模式。為了讓冒號造成分號的作用，輸入 nnoremap : ; 並按確認鍵，將冒號映射到分號。

或許你會發現一個問題，第 (2) 步 nnoremap 的第 1 個參數，也就是冒號，已經在第 (1) 步中被映射到分號上了，這樣定義豈不是分號自己指向自己？

答案就隱藏在我們輸入的指令裡。nnoremap 由兩個字首 n、nore 和詞根 map 組成，map A B 表示把第 1 個參數 A 映射到第 2 個參數 B 上，第 1 個字首 n 表示這個映射只在標準（normal）模式下生效，第 2 個字首 nore 表示這是一個非遞迴（non-recursive）映射。所以 nnoremap ; : 的意思是：標準模式下輸入的分號被轉為冒號，不考慮冒號是不是被映射成了其他值（即非遞迴方式）。為了避免遞迴映射帶來的不確定性，除非確實需要，一般情況下只使用非遞迴映射。

既然標準模式下的非遞迴映射是 nnoremap，那麼視覺化（visual）模式下的非遞迴映射指令是什麼呢？沒錯，就是 vnoremap。

手動驗證了映射指令後，我們把它加入設定檔裡自動執行。執行 vi ~/.vimrc 指令，輸入程式清單 7-6 所示內容。

程式清單 7-6　對調分號和冒號的 Vim 指令

```
nnoremap ; :
nnoremap : ;
vnoremap ; :
vnoremap : ;
```

儲存並退出 Vim，然後再次執行 vi 開啟一個空白檔案，按下分號鍵，是不是順利進入指令模式了呢？

我們的第一個 Vim 設定檔就做別看它只有 4 行，和 400 行的設定檔的載入方式完全一樣：就像有個精靈在啟動 Vim 後逐筆輸入並執行設定檔裡的指令，最後把編輯器視窗展示在我們面前。

設定檔中另一類重要內容是設定編輯器各種選項（option）的值，例如是否顯示行號，是否換行，是否自動把定位字元（Tab）轉為空格，一個 Tab 轉換成幾個空格等，這類指令都以 set 開頭，根據不同的使用場景和個人偏好設定。例如 Python 程式使用空格表示縮排，每級 4 個空格，對應的 Vim 設定指令如程式清單 7-7 所示。

程式清單 7-7　Python 風格的縮排設定

```
set expandtab        ❶
set shiftwidth=4     ❷
set tabstop=4        ❸
```

---

❶ expandtab 可簡寫為 et

❷ shiftwidth 可簡寫為 sw

❸ tabstop 可簡寫為 ts

Go 語言則使用 Tab 表示縮排，設定指令如程式清單 7-8 所示。

程式清單 7-8　Go 語言風格的縮排設定

```
set noexpandtab      ❶
set shiftwidth=4
set tabstop=4
```

---

❶ expandtab 前面加上 no 表示不要把 Tab 轉換成空格

程式清單 7-9 是一個比較常用的設定檔實例，許多指令和選項可以 "顧名思義"，如果不確定，不妨用上一節介紹的方法與說明文件中的說明印證一下。

程式清單 7-9　常用 Vim 設定實例

```
set et
set sw=2
set ts=2
set nowrap
set number
set clipboard+=unnamedplus
set nobackup
set noswapfile
set splitbelow
set splitright
set incsearch
let mapleader=","                        ❶

nnoremap ; :
```

```
nnoremap : ;
vnoremap ; :
vnoremap : ;
nnoremap <leader>e :e $MYVIMRC<CR>          ❷
nnoremap <leader>s :so $MYVIMRC<CR>         ❸
nnoremap <C-J> <C-W><C-J>                   ❹
nnoremap <C-K> <C-W><C-K>
nnoremap <C-L> <C-W><C-L>
nnoremap <C-H> <C-W><C-H>
nnoremap <F2> :set wrap!<CR>


filetype indent plugin on
syntax on
colorscheme ron
```

❶ 將 leader 映射到逗點字元
❷ 設定修改設定檔的快速鍵為 ,e
❸ 設定載入設定檔的快速鍵為 ,s
❹ 定義視窗跳躍快速鍵

Vim 的各種 map 指令不僅可以映射單一字元，還能映射字元序列，這樣
就極大地拓展了可供選擇的快速鍵範圍。由於標準模式下大多數單一字
元有實際含義（例如 a 表示追加、b 表示向前跳躍，c 表示修改等），不
能用作快速鍵，因此 Vim 提供了 leader 來解決這個問題。leader 的預設
值是反斜線字元（確認鍵上面那個按鍵），所以 <leader>e 就是 \e，而
nnoremap <leader>e :e $MYVIMRC<CR> 的意思是：在標準模式下，先
按下反斜線鍵，鬆開後再按 e 鍵，就會執行 :e $MYVIMRC<CR>。由於
反斜線鍵不太好按，所以在程式清單 7-9 中，我們用 let mapleader="," 將
leader 映射到逗點上，這樣 nnoremap <leader>e :e $MYVIMRC<CR> 就變
成了按下逗點鍵再按 e 鍵就會開啟設定檔（$MYVIMRC 代表 Vim 的設定
檔）。接下來的 :so 是 :source 指令的簡寫，後面的參數是要載入的檔案
路徑。

下面的 4 個視窗跳躍快速鍵主要是為了簡化視窗間跳躍動作，例如將
Ctrl-w Ctrl-j 映射為 Ctrl-j，去掉了前面的 Ctrl-w。

至此，我們已經了解了"標準"Vim 的主要部分。由於 Vim 歷史悠久，版本許多，各個版本功能不完全相同，因此所謂"標準"，就是所有版本都具備的那部分功能。如果把 Vim 比喻成資訊時代的書法，這部分就是寫字的基本功，多多實作，必有收穫。

7.5　借助外掛程式系統強化 Vim 功能

如果我們的目標不侷限於熟練使用 Vim 完成基本的編輯工作，還打算把它作為日常編輯工具或開發環境（代替臃腫低效的 IDE），標準 Vim 就顯得比較簡陋了。舉例來說，如何方便地同時編輯多個檔案，如何從其他應用複製文字，或把文字剪貼到其他應用，如何在輸入文字時自動補全，以避免反覆輸入相同的內容等。

7.4 節透過撰寫設定檔訂製 Vim，只能在已有功能上取捨，要擴充新功能就愛莫能助了，所以 Vim 社區也開發了不少外掛程式系統（類似於 oh-my-zsh 之於 Zsh）。大部分外掛程式採用 Vim 的指令碼語言 Vimscript 撰寫，也有一部分採用 Python 等其他語言撰寫，Mint 20 附帶的 Vim 是一個精簡版本，如程式清單 7-10 所示。

程式清單 7-10　檢視系統附帶 vi 的版本

```
> update-alternatives --display vi        ❶
/usr/bin/vim.tiny

> ls -l $(which vi)
lrwxrwxrwx 1 root root 20 Sep  4 15:53 /usr/bin/vi -> /etc/alternatives/vi

> ls -l /etc/alternatives/vi
lrwxrwxrwx 1 root root 17 Sep  4 15:53 /etc/alternatives/vi -> /usr/bin/vim.
tiny        ❷

> vi --version | grep clipboard
-clipboard        -keymap          -profile            +virtualedit        ❸
```

```
> vi --version | grep python
+cmdline_compl    -lambda            -python          +visual          ❹
+cmdline_hist     -langmap           -python3         +visualextra
```

❶ macOS 系統沒有此指令，請跳過

❷ 透過 ls 指令查到 vi 的連結目標同樣指向 /usr/bin/vim.tiny

❸ clipboard 前的減號表示目前的 Vim 不支援系統剪貼簿

❹ python 和 python3 前的減號表示目前 Vim 不支援 Python 2 和 Python 3

首先透過 update-alternatives 指令得到 vi 指令的連結目標，指令輸出表示當我們執行 vi 指令時，實際上啟動的是 /usr/bin/vim.tiny，此版本的 Vim 不支援系統剪貼簿操作，無法與其他應用透過系統剪貼簿剪貼複製文字，也不支援 Python 撰寫的外掛程式。另外，它預設開啟 vi 相容模式（vi compatible mode），需要在設定檔中專門指明關閉，這些都導致 vim.tiny 不適合作為日常編輯器或開發環境。

 為什麼要關閉 vi 相容模式？

Vim 對 vi 做了大量改進，例如在 Vim 裡輸入指令 iabc<ESC>oxyz<ESC>，即進入插入模式（i）輸入 abc，退出插入模式完成第 1 個編輯動作，然後用 o 指令進入插入模式，在第 2 行輸入 xyz，最後返回標準模式完成第 2 個編輯動作。現在我們執行 :set compatible 開啟 vi 相容模式，並按一次 u 鍵取消最後一個（也就是第 2 個）編輯動作，xyz 消失，這符合我們的預期。

這時不妨猜猜如果再輸入一次 u 指令會發生什麼呢？習慣了現代文字編輯器的我們很自然地會認為倒數第 2 個編輯動作（輸入 abc）會被取消，畢竟 Word、VS Code 等幾乎所有編輯器都這樣。但實際操作下來你會發現，第 2 個 u 指令讓先前被取消的 xyz 又回來了，原

> 來 vi 認為取消本身也是一個動作，所以第 2 個 u 指令取消了前一個取消指令，效果相當於我們熟悉的重做（redo）指令（更詳細的說明可以在 Vim 裡執行 :help undo-two-ways 查閱相關文件）。再輸入幾次 u 指令你會發現，vi 相容模式下只能取消或重做最後一個編輯動作，對於前面的編輯動作則無能為力，這可不是我們想要的效果。
>
> 　要找回我們熟悉的多次取消 / 重做功能也不難，執行 :set nocompatible 關閉 vi 相容模式即可。所以如果你使用的版本不是 Neovim，而是 vim-gtk、vim-gnome 等，需要在 ~/.vimrc 中加上 set nocompatible。
>
> 　順便一提，Vim 設定開關量時，經常使用 no 字首表示否定，例如 compatible/nocompatible、number/nonumber、wrap/nowrap、paste/nopaste 等。

目前大部分發行版本中的 Vim 軟體套件主要是由 Bram Moolenaar 開發和維護的，2014 年一些開發者 fork 了 Vim 並做了很多改進（例如移除了對 vi 相容模式的支援），於是有了 Neovim 專案。下面我們來安裝 Neovim，並透過定義別名取代系統預設的 Vim，如程式清單 7-11 所示。

程式清單 7-11　安裝 Neovim

```
> apt install -y neovim              ❶
...

> echo "alias vi=nvim" >> ~/.zshrc   ❷
source ~/.zshrc

> vi --version
NVIM v0.4.3                          ❸
Build type: Release
...
```

```
> mkdir -p ~/.local/share/nvim/site/pack/text/start
```

❶ 在沒有 apt 的系統上可以使用 Homebrew（brew install neovim）安裝

❷ 將 vi 指向 nvim，即 Neovim 的互動名稱

❸ 可以看到現在 vi 指令啟動的是 Neovim，版本是 0.4.3

❹ 建立 Neovim 外掛程式根目錄

在後文中，如無特殊說明，Vim 都是指 Neovim。Neovim 完全相容 Vim，所以前面的設定可以直接拿來使用，不過它預設的設定檔為 ~/.config/nvim/init.vim，我們來設定一下，如程式清單 7-12 所示。

程式清單 7-12　以 .vimrc 為基礎建立 Neovim 設定檔

```
> mkdir -p ~/.config/nvim
```

```
> cp ~/.vimrc ~/.config/nvim/init.vim
```

❶ 建立 Neovim 設定檔所在的資料夾

❷ 將 Vim 設定檔 .vimrc 作為 Neovim 設定檔的基礎

Neovim 啟動時會自動載入 ~/.local/share/nvim/site/pack/*/start 中的外掛程式，路徑中的星號代表外掛程式命名空間，主要用於對外掛程式分組，可以使用任何有效的目錄名稱。這裡我們介紹的所有外掛程式都適合多種類型的文字編輯，所以將其命名為 text，故外掛程式根目錄就是 ~/.local/share/nvim/site/pack/text/start[a]。

安裝外掛程式的方法非常簡單，只要將外掛程式原始程式放到外掛程式根目錄下即可，由於絕大多數插接原始程式儲存在 Git 程式倉庫裡，因此安裝一個外掛程式就是在程式根目錄下用 git clone 指令將該外掛程式的原始程式下載下來。Neovim 預設不建立自動載入外掛程式的目錄，所以我們在程式清單 7-11 裡用 mkdir 指令手動建立了一個。對應地，如果不再使用某個外掛程式，在外掛程式根目錄下用 rm -rf 指令刪除對應外掛程式目錄即可。

---

a　關於 Neovim 外掛程式系統的詳細工作機制，請參考：h packages。

7.5.1 常用編輯功能擴充

1. 連接系統剪貼簿

作為日常編輯工具，首先要具備和其他應用交流的能力，即從其他應用
（主要是瀏覽器）複製文字剪貼到 Vim 裡，以及從 Vim 裡複製文字剪貼
到其他應用裡。Vim 有個叫作 unnamedplus 的暫存器指向系統剪貼簿，即
在設定檔里加上程式清單 7-13 所示的指令。

程式清單 7-13　連接 Vim 和系統剪貼簿
```
set clipboard+=unnamedplus
```

有了這個設定，Vim 裡任何複製的文字（例如用 yy 複製一行）可以直接
在其他應用裡用 Ctrl-v 快速鍵剪貼；在其他應用裡用 Ctrl-c 快速鍵複製的
文字，在 Vim 裡也可以用 p 指令剪貼。

2. 增強狀態列

在 Zsh 裡，為了隨時掌握重要資訊，我們專門定義了提示符號，將使用
者名稱、主機、目前路徑、時間等放在提示符號裡以供隨時查閱。Vim
用視窗底部的狀態列展示資訊，預設狀態列只包含目前檔案名稱、總行
列數等，缺少很多重要內容。下面我們安裝一個狀態列增強外掛程式
lightline，如程式清單 7-14 所示。

程式清單 7-14　安裝狀態列增強外掛程式 lightline
```
> cd ~/.local/share/nvim/site/pack/text/start
> git clone https://github.com/itchyny/lightline.vim.git
```

這裡 https://github.com/itchyny/lightline.vim.git 是外掛程式原始程式位址。

啟動 Vim 後執行 ,e 指令開啟設定檔，可以看到現在狀態列變成了彩色的，
內容也豐富了不少，如程式清單 7-15 所示。

程式清單 7-15　新的 Vim 狀態列

```
NORMAL  init.vim                      unix | utf-8 | vim    2%    1:1
```

從左向右各項資訊的含義如下。

☐ NORMAL：目前狀態，進入插入模式後會變成 INSERT，且顏色也隨
之變化。

☐ init.vim：目前檔案名稱。

☐ unix：目前檔案格式（file format），其他格式還有 dos、mac 等。

☐ utf-8：目前檔案編碼（file encoding）。

☐ vim：目前檔案類型（file type），如果是以 .py 為副檔名的 Python 檔案，
這裡會顯示 Python。

☐ 2%：游標所在位置，2% 表示在檔案開頭，50% 表示在檔案正中間，
100% 表示在檔案尾端，依此類推。

☐ 1:1：游標所在的行、列序號，即第 1 行第 1 列。

3. 持久化編輯歷史

前面說到 Neovim 去掉了 vi 相容模式，可以用多個取消指令像倒放電影一
樣把檔案退回到先前的狀態，或用多個重做指令重播到後來的狀態；不過
這個取消 / 重做歷史儲存在記憶體裡，退出 Vim 後就消失了。如果開啟一
個檔案後直接用 u 指令取消，狀態列會顯示 Already at oldest change，即
沒有可供取消的歷史記錄。如果上個月我們編輯了某個檔案，現在想回復
到當時的某個狀態該怎麼辦呢？一種方法是把修改歷史儲存到磁碟上，即
持久化編輯歷史，這樣每個檔案從第一次編輯開始，不論中間退出過多少
次 Vim，每一個編輯動作都會儲存下來。有了這個不會消失的歷史記錄，
我們就可以放心地修改檔案了，不滿意的話隨時回復。

搜尋 vim undo plugin 可以發現幾個持久化編輯歷史的外掛程式，這裡我們選擇 GitHub Star 數最多的 mbbill/undotree，如程式清單 7-16 所示。

程式清單 7-16　安裝 undotree 外掛程式

```
> mkdir -p ~/.local/undo        ❶
> cd ~/.local/share/nvim/site/pack/text/start
> git clone https://github.com/mbbill/undotree.git
```

❶ 建立儲存編輯歷史的資料夾

安裝外掛程式後還要在設定檔裡定義 undotree 有關的一些屬性值和快速鍵，程式清單 7-17 是更新後的設定檔。

程式清單 7-17　安裝持久化編輯歷史外掛程式後的設定檔

```
set et
set sw=2
...
syntax on
colorscheme ron

" undotree configurations                      ❶
set undodir=$HOME/.local/undo/                 ❷
set undofile
set undolevels=1000
set undoreload=2000
nnoremap <leader>u :UndotreeToggle<CR>         ❸
```

❶ 這是一行註釋，用來說明後面設定的內容
❷ 指定編輯歷史檔案儲存資料夾
❸ 設定開啟 / 關閉編輯歷史面板快速鍵

Vimscript 的註釋

Vim 設定檔實際上是一個啟動時自動執行的 Vimscript 指令稿。Vimscript 語法規定，以雙引號開頭的程式行是註釋，解譯器會忽略此行內容。

重新啟動 Vim 後，按下快速鍵 ,u（或執行 :UndotreeToggle 指令）會在編輯視窗左側開啟 undotree 視窗（再次輸入這個指令關閉視窗）。該視窗由上下兩部分組成，上面是編輯歷史，下面是每個編輯動作的內容。每個編輯動作完成後，都會看到編輯歷史視窗裡的變化。用 Ctrl-w h 快速鍵跳躍到編輯歷史視窗，用 j/k 鍵將游標移動到某個儲存狀態（saved state）上按確認鍵，右側編輯視窗就會跳躍到那個狀態。該視窗中各種標記和快速鍵的說明可參考快速幫助，輸入英文問號（Shift+/）開啟，再次輸入問號關閉。

Vim 的使用者社區十分龐大且富有創造力，日常編輯工作中遇到的絕大多數問題有現成的外掛程式可用，例如下面幾個場景。

☐ 使用 Vim 輸入中文字時，退回標準模式需要先切換到英文輸入法再輸入編輯指令，每次都要切換，十分麻煩。rlue/vim-barbaric 能幫你解決這個問題，中文輸入法狀態下，退回標準模式自動切換到英文輸入法，進入插入模式後再自動切換回來。

☐ 寫程式時經常需要註釋 / 反註釋一段程式，手動輸入 / 刪除註釋符號很麻煩。安裝 preservim/nerdcommenter 後，用 <leader>c<space> 輕鬆註釋 / 反註釋程式，Python 用 # 註釋，Java 用 // 註釋，如何區別？不用擔心，nerdcommenter 會根據使用的程式語言自動選擇註釋方法。

☐ 圖形桌面裡的"最近編輯過的檔案"很好用，Vim 自然也要有。安裝
kien/ctrlp.vim 外掛程式，一鍵開啟最近編輯過的檔案列表。

這樣的場景還有很多，而且每個場景可能都有不止一個選項。有時候，開
發者為了找到合適的外掛程式組合出最符合自己要求的編輯 / 開發環境，
免不了反覆嘗試，刪掉 A 安裝 B，一番體驗後發現還是 A 更順手，再刪
掉 B 換回 A⋯⋯下面我們看看如何管理 Vim 外掛程式。

7.5.2　管理 Vim 外掛程式

本節我們以外掛程式 lightline 為例，說明 Vim 外掛程式的全生命週期管
理方法，包含安裝、檢視、更新、移除 4 個環節，如程式清單 7-18 所示。

程式清單 7-18　Vim 外掛程式的全生命週期管理

```
> cd ~/.local/share/nvim/site/pack/text/start

> ls        ❶
undotree

> git clone https://github.com/itchyny/lightline.vim.git        ❷

> cd lightline.vim

> git pull        ❸
Already up to date.

> cd ..
> rm -rf lightline.vim        ❹
```

❶ 列出已安裝外掛程式
❷ 安裝外掛程式 lightline
❸ 更新外掛程式
❹ 刪除外掛程式

刪除 lightline 外掛程式後再次啟動 Vim，狀態列又變回原來"樸素"的樣
子。

7.5.3 在專案中使用 Vim

如果你使用過整合式開發環境（IDE），對"專案"這個概念一定不陌生，絕大多數開發工作是放在某個專案中進行的，哪怕該專案只有一個檔案。整合式開發環境會用專門的檔案（或目錄）儲存專案本身的各種資訊和資料，例如 Eclipse 的 .project、PyCharm 的 .idea 等。專案在資訊處理過程中如此重要，是因為它提供了一個實際的業務環境，將無關資訊隔離在外，進一步顯著提升了工作效率。例如我們在開發 gwd 網站時要調整一個頁面的樣式，這個樣式儲存在 main.css 檔案裡。雖然整個檔案系統裡有幾十個檔案名稱叫 main.css 的檔案，但我們不需要把所有這些檔案找出來，一個個開啟看是不是 gwd 網站使用的那個 main.css，而是建立一個 gwd 目錄，把所有與網站有關的檔案儲存在該目錄下。需要修改樣式時，我們只需要尋找 gwd 目錄下的那個 main.css，不需要考慮 gwd 之外的（不論多少個）main.css。

隨之而來的問題是，在專案中編輯檔案，如何做到"上下文敏感"呢？下面我們選擇幾個常見場景分別説明。

1. 快速找出和開啟檔案

繼續上面的實例，要編輯專案中的 main.css 檔案，在 kien/ctrlp.vim 外掛程式的幫助下，我們不需要告訴編輯器檔案的完整路徑，只要列出檔案的路徑或名稱的部分特徵，外掛程式用模糊比對定位技術就能找到檔案並開啟。下面我們來安裝外掛程式，如程式清單 7-19 所示。

程式清單 7-19　安裝模糊比對定位外掛程式 ctrlp

```
> cd ~/.local/share/nvim/site/pack/text/start
> git clone https://github.com/kien/ctrlp.vim.git
```

啟動 Vim 後用 Ctrl-p 快速鍵開啟搜尋框（實際執行了 :CtrlP 指令），然後在 >>> 提示符號後輸入 main.css，搜尋結果會隨著每個輸入的字母不斷更新，如程式清單 7-20 所示。

```
程式清單 7-20    使用 ctrlp 外掛程式定位要編輯的檔案

...
> env/lib/python3.8/.../css/fontawesome.css
> env/lib/python3.8/...tstrap-theme.min.css
> env/lib/python3.8/...tstrap.min.css
> base/static/css/main.css
> gwd/static/css/main.css
 mru  files  buf ...        ❶
>>> main.css_
```

❶ 目前搜尋模式：最近使用過的、專案檔案、編輯器緩衝區

ctrlp 的模糊比對和 4.4.3 節中介紹的路徑模糊比對規則一樣，比對結果羅列在 > 符號後，清單最靠下的位置（接近文字輸入框）比對度越高，例如這裡的 gwd/static/css/main.css。如果確實要編輯這個檔案，直接按確認鍵就開啟了該檔案；如果想編輯的是 base/static/css/main.css，可以輸入 basemain.css。由於 gwd/static/css/main.css 裡沒有字母 b，所以它會被過濾掉，進一步直接定位到 base/static/css/main.css。

用過 VS Code 或 Sublime Text 的讀者應該對 Ctrl-p 不陌生，在這些編輯器裡使用同樣的快速鍵模糊比對檔案。

2. 同時編輯多個檔案

更新專案的某個實際功能時，經常出現這樣的場景：雖然專案下檔案很多，但與這次更新有關的檔案就那麼幾個。另外，雖然需要修改的檔案不多，但關係有點複雜，不能編輯完一個再開啟另一個，而是先改 A 檔案，觀察一下效果再改 B 檔案，再觀察一下效果，如果出現問題 X，則編輯 C 檔案，如果出現問題 Y，則返回去編輯 A 檔案⋯⋯

這種在幾個固定檔案間頻繁跳躍的工作方式，使得「開啟專案 base 目錄下那個 main.css 檔案」還是太囉唆了。我們希望編輯器開啟「剛才編輯過

的那個 css 檔案"，這樣雖然專案下有很多 css 檔案，但我們只要用"剛才編輯過的"加以限制，就可以用很少的輸入（例如 css，而非 basemain.css）定位到要目的檔案，進一步進一步降低切換檔案對想法的影響。

kien/ctrlp.vim 外掛程式提供了 :CtrlPBuffer 指令採用模糊比對方式定位 buffer，由於每個 buffer 對應一個正在編輯的檔案，所以該指令很好地實現了上面"剛才開啟過的檔案"這個要求。當然，輸入指令太麻煩了，還是按老規矩映射到快速鍵，例如 Ctrl-n，這個外掛程式的完整設定如程式清單 7-21 所示。

程式清單 7-21　ctrlp 外掛程式設定

```
" ctrlp
let g:ctrlp_custom_ignore = { 'dir': 'node_modules\|.git\|.env' }    ❶
nnoremap <C-n> :CtrlPBuffer<CR>
nnoremap <C-m> :CtrlPMRU<CR>
```

❶ 比對檔案時忽略 node_modules、.git、.env 等非原始程式資料夾

3. 檔案和目錄管理

大多數專案有自己的目錄格式要求，正確的檔案要放到正確的位置上才能發揮作用。開發者經常需要觀察整個專案的目錄結構，或某個子目錄下的檔案是否存在，就像很多圖形化整合式開發環境提供的專案檔案樹瀏覽面板。

Vim 社區裡使用比較廣泛的檔案管理外掛程式是 preservim/nerdtree，首先還是安裝它，如程式清單 7-22 所示。

程式清單 7-22　安裝檔案和目錄管理外掛程式 NERDTree

```
> cd ~/.local/share/nvim/site/pack/text/start
> git clone https://github.com/preservim/nerdtree.git
```

然後在設定檔裡增加如程式清單 7-23 所示內容。

程式清單 7-23　**NERDTree 外掛程式設定**

```
" nerdtree
nnoremap <C-i> :NERDTreeToggle<CR>        ❶
autocmd bufenter * if (winnr("$") == 1 && exists("b:NERDTree") && b:NERDTree.
isTabTree()) | q | endif                  ❷
```

❶ 用 Ctrl-i 快速鍵開啟 / 關閉檔案瀏覽視窗
❷ 當檔案瀏覽視窗是最後一個視窗時自動關閉

啟動 Vim 後，用快速鍵 Ctrl-i 開啟檔案瀏覽視窗，用 j/k 鍵上下移動游標，在目錄上按確認鍵展開 / 收起該目錄，在檔案上按確認鍵編輯該檔案。除了瀏覽，還可以用 m 指令對游標所在位置的目錄 / 檔案做增加、移動、刪除、複製等操作。與 undotree 一樣，使用問號（Shift+/）開啟 / 關閉幫助視窗，其中列出了該外掛程式的各項功能和對應操作方法。

4. 全文檢索搜尋

日常工作中，經常需要在專案所有檔案中搜尋指定文字，例如某個關鍵字在其他文件中是否被討論到，從哪些角度進行了討論？某個變數在其他程式檔案中如何被定義和使用？某個數字在資料檔案中是否存在，在哪個變數下出現次數最多，等等。

這些問題都可以透過 5.3 節中介紹的方法，在互動列中得到解決，不過在編輯文字時經常切換到互動列下進行搜尋，再根據結果切換回編輯器環境，最後開啟對應的檔案，操作起來比較煩瑣，容易打斷想法。例如我們正在編輯一個 HTML 檔案，需要修改 <div class="navbar"> 標籤的樣式，現在問題來了，navbar 有沒有被 CSS 檔案定義過，如果有在哪裡被定義的？這時固然可以再開啟一個互動列視窗，進入專案根目錄，執行 grep navbar *.css 指令，找到定義 navbar 的 CSS 檔案，返回編輯器視窗，開啟該檔案進行修改。但更好的工作流程是，當修改到 <div class="navbar">，游標停留在 navbar 上時，向編輯器發出指令：跳躍到游標下變數的定義處,編輯器就能開啟定義 navbar 的那個 CSS 檔案,游標停留在定義 navbar 的位置上。

Vim 社區裡執行這類全文檢索搜尋比較常用的外掛程式是 mileszs/ack.vim,首先還是安裝它,如程式清單 7-24 所示。

程式清單 7-24　安裝全文檢索搜尋外掛程式 ack.vim

```
> cd ~/.local/share/nvim/site/pack/text/start
> git clone https://github.com/mileszs/ack.vim.git
```

然後在設定檔裡增加如程式清單 7-25 所示內容。

程式清單 7-25　ack.vim 外掛程式設定

```
" ack
if executable('ag')
  let g:ackprg = 'ag --vimgrep'
endif
```

不難看出 ack.vim 外掛程式其實只是一個 "中間商",當系統中有 ag 指令時(正是我們在 5.3.2 節中使用的文字搜尋工具 the_silver_searcher),:Ack 指令實際是在 shell 中執行 ag --vimgrep 指令,在編輯器中展示搜尋結果。

下面我們建立兩個檔案,驗證一下全文檢索搜尋的效果,如程式清單 7-26 所示。

程式清單 7-26　建立全文檢索搜尋驗證檔案

```
cat << EOF > app.html
.header h3 {
  margin-top: 0;
  margin-bottom: 0;
  line-height: 40px;
}
EOF
```

```
cat << EOF > app.css
.navbar {
  height: 20px;
  width: 40px;
}
<div class="navbar">
  This is my html file
</div>
EOF
```

下面用 Vim 開啟 app.html，將游標移動到 navbar 上，輸入 :Ack 指令，編輯器下部出現了一個新視窗，如程式清單 7-27 所示。

程式清單 7-27　全文檢索搜尋結果視窗

```
1 app.css|7 col 2| .navbar {
2 app.html|1 col 13| <div class="navbar">
```

游標位於第 1 筆搜尋結果上，按 o 鍵游標跳躍到 app.css 檔案第 7 行 navbar 定義處，這樣就實現了上面設想的工作流程。如果想開啟其他搜尋結果，在搜尋結果視窗裡用 j/k 鍵移動到對應項目處再按 o 鍵。ack.vim 提供了多種瀏覽 / 開啟檔案的方式，與 undotree、NERDTree 一樣，也是用問號（Shift+/）開啟快速鍵列表，再按一次關閉。

由於 ack.vim 只是 ag 的 "中間商"，所以 ag 指令的參數在 :Ack 指令裡都可以使用。例如我們想在所有檔案中搜尋 str，但不要包含 string，即對 str 做全詞（whole word）搜尋，只要執行 :Ack -w str 即可。

⊙ 7.6 模式編輯常用指令和鍵位圖

我們已經在本章前面學習了模式編輯常用指令，為了大家使用方便，這裡將常見動作、對應指令及實現功能整理到表 7-6 中，如下所示。

表 7-6　模式編輯常用指令

動　　作	指令	實現功能
游標移動	gg	將游標移動到檔案表頭
	G	將游標移動到檔案尾端
	[n]G	跳躍到第 [n] 行，例如跳躍到第 2345 行是 2345G
	[n]%	跳躍到文件的百分之 [n] 部分，例如跳躍到長度為 1000 行的文件中間（第 500 行）是 50%，跳躍到 4/5 處（第 800 行）是 80%
	b/w	向前 / 後移動到下一個單字首字元
	B/W	向前 / 後移動到下一個 WORD 首字元
	ge/e	向前 / 後移動到下一個單字結尾字元
	gE/E	向前 / 後移動到下一個 WORD 結尾字元
	0	將游標移動到行首
	$	將游標移動到行尾
	(/)	向前 / 後移動一個句子
	{/}	向前 / 後移動一個段落
文字處理	d	剪貼文字
	y	複製文字
	p	在游標後剪貼文字
	P	在游標前剪貼文字
	dd	剪貼游標所在行
	D	剪貼游標到行尾的文字
	yy	複製游標所在行
	x	剪貼游標所在位置字元
編輯	如 p、P、dd、D、yy、x 等	簡單編輯
	如 dj、d3w、y0、y$	文字處理（謂語）+ 游標移動 / 文字物件[1]（賓語），實現組合編輯

1　見表 7-2。

Vim 鍵位圖如圖 7-1 所示。

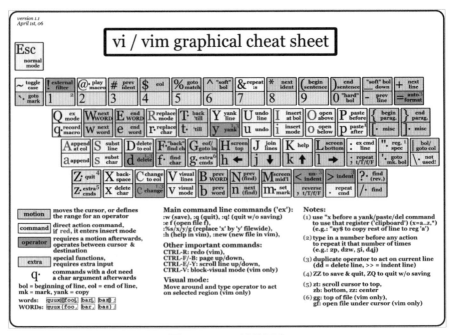

圖 7-1　Vim 鍵位圖 [a]

7.7　小結

本章的主題是文字編輯，由 3 部分組成。第 1 部分適用於所有作業系統
上所有帶模式外掛程式的編輯器，第 2 部分適用於所有 Linux 發行版本、
macOS 和 WSL 附帶的 Vim，第 3 部分則需要專門安裝，但便利性和功能
也隨之提升。

第 1 部分（Vim 核心）介紹了模式編輯的核心概念和使用方法，包含以下
內容。

□ 編輯區模式

■ 按模式劃分

---

a　Alessandro Buggin, CC BY-SA 3.0, via Wikimedia Commons。

♦ 標準模式

♦ 插入模式

♦ 視覺化模式

■ 按動作劃分：以編輯動作為單位

♦ 獨立編輯動作

♦ 組合編輯動作

• 動作 + 移動

• 動作 + 文字物件

☐ 指令模式

■ 以英文冒號開頭的 Ex 指令

■ 文字搜尋指令：/ 和 ?

模式編輯不是互動列的專屬領地，除了 Vim，還以外掛程式形式廣泛存在於各種編輯器和瀏覽器中，例如 VS Code 的 VSCodeVim、JetBrains IntelliJ 家族的 IdeaVim、Sublime Text 的 Vintage、Chrome 和 Firefox 的 Surfingkeys 等。

接下來我們將目光轉向了 Vim 的其他重要功能，這部分包含以下內容。

☐ 暫存器：Vim 的資訊儲存和傳遞系統。

☐ 巨集：將任何操作序列儲存到暫存器裡，任意多次重播，減少重複工作。

☐ 說明系統：類似於 shell 的 manpage 和 tldr 等工具，避免死記硬背。

☐ 設定系統：類似於 shell 的 .bashrc 或 .zshrc，訂製個人專屬工作環境。

這兩部分針對的是標準 Vim，即任何版本 Vim 都支援的功能。本章第 3 部分介紹如何將 Vim 打造成一個簡單好用、功能強大的編輯 / 開發環境，包含以下內容。

□ 擴充編輯功能。

　■ 連接 Vim 和其他系統應用的剪貼簿。

　■ 增強狀態列：就像 shell 中訂製提示符號，讓重要資訊始終在眼前。

　■ 持久化編輯歷史：記錄每個編輯動作，大膽修改，自由進退。

□ 管理外掛程式：使用 Neovim 內建套件管理員管理外掛程式。

□ 在專案場景中使用 Vim。

　■ 方便地定位和開啟專案中任意檔案。

　■ 在多個開啟的檔案間靈活跳躍。

　■ 管理專案中的目錄和檔案。

　■ 對專案中所有檔案執行全文檢索搜尋。

與 shell 中的其他工具一樣，用好 Vim 的關鍵是把它作為日常工具，大膽嘗試、反覆練習，達到字隨心動，人鍵合一的境界。

運籌帷幄：
執行緒管理和工作空間組織

運籌帷幄之中，決勝千里之外。

—— 司馬遷，《史記》

在前面的章節中，我們認識了形形色色的互動列應用，它們各有所長。不過俗話說一個好漢三個幫，實際工作經常需要幾個應用協作配合才能完成工作。

例如下載檔案，如果執行 wget ... 後長時間沒有反應，我們需要知道 wget 是否在下載：如果還在下載，速度也正常，只是檔案比較大需要時間，就去喝杯茶沖個澡；如果發現網路傳輸已經中斷，或速度慢到不能忍，就要中斷指令重新開始下載。

再例如同時啟動很多應用，系統變得很慢，如何才能停止消耗資源最多的那個應用，讓系統重新變得流暢？甚至整個桌面都卡住了，滑鼠和鍵盤都罷工了，如何才能讓系統恢復正常執行？

本章我們的職責像導演：首先，要能控制一個個角色，什麼時候上場，什麼時候退場，什麼時候暫停，什麼時候繼續，要做到令行禁止，收放自如；其次，在此基礎上，要把多個角色組織到一起，共同上演一齣好戲。下面我們從控制應用執行說起。

8.1　執行緒管理

8.1.1　普通執行緒管理

到目前為止，同一個互動列視窗中，一旦開始執行某個指令，就只能等它執行完才能輸入下一個指令。正常情況下，這種一問一答的模式很好，但需要和外部世界進行處理的時候，出現例外的可能性會顯著增加。例如前面下載檔案的實例，由於網路原因，執行開始後長時間沒有結果，中斷工作，或執行一段時間後暫停一下，臨時執行另一個應用。在 Linux 系統中，這類操作統稱為作業管理（job control）。

第 2 章講到，應用是儲存在檔案系統中的可執行檔。不過，這些可執行檔就像沒有通電的電腦，並不能幫我們做什麼事。只有當我們執行一個指令，或點擊兩下一個圖示，作業系統以這個可執行檔為基礎建立一個執行緒（process）之後，這些可執行檔才變成一台執行中的電腦，和我們互動，完成相關工作。

執行緒是有生命週期的，開始執行工作時建立執行緒，執行完畢後執行緒消失。以檔案列表指令 ls 為例，當我們在互動列裡輸入 ls 並按確認鍵後，本次執行對應的執行緒被建立出來，在列印指定目錄下的檔案後執行緒消失。如果我們再次執行 ls，一個全新的執行緒隨之產生，並且與前一次即時執行的執行緒無關。

日常工作中常用到的執行緒操作有中斷、暫停、前後台切換等。下面我們透過一個類比日誌記錄指令稿，說明操作執行緒的各種方法。該指令稿每 2 秒列印一次目前系統的執行時間和負載，如程式清單 8-1 所示。

程式清單 8-1　產生類比日誌記錄指令稿

```
> cd ~/Documents
> cat << EOF > smalloger.sh
#!/bin/bash
```

```
for i in {1..500}; do
    uptime
    sleep 2
done
EOF

> chmod u+x smalloger.sh
```

這裡程式執行 for 敘述迴圈 500 次,每次輸出間隔 2 秒,整個指令稿執行耗時 1000 秒,足夠我們試驗執行緒控制的各種方法了。uptime 指令輸出目前系統執行時間和負載,最後 sleep 2 指令阻塞 2 秒鐘後繼續執行,類比日誌記錄動作。

下面執行這個指令,如程式清單 8-2 所示。

程式清單 8-2　執行類比日誌記錄指令稿

```
> ./smalloger.sh
 06:03:23 up 8 days,  3:02,  0 users,  load average: 0.53, 0.48, 0.47
 06:03:25 up 8 days,  3:02,  0 users,  load average: 0.80, 0.54, 0.48
 06:03:27 up 8 days,  3:02,  0 users,  load average: 0.80, 0.54, 0.48
...
```

要停止這個正在執行中的執行緒,只要按 Ctrl-c 快速鍵即可,如程式清單 8-3 所示。

程式清單 8-3　用 Ctrl-c 快速鍵中斷執行中的執行緒

```
 06:03:41 up 8 days,  3:02,  0 users,  load average: 0.69, 0.53, 0.48
 06:03:43 up 8 days,  3:02,  0 users,  load average: 0.69, 0.53, 0.48
 06:03:45 up 8 days,  3:02,  0 users,  load average: 0.64, 0.52, 0.48
^C
achao@starship ~/Documents 2020/7/14  6:03AM Ret: 130
>
```

按 Ctrl-c 快速鍵後螢幕顯示 ^C。這裡 ^ 表示 Ctrl 鍵,然後執行緒退出,返回到互動提示字元狀態。這裡要注意提示符號尾端的 Ret: 130,它表示

cat 指令的傳回值是 130（而非表示正常結束的 0）。該傳回值表示指令結束的原因是收到訊號 ^C，這樣上面即使沒有輸出 ^C，只看傳回值，也能知道指令結束的原因。

為什麼按 Ctrl-c 快速鍵可以中斷一個指令的執行呢？原來每個執行緒能夠接收系統預先定義好的訊號（signal）。Ctrl-c 發出的訊號是 SIGINT，這個詞由兩部分組成：前面的 SIG 代表 signal，後面的 INT 代表 interrupt（中斷）。所以當我們在互動列裡按下 Ctrl-c 快速鍵時，實際上是向正在執行的執行緒發送要求它中斷執行的訊號。

可能你會感到好奇，桌面上同時執行那麼多工，這個訊號是如何傳遞給 smalloger 指令的呢？要搞清楚這個問題，得先了解 Linux 系統中的執行緒是如何組織的。

《道德經》有云：道生一，一生二，二生三，三生萬物。Linux 中的使用者執行緒也遵循類似的規則：系統啟動時，核心載入一個特殊的執行緒 systemd（傳統啟動元件 System V init 的現代繼承者），systemd 再啟動各種系統服務以及我們看到的桌面環境。當執行緒 A 建立執行緒 B 時，我們就說 A 是 B 的父執行緒（parent process），B 是 A 的子執行緒（child proess）。當 B 又建立執行緒 C 時，B 又變成了 C 的父執行緒。最終系統中的所有執行緒也像檔案系統一樣，形成了一棵樹，樹根是 systemd。這棵樹叫作執行緒樹（process tree），可以用 pstree 或 ps axjf 指令檢視。

當我們在 shell 裡執行一個 smalloger 指令時，shell 作為父執行緒建立執行 smalloger 指令稿的執行緒。按下 Ctrl-c 快速鍵後，這個訊號首先被管理桌面的執行緒捕捉，桌面執行緒把這個訊號發送給目前使用中視窗，即終端模擬器 gnome-terminal 的執行緒，模擬器執行緒發送給 shell，shell 發送給 smalloger，smalloger 收到訊號後中斷，整個訊號接收和執行過程結束。

區分 Ctrl-c 和 Ctrl-d

　　Ctrl-c 向執行緒發送中斷訊號，而 Ctrl-d 發送的是 EOF（end of file）符號，它表示檔案或串流的結尾。例如退出 shell 時，既可以執行 exit 指令，也可以使用 Ctrl-d 快速鍵。

採用類似的方法，如果正在執行一個指令，中途需要暫停一下做另外一件事，只要用快速鍵Ctrl-z發送一個 "暫停" 訊號即可，如程式清單8-4所示。

程式清單 8-4　向執行緒發送暫停訊號

```
> ./smalloger.sh
 06:09:31 up 8 days,  3:08,  0 users,  load average: 0.93, 0.74, 0.59
 06:09:33 up 8 days,  3:08,  0 users,  load average: 0.93, 0.74, 0.59
 06:09:35 up 8 days,  3:08,  0 users,  load average: 1.02, 0.76, 0.60
^Z
[1]  + 21581 suspended  ./smalloger.sh
achao@starship ~/Documents 2020/7/14  6:09AM Ret: 148
>
```

與中斷前比，^C 變成了 ^Z，表示 SIGTSTP，即 signal stop，另外多了一行輸出：

```
[1]  + 21581 suspended  ./smalloger.sh
```

其中 [1] 表示作業（job）編號，當有多個作業需要處理時，透過這個編號來指定要操作哪個作業；21581 是執行緒 ID（即 PID），是執行緒的唯一識別碼；suspended 表示這個作業目前處於暫停狀態；最後的 ./smalloger.sh 是該執行緒執行的指令。

現在我們回到了互動提示字元下，可以執行其他指令了，例如現在可以輸入 cd ~/Documents、ls -la 等。指令執行完後，使用 fg（前台 foreground

的縮寫）將暫停的工作調到前台即可。如程式清單 8-5 所示。

程式清單 8-5　使用 fg 指令將暫停的工作調到前台

```
> fg
[1]  + 21581 continued  ./smalloger.sh
 06:14:33 up 8 days,  3:13,  0 users,  load average: 1.03, 0.86, 0.67
 06:14:35 up 8 days,  3:13,  0 users,  load average: 1.03, 0.86, 0.67
 ...
```

如果我們並不關心目前的系統負載，只是把負載記錄下來供後續分析，就沒必要讓這個執行緒一直在前台執行，只要讓它在後台默默工作就可以了。

那麼什麼叫前台，什麼叫後台呢？仍然借用前面導演的比喻，在本章之前，你作為導演只能給一個演員講戲，當他開始表演的時候，你不能做任何其他事情，只能等他表演完再指導另一個演員。中斷讓你可以隨時打斷他的表演，暫停則可以讓他暫時停下來，你先指導其他演員，完了再讓他繼續表演。

中斷和暫停雖然讓你有了更強的管理能力，但仍然不理想。最好能夠給一個演員講完，就讓他自己表演，你再指導下一個演員。我們把正在接受你指導的演員叫作前台演員，自己表演的叫作後台演員，所以正在跟你用鍵盤（或滑鼠）互動的執行緒叫作前台執行緒，不再透過鍵盤互動，在後面默默工作的叫作後台執行緒。

那麼怎麼才能把前台執行緒放到後台呢？只要在把它暫停後用 bg（後台 background 的縮寫）指令即可。

下面我們動手操作一下，如程式清單 8-6 所示。

程式清單 8-6　用 bg 指令將執行緒放到後台執行

```
 ...
 06:46:57 up 8 days,  3:45,  0 users,  load average: 1.21, 0.70, 0.54
```

```
 06:46:59 up 8 days,  3:45,  0 users,  load average: 1.21, 0.70, 0.54
^Z
[1]  + 22051 suspended  ./smalloger.sh
achao@starship ~/Documents 2020/7/14  6:47AM Ret: 148
> bg
[1]  + 22051 continued  ./smalloger.sh
 06:47:04 up 8 days,  3:45,  0 users,  load average: 1.11, 0.69, 0.54
achao@starship ~/Documents 2020/7/14  6:47AM Ret: 0
> 06:47:06 up 8 days,  3:45,  0 users,  load average: 1.11, 0.69, 0.54
 06:47:08 up 8 days,  3:45,  0 users,  load average: 1.18, 0.71, 0.55
 06:47:10 up 8 days,  3:45,  0 users,  load average: 1.18, 0.71, 0.55
 06:47:12 up 8 days,  3:45,  0 users,  load average: 1.09, 0.70, 0.54
 ...
```

這時我們發現，雖然可以輸入其他指令，也能執行這些指令，但 smalloger.sh 仍然在向螢幕輸出，干擾了正常執行。這是由於後台執行緒雖然不再佔用標準輸入，卻仍然保持著和標準輸出（即螢幕）的聯絡。這就好像你已經跟一個演員講完了戲，他卻仍然不停向你報告他的狀態："導演，我要念台詞了。""導演，我要表演抓狂了。""導演……"，是不是他還沒表演，你就要抓狂了。

 如何關掉後台執行緒的輸出？

在繼續閱讀下面的內容之前，可能你已經迫不及待地想關掉後台 smalloger.sh 的輸出了，其實解決這個問題的工具前面已經介紹過了，如果心有所想，不妨動手嘗試一下。

是的，答案正是 fg 指令。

先執行 fg 指令把 smalloger.sh 調到前台，再用快速鍵 Ctrl-c 停止執行緒即可。

所以對於那些被設計為後台執行緒的指令，我們一般不讓它們使用標準輸出，而是輸出到檔案裡，這樣既能避免對前台的干擾，也可以隨時觀察它的情況。下面我們用 Vim 修改一下 smalloger.sh，讓它適合後台執行，修改後的效果如程式清單 8-7 所示。

程式清單 8-7　修改指令稿使其適合後台執行

```
> cat smalloger.sh
#!/bin/bash

for i in {1..500}; do
    uptime >> /tmp/sml.log
    sleep 2
done
```

這裡我們用重新導向技術將 uptime 的輸出指向了 /tmp 目錄下的 sml.log 檔案，其他不變。

現在可以觀察一下效果了，先啟動指令，然後暫停，再放入後台。這樣當然是可以的，不過如果從一開始就打算讓一個指令在後台執行，這樣未免麻煩了些。shell 中有專門表達 "此指令在後台執行" 的符號：&，如程式清單 8-8 所示。

程式清單 8-8　以後台執行方式啟動指令

```
> ./smalloger.sh &
[1] 23733
achao@starship ~/Documents 2020/7/14  7:14AM Ret: 0
>
```

當以後台方式執行指令時，只列印新執行緒的 PID 就返回了互動提示字元。

或許你會問，我怎麼知道它還在執行，或許它已經消失了呢？這是一個好問題，我們不僅要能操作執行緒，還要能監控它們的狀態。shell 提供了

jobs 指令實現此目的，如程式清單 8-9 所示。

```
程式清單 8-9    使用 jobs 指令監控作業狀態
> jobs
[1]  + running    ./smalloger.sh
achao@starship ~/Documents 2020/7/14  7:17AM Ret: 0
> jobs -l
[1]  + 23733 running    ./smalloger.sh
```

加上 -l 參數，會額外列印出 PID，可以看到與啟動指令時的 PID 是吻合的。

既然能把一個工作放入後台，就可以有第 2 個、第 3 個……，例如可以把 top 指令放入後台，這時用 jobs 檢視作業如程式清單 8-10 所示。

```
程式清單 8-10    用 jobs 指令檢視作業列表
> jobs
[1]  - running    ./smalloger.sh
[2]  + suspended (signal)  top
```

這時管理作業的指令與原來一樣，只需加上用 %n 標識的作業即可。例如我們要把 top 指令調回前台，由於在 jobs 指令輸出的作業列表裡 top 作業標誌為 2，因此它的作業識別符號就是 %2，對應指令如程式清單 8-11 所示。

```
程式清單 8-11    用作業識別符號指定操作的作業
> fg %2
```

現在我們已經可以隨心所欲地排程演員了，不過還有一點不太讓人滿意：在我們作為導演到來之前，片場就有很多演員在舞台上了，他們可不在我們的管理名單上，而且即使是自己安排的演員，下班之後第二天再來，他們可能也不在新的管理名單上了。難道這些演員就無法管理了嗎？

答案是可以管理，Linux 和其他商業系統的區別在於它是程式設計師寫給程式設計師使用的，它滿足了程式設計師對一切盡在掌握的需求，我們指導並知道系統在幹什麼。當然，權力越大責任越大，捅了婁子也得自己收拾，但無論如何，我們喜歡完全控制的感覺。

下面我們開啟兩個互動列階段，在第 1 個裡執行 smalloger.sh，在第 2 個裡執行 jobs，可以看到，作業列表是空的。shell 提供了 ps、kill 等指令，使得我們不依賴作業列表也能管理執行緒。這個過程包含以下兩部分。

(1)　找到目標執行緒的 PID：ps aux|grep <command-name>。

(2)　向該執行緒發訊號：kill <PID>。

例如要終止 smalloger.sh，在第 2 個階段視窗裡執行程式清單 8-12 所示指令。

程式清單 8-12　使用 ps 和 kill 終止執行緒

```
> ps aux|grep smalloger.sh
achao    24965  0.0  0.0  13444  3400 ?   S+   08:16   0:00 /bin/bash ./
smalloger.sh
achao    25205  0.0  0.0  14856  1060 ?   S+   08:19   0:00 grep --color=auto
... smalloger.sh

> kill 24965
```

第 (1) 步透過在所有執行緒列表中過濾包含 smalloger.sh 的執行緒，查到目標的 PID 是 24965，第 (2) 步用 kill 指令結束執行緒。

可以看到在第 2 個階段視窗執行 kill 指令後，第 1 個階段視窗中的 smalloger.sh 指令隨之結束，返回到了互動列提示符號下，傳回值為 143，表示執行緒被 kill 了。

為什麼 ps 指令參數 aux 前沒有橫杠？

大多數 Linux 指令採用 Unix 風格的指令參數格式，參數前面加橫杠，例如 ls -la、jobs -l 等。加州大學柏克萊分校（University of California, Berkeley）於 20 世紀 70 年代末開發的 Unix 版本 BSD（Berkeley Software Distribution）則採用不加橫槓的寫法。

ps 指令既支援 Unix 風格，也支援 BSD 風格，雖然筆者推薦按鍵更容易的 BSD 風格，但讀者完全可以根據個人習慣自由選擇。

ps+kill 雖然功能強大，但要輸入的字元比較多，尤其是一個指令啟動多個執行緒時，一個一個 kill 會比較麻煩。於是人們開發出了 pgrep、pkill、killall 等工具。例如程式清單 8-13 任一指令都能達到程式清單 8-12 的效果。

程式清單 8-13　其他終止執行緒指令

```
> pkill smalloger.sh

> killall smalloger.sh
```

8.1.2　服務管理

現在我們知道如何把執行緒放到後台執行了。不過如果我們想建構一個完全獨立執行的服務，這個方法仍然不夠完美。為什麼呢？如程式清單 8-14 所示。

程式清單 8-14　後台執行緒仍然與終端階段有聯絡

```
> cd Documents
> ./smalloger.sh &
```

```
[1] 26827
achao@starship ~/Documents 2020/7/16 12:55AM Ret: 0
> exit
zsh: you have running jobs.
achao@starship ~/Documents 2020/7/16 12:55AM Ret: 0
> jobs
[1]  + running    ./smalloger.sh
```

既然執行緒已經在後台執行了，關掉終端後應該也能繼續執行吧？但上面執行 exit 指令後，終端階段並沒有結束，而是提醒我們還有一個工作正在執行。jobs 指令的輸出也證明，& 只是把工作擋到了後台，但仍然在目前階段的作業列表裡，可以用上面介紹的 fg 指令調回到前台。如果再次執行 exit 指令強行退出，smalloger.sh 的執行緒會隨之結束。這樣的設計保證了系統使用者能夠安全地控制後台執行緒，但不能把執行緒變成與終端階段完全脫鉤的服務。

難道只能開著這個終端階段嗎？當然不是，這樣就太不優雅了。我們可以告訴 shell，別管我退不退出，都讓 smalloger.sh 繼續執行。實際來說，就是用 disown 指令（這個名字是不是很形象）把 jobs 列表裡指定的作業移除，如程式清單 8-15 所示。

程式清單 8-15　用 disown 指令中斷後台執行緒與終端階段的聯絡
```
> disown %1  ❶
> jobs
> exit
```

❶ 這裡 %1 可以省略

這次成功地結束了終端階段。不過，我們怎麼知道 smalloger.sh 仍然在執行呢？會不會已經結束了呢？你可能已經想到了：用前面介紹的 ps 或 pgrep 指令檢查 smalloger.sh 執行緒是否仍然存在。這個方法確實可行，不過，更直接的方法是檢視 smalloger.sh 是否仍然每隔兩秒向 /tmp/sml.log 檔案輸出。

怎麼才能知道 /tmp/sml.log 每兩秒內容就發生了變化呢？最簡單的方法是隔一會兒用 tail 看一下。這樣當然可行，不過 tail 指令提供了 -f 參數可以"即時"觀察一個檔案的變化情況，如程式清單 8-16 所示。

程式清單 8-16　用 tail -f 指令觀察記錄檔的變化

```
> tail -f /tmp/sml.log
 01:30:00 up 9 days, 22:28,  0 users,  load average: 0.89, 0.84, 0.68
 01:30:02 up 9 days, 22:28,  0 users,  load average: 0.82, 0.82, 0.68
 01:30:04 up 9 days, 22:28,  0 users,  load average: 0.82, 0.82, 0.68
 ...
```

不錯，這下可以放心地讓它在後台執行了。對了，這個 tail -f 是不會自動結束的，不要忘了用 8.1.1 節介紹的方法退出哦。

disown 屬於"事後管理"，如果在啟動指令前就要求它獨立執行，可以使用 nohup 指令，如程式清單 8-17 所示。

程式清單 8-17　使用 nohup 指令以獨立模式啟動指令稿

```
> nohup ./smalloger.sh &
[1] 29152
nohup: ignoring input and appending output to 'nohup.out'
> jobs
[1]  + running    nohup ./smalloger.sh
achao@starship ~/Documents 2020/7/16  2:03AM Ret: 0
> exit
```

nohup 是 no hangup（不要暫停）的簡寫。shell 退出時會向子執行緒發送 HUP（暫停）訊號。nohup 指令會忽略這個訊號，保證啟動的執行緒繼續正常執行。

現在我們可以把一個指令稿變成獨立的後台服務了。下面我們再進一步，看看如何製作系統服務。與普通後台服務相比，系統服務有兩個主要特點：

☐ 由系統啟動，而非透過使用者執行指令的方式啟動；

◻ 系統保證服務執行的穩定性，當由於某些意外執行緒終止時，系統重新開機服務。

系統服務的使用場景

　　系統服務多用於無人值守的伺服器，當系統由於硬體升級等原因重新啟動後，能夠在無人干預的情況下啟動某些服務。

　　在 macOS 或 Linux 桌上出版環境中，需要系統服務的場景比較少，這些系統大多提供了 "啟動項設定" 之類的工具，實現系統啟動時自動執行某些應用的功能。

現在大部分主流發行版本採用 systemd 作為系統和服務管理工具。system 不難了解，畢竟是本職工作，後面的 d 是什麼意思呢？原來在 Unix 命名傳統裡，一個應用以 d 結尾，表示它是一個 daemon（原意是希臘神話裡半神半人的精靈），即在後台執行而不與使用者進行處理的服務。例如 HTTP 的後台服務是 httpd，SSH 的後台服務是 sshd，定時工作服務是 crond，等等。下面我們來看如何把 smalloger.sh 變成一個系統服務。

製作系統服務的主要工作是在指定目錄下產生一個服務定義檔案，下面我們撰寫 smalloger.sh 的定義檔案並把它複製到 /etc/systemd/system 目錄下，如程式清單 8-18 所示。

程式清單 8-18　撰寫服務定義檔案並複製到指定目錄下

```
> cat << EOF > smalloger.service
[Unit]
Description=My Small Logger
After=network.target
StartLimitIntervalSec=0
```

```
[Service]
Type=simple
Restart=always
RestartSec=1
ExecStart=/home/achao/Documents/smalloger.sh
WorkingDirectory=/home/achao/Documents

[Install]
WantedBy=multi-user.target
EOF

> sudo cp smalloger.service /etc/systemd/system/
```

這個檔案中的幾個重要參數含義如下。

☐ After：定義目前服務跟在哪個服務後啟動，用來解決服務之前的依賴問題。

☐ Restart：當服務執行緒被終止後如何處理，always 要求 systemd 重新啟動服務。

☐ WorkingDirectory：目前工作目錄。

☐ ExecStart：要執行的指令。

☐ WantedBy：服務在多使用者或以上等級（包含圖形介面）下啟動。

撰寫好服務檔案後，就可以用 systemctl 指令進行管理了（需要 root 許可權），常用的服務管理指令如下所示。

☐ enable：系統啟動時啟動服務。

☐ disable：系統啟動時不啟動服務。

☐ status：顯示服務目前狀態。

☐ start：啟動服務。

☐ stop：停止服務。

☐ restart：重新啟動服務。

下面把 smalloger 設定為隨系統啟動，然後執行服務並檢視狀態，如程式清單 8-19 所示。

程式清單 8-19　設定 smalloger 為自啟動、執行服務並檢視狀態

```
> sudo systemctl enable smalloger.service
Created symlink /etc/systemd/system/multi-user.target.wants/smalloger.service →
    /etc/systemd/system/smalloger.service.
> sudo systemctl start smalloger.service
> sudo systemctl status smalloger.service
● smalloger.service - My Small Logger
   Loaded: loaded (/etc/systemd/system/smalloger.service; enabled; vendor
preset: enabled)
   Active: active (running) since Thu 2020-07-16 03:29:17 UTC; 6s ago
 Main PID: 30753 (smalloger.sh)
    Tasks: 2 (limit: 4915)
   CGroup: /system.slice/smalloger.service
           ├── 30753 /bin/bash /home/achao/Documents/smalloger.sh
           └── 30761 sleep 2

Jul 16 03:29:17 starship systemd[1]: Started My Small Logger.
```

systemctl status 指令的輸出表示 smalloger 服務目前處於活動（active）狀態，這說明服務在正常執行，以後只要系統啟動，服務就會自動開始執行，不再需要人工操作。有沒有感覺我們朝消除一切重複工作的目標又前進了一大步呢？

最後，在完成今天的工作之前，不要忘了清理實驗環境，如程式清單 8-20 所示。

程式清單 8-20　用 systemctl 指令清理實驗環境

```
> sudo systemctl stop smalloger.service
> sudo systemctl disable smalloger.service
Removed /etc/systemd/system/multi-user.target.wants/smalloger.service.
```

8.1.3　系統狀態監控

使用電腦工作的過程中，有時會遇到系統反應變慢，偶爾會出現完全不回應使用者輸入，即我們平時所說的 "當機"。隨著作業系統的日趨成熟，由於系統本身導致的問題越來越少，多數情況是使用者使用的資源太多，例如瀏覽器同時開幾十個標籤頁，或執行一些特別消耗資源的應用，又或某個正在執行的應用由於內部問題佔用了過多系統資源。

解決這類問題一般分為兩步。第 1 步要搞清楚到底是哪個（或哪些）執行緒消耗了過多系統資源，導致回應變慢或當機。

第 2 步根據第 1 步找出的執行緒確定採取什麼行動。例如瀏覽的某個網頁內部的 JavaScirpt 程式有 bug，導致瀏覽器消耗越來越多的計算和儲存資源。這屬於應用內部原因導致的例外資源消耗，這時只要關閉標籤頁或瀏覽器，系統負載就會迅速降至正常水準。如果瀏覽器不回應滑鼠和鍵盤操作，可以透過互動列結束執行緒。

如果透過檢查發現並沒有例外執行緒，說明電腦的硬體設定不適合完成目前工作。通常的解決辦法是：或更新硬體，或想辦法降低工作對資源的需求。

不論哪種情況，都需要解決以下問題：

☐ 評估目前系統的整體負載；

☐ 找到最消耗資源的執行緒；

☐ 搞清楚這個執行緒消耗了多少資源；

☐ 需要時終止該執行緒。

完成這些工作的最佳選擇是 top 和 htop，這兩個指令都採用 TUI 介面，定期更新資料，反映系統目前的即時狀態。

top 比 htop 早 20 年出道 [a]，系統監控領域帶頭大哥的地位非常穩固，幾乎所有主流發行版本都內建了該應用。htop 雖然在功能和使用者友善方面都比 top 更勝一籌，但畢竟年輕，雖然也被許多發行版本的應用倉庫收錄，卻不是內建應用，需要安裝。在沒有 root 許可權的系統中，top 仍然是系統監控和管理的不二選擇。

下面我們介紹 top 的基本使用方法，在互動列介面中輸入 top 後，可以看到如程式清單 8-21 所示的輸出（macOS 上執行 top 指令的輸出與 Linux 版本內容大致相同，只是版式和順序做了些調整）。

程式清單 8-21　top 指令範例

```
top - 15:01:15 up 34 days,  7:33,  3 users,  load average: 1.60, 0.85, 0.61❶
Tasks: 335 total,   1 running, 263 sleeping,   0 stopped,   1 zombie      ❷
%Cpu(s):  9.7 us,  2.5 sy,  0.0 ni, 86.2 id,  1.6 wa,  0.0 hi,  0.0 si,  0.0
st ❸
KiB Mem :  8056704 total,   224720 free, 4703380 used, 3128604 buff/cache ❹
KiB Swap:  8388604 total,  7419292 free,  969312 used. 2743584 avail Mem  ❺

  PID USER      PR  NI    VIRT    RES    SHR S  %CPU %MEM     TIME+ COMMAND  ❻
 7495 achao     20   0 1359404 149760  97664 S  15.9  1.9  67:41.82 chromium-b+
❼
30408 root      20   0 1391024  18136   1928 S  11.9  0.2 914:08.16 snapd
 6214 root      20   0  494668  76324  52788 S   3.0  0.9  31:33.41 Xorg
...
```

❶ 系統執行時間和目前負載

❷ 執行緒狀態總覽

❸ CPU 使用情況統計

❹ 記憶體使用情況統計

❺ swap 分區使用情況統計

❻ 執行緒詳細資訊列表

❼ CPU 資源佔用最多的執行緒

---

a　根據維基百科，top 第一次發佈於 1984 年，htop 第一次發佈於 2004 年。

上面的輸出是撰寫本書時系統的負載情況，top 指令輸出的第 1 行和
uptime 指令一樣，由 4 部分內容組成，前 3 項相對簡單。

(1) 系統目前時間：15:01:15。

(2) 系統持續執行時長：34 天零 7 個多小時。

(3) 目前登入系統的使用者數量。

最後一項 load average 表現了 CPU 的整體負載情況。其中 3 個數字分別
表示 CPU 在過去 1 分鐘、5 分鐘、15 分鐘內的負載平均值。數值越大
表示負載越高，應用等待 CPU 處理的時間越長，作為使用者的感覺就是
"卡" 得越厲害。

這 3 個值如果越來越大，即最近 1 分鐘內負載最小，最近 15 分鐘內負載
最大，表示這段時間內系統負載在下降。反之，如果 3 個值越來越小，則
表示最近 15 分鐘內系統負載逐漸升高。上面實例中這 3 個值分別是 1.68、
0.85 和 0.61，說明系統負載呈現出逐漸升高的趨勢。

top 指令輸出的第 2 ～ 5 行是系統中執行緒狀態總覽以及 CPU、記憶體和
swap 分區的資源使用情況，從第 6 行開始列出系統執行緒的詳細資訊，
每行對應一個執行緒。我們知道導致系統響應變慢最常見的因素是 CPU
資源不足，其次是記憶體不足，所以 top 指令預設以 CPU 佔用率（%CPU
列）反向排列執行緒，這樣我們可以方便地看出哪些執行緒消耗的 CPU
資源最多。

例如上面的範例中，排名第一的執行緒如下：

```
PID USER     PR  NI    VIRT    RES    SHR S  %CPU %MEM    TIME+ COMMAND
7495 achao    20   0 1359404 149760  97664 S  15.9  1.9  67:41.82 chromium-b+
```

表示這個執行緒佔用了 15.9% 的 CPU 資源，PID 為 7495，佔用了 1.9%
的記憶體。從 COMMAND 一列的 chromium 可以推斷出這是 Chromium

瀏覽器執行緒，考慮到瀏覽器從來都是 CPU 和記憶體使用大戶，這個比例還算正常。系統卡頓比較嚴重時，經常看到排名第一的執行緒佔用了 90% 以上的 CPU 資源，這時基本可以確定卡頓是由於這個執行緒過度佔用資源導致的。

如果想找到消耗記憶體最多的執行緒，在 top 互動介面裡按 Shift-m 快速鍵（即大寫的 M），改為按記憶體消耗排列，如程式清單 8-22 所示。

程式清單 8-22　將系統執行緒改為按記憶體使用量排序

```
top - 18:47:24 up 34 days, 11:20,  3 users,  load average: 1.07, 1.24, 1.13
Tasks: 340 total,   2 running, 271 sleeping,   0 stopped,   1 zombie
%Cpu(s):  9.5 us,  3.3 sy,  0.0 ni, 85.4 id,  1.5 wa,  0.0 hi,  0.3 si,  0.0 st
KiB Mem :  8056704 total,   218796 free,  5885184 used,   1952724 buff/cache
KiB Swap:  8388604 total,  7286684 free,  1101920 used.    812740 avail Mem

  PID USER      PR  NI    VIRT    RES    SHR S  %CPU %MEM     TIME+ COMMAND
 7455 achao     20   0 4147772 1.232g  57316 S   9.6 16.0 101:08.60 chromium-b+
❶
 7973 achao     20   0 4577908 619684  93036 R   1.7  7.7 114:45.73 firefox
 8173 achao     20   0 3318320 542444  24368 S   1.0  6.7  29:36.47 WebExtensi+
 ...
```

❶ 記憶體佔用最多的執行緒

現在改成了 %MEM 這一列反向排列了，可以看到瀏覽器也是記憶體消耗大戶，9.6% 的比例基本合理。如果要改回按 CPU 佔用排序，按 Shift-p 快速鍵。

確定了資源佔使用案例外執行緒後，最後一步是結束該執行緒。在 top 互動介面中輸入 k，在隨後出現的提示訊息後輸入要處理執行緒的 PID，如程式清單 8-23 所示。

程式清單 8-23　在 top 互動介面中用 k 指令終止執行緒

```
top - 11:56:41 up 35 days,  4:29,  3 users,  load average: 1.10, 1.04, 1.05
Tasks: 342 total,   1 running, 275 sleeping,   0 stopped,   1 zombie
```

```
%Cpu(s): 16.2 us,  4.1 sy,  0.0 ni, 78.1 id,  1.6 wa,  0.0 hi,  0.0 si,  0.0 st
KiB Mem :  8056704 total,   591656 free,  5789092 used,  1675956 buff/cache
KiB Swap:  8388604 total,  7190084 free,  1198520 used.  1541460 avail Mem
PID to signal/kill [default pid = 8507]    ❶
 PID USER    PR  NI    VIRT    RES    SHR S  %CPU %MEM    TIME+ COMMAND
8507 leo     20   0 3035988 224928 134444 S  23.9  2.8  57:25.94 Web Content
7495 leo     20   0 1424824 198924 157504 S  14.7  2.5 161:08.52 chromium-browse
...
```

❶ 在這裡輸入要終止的 PID

如果是預設值，不需要再輸入 PID，直接按確認鍵選擇要發送的訊號，如程式清單 8-24 所示。

程式清單 8-24　選擇終止執行緒時要發送的訊號

```
top - 11:58:10 up 35 days,  4:30,  3 users,  load average: 1.70, 1.24, 1.12
Tasks: 345 total,   2 running, 276 sleeping,   0 stopped,   1 zombie
%Cpu(s): 18.1 us,  5.1 sy,  0.0 ni, 74.6 id,  2.2 wa,  0.0 hi,  0.0 si,  0.0 st
KiB Mem :  8056704 total,   529600 free,  5821864 used,  1705240 buff/cache
KiB Swap:  8388604 total,  7190340 free,  1198264 used.  1486744 avail Mem
Send pid 8507 signal [15/sigterm]    ❶
 PID USER    PR  NI    VIRT    RES    SHR S  %CPU %MEM    TIME+ COMMAND
8507 leo     20   0 3035988 224288 134444 S  22.9  2.8  57:45.79 Web Content
7495 leo     20   0 1424824 198924 157504 S  14.3  2.5 161:21.03 chromium-browse
...
```

❶ 選擇要發送的訊號

一般來說使用預設值，直接按確認鍵，效果和前面介紹的 kill <PID> 一樣。

處理完執行緒後，輸入 q（quit 的簡寫）退出 top 互動介面。

前面介紹 CPU 平均負載時提到，負載越高，系統越容易卡頓，但高到多少就會出現卡頓呢？前面沒有講，是由於在 top 指令出現後的很長一段時間裡，CPU 都是單核心的。負載的值也很直觀：以 1 為界，小於 1 表示 CPU 還有剩餘資源，等於 1 表示滿負荷，大於 1 則說明超載了，部分程式開始等待 CPU 分配計算資源，表現出來的現象是對使用者的輸入回應變慢了。而到了多核心時代，滿載值不再是 1，而是 CPU 的核心數，該值可以透過 nproc 指令得到，如程式清單 8-25 所示。

程式清單 8-25　查詢 CPU 核心數

```
> nproc
4
```

這表示寫作本書的筆記型電腦的 CPU 有 4 個核心，所以只要 top 指令中的 load average 小於 4 就表示沒有滿載。

雖然這樣對系統的整體負載有了評估標準，但我們得記住電腦 CPU 的核心數。如果已經進入了 top 互動介面，如何用前面介紹的方法，在不退出互動介面的情況下查詢核心數呢？動手嘗試一下吧。

除此之外，如果我們想知道 CPU 每個核心的負載是多少，top 指令就無能為力了。為了解決這些問題，人們開發了 htop 指令。首先執行 htop 進入互動介面，如程式清單 8-26 所示。

程式清單 8-26　htop 指令範例

```
1  [                            0.0%]   Tasks: 191, 703 thr; 1 running
2  [||||||||||||||||||||||||100.0%]   Load average: 0.85 0.76 0.64
3  [                            0.0%]   Uptime: 34 days, 07:39:12      ❷
4  [|||||||||||             33.3%]
Mem[||||||||||||||||||||4.90G/7.68G]
Swp[||||              946M/8.00G]   ❶


  PID USER    PRI  NI  VIRT   RES   SHR S CPU% MEM%  TIME+   Command       ❸
25757 achao    20   0 35568  4936  3756 R 120.  0.1  0:00.07 htop
    1 root     20   0  220M  5152  2488 S 0.0   0.1  0:33.34 /sbin/init splash
  344 achao    20   0 63788  2056  1516 S 0.0   0.0  0:00.90 zsh
  ...
F1Help F2Setup F3Search F4Filter F5Tree F6SortBy F7Nice- F8Nice+ F9Kill F10Quit
```

---

❶ CPU、記憶體和 swap 分區的使用進度指示器

❷ 執行緒整理、負載和持續執行時間

❸ 執行緒詳細資訊列表

與 top 相比，htop 增加了即時顯示的進度指示器，可以非常清楚地展示 CPU 和記憶體的情況。並且 htop 用不同顏色標記介面上的不同元素，更加一目了然。

螢幕底部的選單列出了主要功能選項，例如 F1 進入說明頁面可以查詢各種快速鍵，F2 調整介面顯示內容和方式，F6 用來實現 top 裡按 CPU 或記憶體排序的功能，F9 終止執行緒（top 的 k 指令這裡同樣有效），F10 退出互動介面（top 的 q 指令這裡同樣有效）。

在 htop 互動介面中使用 F9 或 k 指令後介面顯示如程式清單 8-27 所示。

程式清單 8-27　htop 的執行緒終止訊號選單

```
1  [|||||||                    14.6%]   Tasks: 201, 781 thr; 1
running
2  [||||||                     12.1%]   Load average: 0.90 0.96
1.04
3  [||||||                     11.8%]   Uptime: 35 days, 04:41:08
4  [|||||||                    13.1%]
Mem[||||||||||||||||||||||||||||||5.96G/7.68G]
Swp[||||||                     1.14G/8.00G]


Send signal:      PID USER    PRI  NI  VIRT   RES    SHR S CPU% MEM%   TIME+
Command        ❶
 0 Cancel       7495 leo      20   0 1391M  194M  153M S 16.6  2.5  2h42:57
/usr/lib/chromium-browser/
 1 SIGHUP      30408 root     20   0 1358M 19292  3464 S 10.6  0.2 16h39:39
/usr/lib/snapd/snapd
 2 SIGINT       7455 leo      20   0 3736M 1434M 67256 S 10.0 18.2  2h29:59
/usr/lib/chromium-browser/
 3 SIGQUIT      7513 leo      20   0 1391M  194M  153M S  6.0  2.5 52:56.59
/usr/lib/chromium-browser/
 4 SIGILL       6214 root     20   0  490M 75740 54176 S  3.3  0.9 52:36.00
/usr/lib/xorg/Xorg -core :
 5 SIGTRAP      7973 leo      20   0 4463M  503M  100M S  2.7  6.4  2h26:05
/usr/lib/firefox/firefox
```

```
 6 SIGABRT     30436 root      20   0 1358M 19292  3464 S  2.7  0.2  1h14:36
/usr/lib/snapd/snapd
 6 SIGIOT       7571 leo       20   0 5497M  110M 25128 S  2.7  1.4 20:57.33
/usr/lib/chromium-browser/
 7 SIGBUS      30754 root      20   0 1358M 19292  3464 S  2.0  0.2 52:00.66
/usr/lib/snapd/snapd
 8 SIGFPE       7478 leo       20   0 3736M 1434M 67256 S  2.0 18.2 35:27.91
/usr/lib/chromium-browser/
 9 SIGKILL     17320 leo       20   0 36000  5228  3600 R  2.0  0.1  0:00.45
htop
10 SIGUSR1      8032 leo       20   0 2845M  217M 52124 S  2.0  2.8 25:45.05
/usr/lib/firefox/firefox -
11 SIGSEGV     30802 root      20   0 1358M 19292  3464 S  2.0  0.2  1h09:30
/usr/lib/snapd/snapd
12 SIGUSR2      7511 leo       20   0 1391M  194M  153M S  1.3  2.5 15:07.44
/usr/lib/chromium-browser/
13 SIGPIPE     30459 root      20   0 1358M 19292  3464 S  1.3  0.2 57:05.39
/usr/lib/snapd/snapd
14 SIGALRM     30417 root      20   0 1358M 19292  3464 S  1.3  0.2 57:59.09
/usr/lib/snapd/snapd
15 SIGTERM     30418 root      20   0 1358M 19292  3464 S  1.3  0.2  1h14:56
/usr/lib/snapd/snapd
16 SIGSTKFLT    826 leo        20   0 2794M  276M 66116 S  0.7  3.5 28:30.15
/usr/lib/firefox/firefox -
17 SIGCHLD      8173 leo       20   0 3243M  592M 25560 S  0.7  7.5 33:38.10
/usr/lib/firefox/firefox -
18 SIGCONT      7497 leo       20   0 1025M 34136 13988 S  0.7  0.4 19:52.89
/usr/lib/chromium-browser/
...
```

❶ 左側出現訊號選擇選單

介面左側出現 Send signal 訊號選擇選單，預設反白位置在 15 SIGTERM 處（與程式清單 8-24 中訊號的預設值一樣）。這時可以使用向上 / 向下鍵移動游標選擇不同的訊號。需要說明的是，9 SIGKILL 這個訊號要求執行緒立即終止，而收到預設值 SIGTERM 的執行緒則可以做一些釋放資源之類的清理工作之後再終止。不難看出，SIGTERM 是更好的執行緒終止方式，但對於那些收到 SIGTERM 仍拒不退出的執行緒，只好移動到 SIGKILL 上按確認鍵，強制執行。該操作與在互動列中執行 kill -9 <PID> 效果一樣。

上面介紹的各種管理方法有個前提：至少能夠開啟互動列應用，進入 shell。如果桌面已經不再回應使用者輸入，無法開啟互動列應用的話，是不是就只有強制關機然後重新啟動這一條路了呢？大多數以圖形桌面為中心的系統確實如此。但 Linux 核心與圖形桌面鬆散耦合的架構為我們提供了一種奪回控制權的終極方法：進入字元終端。Linux 系統啟動後提供了 7 個彼此獨立的虛擬終端（virtual terminal 或 virtual console），其中前 6 個是字元終端，第 7 個是圖形終端，即系統啟動後圖形登入介面所在的終端。Linux Mint 用 Ctrl-Alt-F1 快速鍵切換到第 1 個終端，用 Ctrl-Alt-F2 快速鍵切換到第 2 個終端，依此類推，按 Ctrl-Alt-F7 快速鍵進入圖形終端。

當圖形桌面不回應使用者輸入時，可以嘗試用 Ctrl-Alt-F1 快速鍵切換到第 1 個字元終端，輸入使用者名稱和登入密碼，再用上述方法找到問題執行緒並結束它，然後用 Ctrl-Alt-F7 快速鍵返回圖形桌面，就可以正常使用了。

如果發現按 Ctrl-Alt-F1 快速鍵和 Ctrl-Alt-F7 快速鍵不能切換終端，可能有下面兩種原因：

☐ 筆記型電腦鍵盤對功能鍵做了修改，例如為了方便多媒體播放，有些筆記型電腦鍵盤需要按住 Fn 鍵再按 F1 鍵才相當於普通鍵盤上 F1 鍵的功能；

☐ 發行版本採用其他快速鍵切換終端，例如有些發行版本使用 Alt-F1 作為切換到第 1 個終端的快速鍵。

可以在系統正常執行時確認好終端切換快速鍵，以備不時之需。

8.2　工作空間組織

透過 8.1 節的練習，你已經可以靈活地排程演員了。不過作為一名年輕有為的導演，你對自己提出了更高的要求：指導多個劇組工作，每個劇組可能有多個片場，每個片場又可能有多台攝影機同時工作。本節我們來看如何透過合理的組織和強大的工具，有序地管理多項平行工作──不論頭緒多麼繁雜，都能高效率地解決問題，完成工作。

8.2.1　TWP 模型

4.3.5 節談到了一個維護 Python 和 R 兩個資料分析專案的場景，目錄結構如程式清單 8-28 所示。

程式清單 8-28　包含兩個資料分析專案的目錄結構

```
> tree Documents
Documents
├── R-workspace
│    └── tidyverse-environment
│    └── hot-project
└── python-workspace
     └── data-science
          └── cool-project
```

雖然目錄模糊比對工具能夠幫助我們解決跳躍問題，但另一個問題仍然沒有解決。對仍沒有解決的問題的描述可以想像以下場景。

我們在 hot-project 專案下開啟了一個程式編輯視窗、一個 R 互動階段視窗、一個 API 文件檢索視窗。在 R 專案的工作完成之前，需要修復 python-workspace 裡 cool-project 中的問題。由於 hot-project 使用的 3 個視窗中分別儲存了重要的上下文資訊，所以不能關閉這些視窗，於是我們又為 cool-project 開啟了 3 個視窗：一個程式編輯視窗、一個 IPython 互動階段（Python 的 REPL）視窗，以及一個輔助工作視窗（在裡面進行安裝依賴套件、分析已經完成的程式、更新分析報告等工作）。隨著工作的進行，系統回應速度越來越慢，於是我們為上述兩個專案分別開啟一個日誌監控視窗，觀察日誌中是否有例外情況的報告，最後開啟一個視窗執行 top 指令收集各個應用資源消耗情況。

現在，9 個互動列視窗層層疊疊佔滿了你的電腦桌面。撰寫 Python 資料分析指令稿時，如果想確認資料的特徵，需要在這一大堆外觀類似的視窗裡翻找，好不容易找到了，可能又忘了要幹什麼。

為了解決工作內容龐雜導致的效率下降問題，人們想出了很多方法。其中比較常用的是 TWP 模型，即把所有階段視窗按工作（task）、視窗（window）和面板（pane）3 級架構組織起來。

其中最高一級工作代表一項工作、一個專案等，例如 R 資料分析專案 hot-project、Python 資料分析專案 cool-project、系統性能監控等。

第 2 級視窗表示一個工作中相對獨立的一部分工作內容，例如 Python 資料分析專案中的輔助工作視窗、系統性能監控工作中的 top 互動階段等。

最下一級面板是視窗的部分，屬於同一個視窗的各個面板之間不能互相遮蓋，而是像馬賽克一樣共同拼接出一個視窗。例如在 R 資料分析專案中，程式編輯器和 R 互動階段一左一右將視窗分成兩部分。

把上面的場景按 TWP 組織起來，就形成了如程式清單 8-29 所示的 "工作樹"。

程式清單 8-29　TWP 工作樹範例

```
.
├── cool-project
│   ├── 開發工作
│   │   ├── IPython_REPL
│   │   └── 程式編輯器
│   ├── 輔助工作
│   └── 輔助工作
├── hot-project
```

```
│   ├──── API 檢索
│   │      └──── API 檢索
│   └──── 開發工作
│   ├──── R 互動階段
│   └──── 程式編輯器
└──── 系統監控
    ├──── top 階段
    │      └──── top 階段
    └──── 日誌監控
        ├──── Python 日誌監控
        └──── R 日誌監控
```

有些視窗內容比較單一，只包含一個面板，這種情況下面板的名字和上一級視窗相同，例如 cool-project 的 "輔助工作" 視窗、hot-project 的 "API 檢索" 視窗等。

工作樹的結構沒有標準答案，每個人有不同的了解，並且可能隨著工作內容的變化不斷調整。例如上面結構樹的系統監控部分，既可以將 Python 和 R 日誌監控作為兩個面板放到日誌監控視窗中，也可以將二者作為兩個獨立的視窗。

8.2.2　以 tmux 為基礎組織工作空間

將多個互動列視窗按照 TWP 模型組織好後，需要透過工具將模型實踐，畢竟單純的概念模型並不能將散落在桌面上的互動列視窗組織起來。實際來說，應該提供以下功能：

☐ 方便地建立工作、視窗和面板；

☐ 合理地展示和隱藏工作、視窗和面板，讓使用者可以專注於目前工作，避免無關資訊的打擾；

☐ 方便地調整工作樹結構；

☐ 適用範圍廣，可以方便地移植到不同系統中；

☐ 按照個人習慣靈活地訂製使用方法。

此類工具中使用比較廣泛的是 tmux，它是老牌終端重用器（terminal multiplexer）GNU Screen 的現代改進版，提供了更強大的功能、更高的程式品質以及更寬鬆的 BSD 授權合約（Berkeley Software Distribution license）。

tmux 的架構和 TWP 一致，不過最高一級的工作在 tmux 術語中叫作 session。tmux 採用 C/S（client/server，用戶端 / 服務端）架構。當我們執行 tmux 指令建立新工作時，就會在後台啟動了一個 tmux 服務（server），在互動列視窗中看到的 tmux 則是它的用戶端（client）。服務可以透過用戶端和我們互動，接收我們的指令，就像任何一個前台執行的普通互動列應用一樣，此時目前執行的工作處於連接（attached）狀態。

當我們不再需要與 tmux 中的階段互動，而是讓它們在後台執行時，可以將服務中斷（detach），類似於 8.1 節中把一個應用放入後台。

當需要重新與 tmux 中的階段互動時，可以再次連接（attach）到服務上，類似於將一個後台執行緒調到前台。如果把單一應用比作一台機器，tmux 就是一個包含多個正在執行機器的工作間。雖然不能用管理機器的方法來管理這個房間，但它們都可以在前後台間切換。

互動列應用透過執行指令來實現功能，tmux 也不例外。不過此類應用有些特殊，要經常做切換視窗、移動面板、連接 / 中斷服務等動作。如果每個動作都要執行一個指令，需要在輸入指令上花費很多時間，反而不能專注於工作本身。這個問題的解決方法是給常用指令指定快速鍵，使一行指令變成一個或幾個按鍵組合。這些快速鍵最終會變成肌肉記憶固定下來，降低工具的使用成本。

作為內部執行互動列應用的容器，tmux 的快速鍵設定頗有挑戰性。互動列應用基本依賴鍵盤輸入，有些還是快速鍵消費大戶（例如 Vim），因此如何避免與內部應用的快速鍵衝突是必須解決的問題。在一個只用滑鼠控制的圖形應用中，可以簡單地將每個字母或數字作為快速鍵和某項功能連在一起。但在 tmux 環境中輸入字母或按鍵組合時，它到底是輸入指令的一部分，還是該應用定義的快速鍵，還是 tmux 的快速鍵呢？

解決這個問題的方法是使用字首（prefix）。所謂字首，就是一個按鍵組合，tmux 的預設字首是 Ctrl-b。一個標準的 tmux 快速鍵由兩部分組成：字首和主體。以前面提到的服務中斷為例，可以透過執行 tmux detach 完成，對應的快速鍵是 prefix d，即先按 prefix 組合鍵，鬆開後再按 d 鍵。字首告訴 tmux：後面跟著的輸入是發給你的，而非發給你內部的互動列應用的。而 d 鍵預設與 detach 指令綁定，所以 tmux 收到 d 後執行 detach，完成中斷動作。當我們看到文件中提到 tmux 的快速鍵是 prefix d 時，要在腦海裡把它取代成 Ctrl-b d。

你可能會問，為什麼不直接寫成 Ctrl-b d 呢，這樣不是更清楚嗎？這是由於 tmux 高度的可訂製性，可以方便地把 prefix 定義成你喜歡的其他組合鍵。當 prefix 為 Ctrl-b 的時候可以直接寫成 Ctrl-b d，當 prefix 為其他的情況時（諸如 Shift-b），就不如寫成 prefix b 準確了。

隨著時間的流逝，tmux 預設的快速鍵已經不適合大部分人的使用習慣了，所以使用 tmux 的第一步是修改預設設定，下面我們就從這裡說起。

1. 安裝和設定

tmux 應用得十分廣泛，幾乎包含在所有主流發行版本的軟體倉庫裡。在 Linux Mint 上，它的安裝和設定方法如程式清單 8-30 所示。

程式清單 8-30　安裝並下載 tmux 設定檔

```
> sudo apt install tmux      ❶
> wget https://gitee.com/charlize/tsg_source_code/raw/master/.tmux.conf -O
~/.tmux.conf  ❷
```

❶ macOS 使用者把 apt 換成 brew，Fedora 使用者換成 dnf
❷ 下載設定檔

應該安裝哪個版本？

大多數開放原始碼軟體會提供兩個版本：最新發佈版（latest release 或 current stable）和預發佈版（pre-release）。例如 tmux 的發佈頁面顯示（本書寫作時）tmux 的最新發佈版本是 3.1b，預發佈版本是 3.2-rc2。

最新發佈版經過了嚴格的程式評審和測試，功能比較穩定，但由於品質保證工作需要時間，所以最新功能常常不會包含在這個版本裡發佈。預發佈版則包含最新功能，但沒有經過嚴格檢驗。如果你對穩定性的要求比較高，並不急於使用新功能，選擇最新發佈版；反之，如果願意承擔一定的風險想先睹為快，那就選擇預發佈版。

Linux 發行版本對收錄軟體的新版本更加謹慎，除了軟體本身的品質，還要考慮不同軟體套件之間的版本相容問題，所以用套件管理員安裝的版本常常比官方的最新發行版本要舊一些，例如用 apt 安裝的 tmux 是 2.6 版本。

作為新手使用者，建議先用發行版本的套件管理員安裝軟體。當發現需要新版本中的功能時，可以再用 asdf 等工具安裝需要的版本。

大多數開放原始碼軟體會提供兩個版本：最新發佈版（latest release 或 current stable）和預發佈版（pre-release）。例如 tmux 的發佈頁面顯示（本書寫作時）tmux 的最新發佈版本是 3.1b，預發佈版本是 3.2-rc2。

最新發佈版經過了嚴格的程式評審和測試，功能比較穩定，但由於品質保證工作需要時間，所以最新功能常常不會包含在這個版本裡發佈。預發佈版則包含最新功能，但沒有經過嚴格檢驗。如果你對穩定性的要求比較高，並不急於使用新功能，選擇最新發佈版；反之，如果願意承擔一定的風險想先睹為快，那就選擇預發佈版。

　　Linux 發行版本對收錄軟體的新版本更加謹慎，除了軟體本身的品質，還要考慮不同軟體套件之間的版本相容問題，所以用套件管理員安裝的版本常常比官方的最新發行版本要舊一些，例如用 apt 安裝的 tmux 是 2.6 版本。

　　　作為新手使用者，建議先用發行版本的套件管理員安裝軟體。當發現需要新版本中的功能時，可以再用 asdf 等工具安裝需要的版本。

tmux 所有的功能都可以透過執行指令來實現，例如修改外觀、定義快速鍵等。透過精心選擇這些指令的參數，就可以把 tmux 調整到最符合個人口味的狀態。但是每次使用前都執行一遍這些指令未免太麻煩了，於是人們把需要執行的指令寫在一個約定好的檔案裡。應用啟動時，發現這個檔案存在，就自動執行一遍。這樣的檔案叫作設定檔。按照 Unix 命名習慣，設定檔是 HOME 目錄下的隱藏檔案（所以有時候人們叫它們 dot files），檔案名稱是應用名後面加上 rc 或 .conf。例如 Zsh 的設定檔 ~/.zshrc、Vim 的設定檔 ~/.vimrc，等等。tmux 的預設設定檔是 ~/.tmux.conf，正是上面程式第 2 步下載後儲存的檔案名稱（透過 wget 指令的 -O 選項指定）。它主要定義了以下幾方面內容。

☐ prefix：刪掉了預設的 Ctrl-b，改成了 Alt-q。

☐ 快速鍵：包含建立新視窗和面板、在不同視窗 / 面板間跳躍、重新命名視窗、開啟 tmux 主控台等。

☐ 複製模式（copy mode）：類似於 vi 的 normal 模式，在該模式下可以進行瀏覽指令記錄、搜尋、選擇和複製文字等操作。

☐ 整體樣式和顏色：設定終端顏色模式、預設視窗名稱、快速鍵風格、視窗 / 面板初始索引等。

☐ 狀態列內容和樣式：包含狀態列左 / 中 / 右側各顯示哪些內容，各自的前景 / 背景顏色、更新頻率等。

為什麼不用預設的 Ctrl-b 呢？

前面說到 tmux 是 Screen 的改進版，Screen 的預設字首是 Ctrl-a，受此影響 tmux 把字首預設值定義為 Ctrl-b。

可能你仍然感到疑惑，Ctrl-a 也不比 Ctrl-b 方便多少嘛！關鍵不在於 a 還是 b，而是 Ctrl 鍵離鍵盤中心太遠了。

確實如此。原來在現代 PC 鍵盤出現前的終端鍵盤上，Ctrl 鍵並不在現在的位置上，而是在字母 A 的左側，即現代鍵盤 Caps Lock 鍵所在位置。對使用這種鍵盤的程式設計師來說，Ctrl 和其他字母的組合鍵非常方便按；但對於使用現代鍵盤的我們，就完全不是這樣了。

不過話又說回來，雖然這裡我們用 Alt-q 取代了 Ctrl-b，但並不是所有使用 Ctrl 的快速鍵都可以修改。另外，對於 Vim 真愛粉，重要按鍵 ESC 也很 "偏遠"，這促使我們想方設法對這種不友善的鍵位佈局重新進行設計。實際方法見附錄 A.2 節。

前面說到 tmux 是 Screen 的改進版，Screen 的預設字首是 Ctrl-a，受此影響 tmux 把字首預設值定義為 Ctrl-b。

可能你仍然感到疑惑，Ctrl-a 也不比 Ctrl-b 方便多少嘛！關鍵不在於 a 還是 b，而是 Ctrl 鍵離鍵盤中心太遠了。

確實如此。原來在現代 PC 鍵盤出現前的終端鍵盤上，Ctrl 鍵並不在現在的位置上，而是在字母 A 的左側，即現代鍵盤 Caps Lock 鍵所在位置。對使用這種鍵盤的程式設計師來說，Ctrl 和其他字母的組合鍵非常方便按；但對於使用現代鍵盤的我們，就完全不是這樣了。

不過話又說回來，雖然這裡我們用 Alt-q 取代了 Ctrl-b，但並不是所有使用 Ctrl 的快速鍵都可以修改。另外，對於 Vim 真愛粉，重要按鍵 ESC 也很 "偏遠"，這促使我們想方設法對這種不友善的鍵位佈局重新進行設計。實際方法見附錄 A.2 節。

這裡所說的 "跳躍"，是指將代表目前使用中視窗 / 面板的游標移動到新的視窗 / 面板上，進一步達到改變目前使用中視窗 / 面板的目的。上述快速鍵定義遵循下面兩個原則。

□ 簡單方便：去掉按起來比較麻煩的快速鍵，換成簡單的按鍵，例如把 Ctrl-b 換成 Alt-q。

□ 符合 vi 習慣：vi 風格快速鍵是互動列世界裡的通用語言。

下面我們邊操作邊看設定檔，了解各種定義的實現方法。

2. 管理工作、視窗和面板

安裝 tmux 並準備好設定檔後，先建立一個監控工作，如程式清單 8-31 所示。

程式清單 8-31　建立一個新 tmux 工作

```
> tmux new -s monitor
```

這是我們接觸的第一個 tmux 指令，它的一般格式是：

```
tmux <command> [<option1> <option1-value> <option2> <option2-vaule> ...]
```

這裡 new 是互動名稱，它是 new-session 的簡寫，表示建立一個新工作（tmux 術語是 session）。-s monitor 是第 1 組參數定義，其中 -s 表示後面的值用來設定 session 的名稱，monitor 是我們自訂的工作名稱，也可以換成其他任何方便了解的名字。指令後面的參數量不固定，有些指令沒有參數定義，有些帶一對以上的參數定義。

執行上面的指令後，螢幕被清空，出現如程式清單 8-32 所示的內容。

程式清單 8-32　進入 monitor 工作

```
achao@starship ~ 2020/7/29  7:55AM Ret: 0
>


session: monitor 1 1              1:zsh*             07:55 2020-07-29  ❶
```

❶ tmux 狀態列

螢幕頂部是我們熟悉的互動列，底部多了一個狀態列，它由以下 3 部分組成。

☐ 左側：工作名 monitor、目前視窗和面板編號，這裡都是 1（而非 0）。
☐ 中間：視窗列表編號 1 和名稱 zsh，後面的星號表示它是目前視窗。
☐ 右側：顯示目前時間和日期，中間用空格分隔。

下面我們執行 less ~/.tmux.conf 指令，檢視 tmux 設定檔。然後按下快速鍵 Alt-n，效果如程式清單 8-33 所示。（PC 鍵盤上的 Alt 鍵預設對應 macOS 的 Option 鍵，預設情況下與很多其他按鍵的組合被系統佔用作為輸入 Unicode 字元的快速鍵，無法被 tmux 接收，需要在系統設定中將 Meta 映射到其他按鍵上）。

程式清單 8-33　建立新視窗

```
achao@starship ~ 2020/7/29  8:04AM Ret: 0
>


session: monitor 2 1              1:less- 2:zsh*        08:06 2020-07-29
```

螢幕頂部出現了新的互動列提示符號。底部狀態列中，左側變成了 monitor 2 1，表示我們目前處於 monitor 工作的第 2 個視窗中第 1 個面板。同時中間的視窗列表變成了 1:less- 2:zsh*，1 號視窗名稱從 zsh 變成了 top，表示目前正在執行 less 指令，後面的 - 表示 1 號視窗是前一個目前視窗 [a]。2 號視窗名稱後面的星號與左側的目前視窗編號一致，表示它是

---

a　關於視窗名稱標示的詳細說明，請參考 tmux 使用者手冊的 STATUS LINE 一節。

目前視窗。下面我們在目前視窗中執行 vmstat 3 5 指令，每隔 3 秒列印一次系統虛擬記憶體使用情況，共列印 5 次（macOS 使用者可以用 vm_stat 3 指令代替，但需要使用 Ctrl-c 快速鍵手動停止執行），然後按下快速鍵 Alt-/。效果如程式清單 8-34 所示。

```
程式清單 8-34　在目前視窗中新增面板

achao@starship ~ 2020/7/29  8:44AM Ret: 0    | achao@starship ~ 2020/7/29
8:44AM Ret: 0
> vmstat 3 5                                 | >
procs -----------memory---------- ---swap    |
 r  b   swpd   free   buff cache   si         |
 0  0      0 7892208      0 113616    4        |
 3  0      0 7892420      0 113616    0        |
 5  0      0 7892420      0 113616    0        |
 1  0      0 7892376      0 113616    0        |
                                              |
                                              |
                                              |
session: monitor 2 2          1:less- 2:vmstat*          08:44 2020-07-29
```

現在螢幕被分成了左右兩半，表示兩個面板，中間用分隔號隔開。狀態列左側變成了 monitor 2 2，表示我們處於 monitor 工作的 2 號視窗的 2 號面板中，在這裡執行一下 top 指令。

建立新面板時，1 號視窗中的 less 指令和 2 號視窗左側面板中的 vmstat 指令仍然在前台執行，不需要先放入後台再啟動其他指令，這就是終端重用工具的核心用途之一：在一個互動列階段內部同時執行多個應用。

我們已經建立了 1 個工作、2 個視窗和 3 個面板，並在其中同時執行了 less、vmstat 和 top 指令。要跳躍到其他視窗，只要按住 Alt 鍵然後輸入視窗編號即可，例如跳躍到 1 號視窗是 Alt-1，從 1 號視窗跳躍回 2 號視窗是 Alt-2。還可以用 Alt-n 快速鍵多建立幾個視窗，然後用 Alt-3 快速鍵跳躍到 3 號視窗，等等。2 號視窗裡有兩個面板，用 Alt-h 快速鍵跳躍到左側面板，Alt-l 快速鍵跳躍到右側面板。還可以用 Alt-- 快速鍵（按住 Alt 鍵然後輸入 0 右邊的 - 符號）進一步對面板做上下分割，然後用 Alt-j 快速鍵和 Alt-k 快速鍵分別跳躍到下面和上面的面板。

一口氣說了這麼多，可能你在考慮怎麼才能記住這麼多快速鍵，不用擔心，因為它們都是我們自訂的。下面我們用 Alt-1 快速鍵跳躍到 1 號視窗看看設定檔是如何定義的（可以用搜尋技術在檔案裡快速找出到下面的程式部分，如果忘了怎麼操作，請參考 5.2 節），如程式清單 8-35 所示。

程式清單 8-35　tmux 設定檔中有關跳躍的快速鍵定義

```
# quick window switching
bind -n M-1 select-window -t 1
bind -n M-2 select-window -t 2
bind -n M-3 select-window -t 3
bind -n M-4 select-window -t 4
bind -n M-5 select-window -t 5
bind -n M-6 select-window -t 6
bind -n M-7 select-window -t 7
bind -n M-8 select-window -t 8
bind -n M-9 select-window -t 9

# quick pane switching
bind -n M-k select-pane -U
bind -n M-j select-pane -D
bind -n M-h select-pane -L
bind -n M-l select-pane -R
```

前面說過 tmux 的設定檔是由一行一行指令組成的，在程式清單 8-35 裡，以 # 開頭的是註釋，其他每一行都是一行快速鍵定義指令。以第 1 句 bind -n M-1 select-window -t 1 為例：

(1)　bind 是 bind-key 的縮寫，是用來綁定快速鍵的指令；

(2)　-n 表示這個快速鍵不使用字首；

(3) M-1 中的 M 是 Meta 的意思，在 PC 鍵盤上對應 Alt 鍵，所以 M-1 在 PC 鍵盤上就是 Alt-1；

(4) select-window -t 1 是一行 tmux 指令，執行後跳躍到 1 號視窗。

所以執行這行指令的效果是將跳躍到 1 號視窗的指令綁定到快速鍵 Alt-1 上。這就是為什麼按下快速鍵 Alt-1 後我們會跳躍到 1 號視窗，如果在 2 號視窗裡執行 tmux select-window -t 1，和 Alt-1 的效果完全一樣。

同理，tmux 指令 select-pane -U 的 -U 參數是 upper 的簡寫，所以指令的效果是選擇當前面板上方的面板作為新的目前活動面板。上面的設定裡，bind -n M-k select-pane -U 把這個指令和快速鍵 M-k 連在一起，實現透過快速鍵 Alt-k 向上跳躍的功能。

現在我們暫時離開一下監控工作，開始一個新的資料分析工作。首先用 Alt-q d 中斷（detach）與目前工作的連接，這時監控工作中正在執行的 3 個執行緒仍然是一個整體，包裹在 tmux 的 session 裡在後台執行。中斷後我們回到了剛才執行 tmux new -s monitor 的階段中，執行 tmux new -s dataAnalysis，螢幕再次被清空，但底部狀態列左側不再是 session: monitor 1 1，變成了 session: dataAnalysis 1 1，表示我們在 dataAnalysis 工作中。

接下來首先進入 Python 資料分析專案 cool-project 目錄，然後啟動 Vim 編輯一個 Python 指令稿，並在右側建立新面板，作為資料分析互動環境，如程式清單 8-36 所示。

程式清單 8-36　建立包含指令稿撰寫和互動階段的資料分析環境

```
         | achao@starship ~ 2020/7/30  3:00AM Ret: 0
~        | > z cool
~        | achao@starship ~/Documents/python-workspace/data-
         | science/cool-project ...
~        | > python
~        | Python 3.8.1 (default, Apr  9 2020, 23:16:43)
~        | [GCC 7.5.0] on linux
```

```
~                        | Type "help", "copyright", "credits" or "license" ...
~                        | >>>          ❶
~                        |
~                        |
~                        |
~                        |
~                        |
     0,0-1        All |              ❷
session: dataAnalysis 1 2              1:python*        03:01 2020-07-30    ❸
```

❶ Python 互動環境
❷ Vim 狀態列
❸ tmux 狀態列

左側是 Vim 啟動後的編輯介面（下面的狀態列顯示了它的存在），右側是 Python 互動環境標示性的 >>> 提示符號。

下面我們從 dataAnalysis 工作中斷，透過 tmux 指令檢視一下整棵工作樹，如程式清單 8-37 所示。

程式清單 8-37　列出所有已建立的工作、視窗和面板

```
> tmux list-sessions          ❶
dataAnalysis: 1 windows (created Thu Jul 30 02:52:03 2020) [211x56]
monitor: 2 windows (created Wed Jul 29 07:55:19 2020) [211x56]

> tmux list-windows -a        ❷
dataAnalysis:1: python* (2 panes) [211x56]
monitor:1: less- (1 panes) [211x56]
monitor:2: top* (2 panes) [211x56]

> tmux list-panes -a          ❸
dataAnalysis:1.1: [105x56] [history 51/2000, 24132 bytes] %8
dataAnalysis:1.2: [105x56] [history 1/2000, 557 bytes] %9 (active)
monitor:1.1: [211x56] [history 75/2000, 27930 bytes] %0 (active)
monitor:2.1: [106x56] [history 19/2000, 6213 bytes] %1
monitor:2.2: [104x56] [history 284/2000, 83540 bytes] %7 (active)
```

❶ 列出所有工作
❷ 列出所有工作中的視窗
❸ 列出所有視窗中的面板

這 3 個指令提供了不同細微性的工作樹情況。要回到 dataAnalysis 工作，只要執行 tmux attach -t dataAnalysis 即可。

如果要切換到監控工作，當然可以先從目前工作中斷，再 attach 到目標工作上。不過這樣未免有些麻煩，tmux 提供了在目前 session 內直接跳躍的方法。

☐ prefix s：跳躍到其他 session。

☐ prefix w：跳躍到其他 session 裡的其他視窗。

前者適合只想切換工作，並回到上次中斷時的使用中視窗，執行後出現如程式清單 8-38 所示的選單。

程式清單 8-38　切換 session 選單

```
(0)   + dataAnalysis: 1 windows (attached)
(1)   + monitor: 2 windows
```

用 j/k 鍵上下移動游標，選好後按確認鍵就跳躍到了對應的 session 裡。

後者適合明確知道要去其他工作的哪個視窗，執行後出現如程式清單 8-39 所示選單。

程式清單 8-39　切換 window 選單

```
(0)   - dataAnalysis: 1 windows (attached)
(1)   └──> + 1: python* (2 panes)
(2)   - monitor: 2 windows
(3)   ├──>   1: less- (1 panes) "starship"
(4)   └──> + 2: top* (2 panes)
```

跳躍方法與上面相同。

一項工作完成後，只要關閉其中所有視窗、面板中執行的互動列階段，整個 session 就會被關閉。當一個 tmux 服務裡的所有 session 都關閉後，服務本身就關閉了，不需要使用者手動管理。

3. 說明系統

上面介紹了 tmux 的使用和設定方法，其中一部分定義在設定檔中，另一部分則沒有出現在設定檔中，例如與服務中斷、跳躍到其他工作等，那麼這些指令和快速鍵就只能死記硬背了嗎？不需要，因為 tmux 有一套友善且細緻的說明系統。

在互動列應用中，列印列表是個非常有用的工具，至於實際列印什麼，要看這個應用提供了哪些功能。初識一款互動列應用（假設叫 myapp），常見的方法是先執行 myapp --help 或 myapp help 檢視它的指令列表，在裡面找 list 或 ls 有關的指令執行一下，如果該應用提供參數補全，那就更方便了。tmux 就屬於這種比較友善的互動列應用。下面我們在 tmux 工作環境裡新增一個視窗，輸入 tmux list 然後按兩次 Tab 鍵可以看到如程式清單 8-40 所示的指令列表。

程式清單 8-40　tmux 與 list 相關的指令

```
> tmux list-
list-buffers    -- list paste buffers of a session
list-clients    -- list clients attached to server
list-commands   -- list supported sub-commands
list-keys       -- list all key-bindings
list-panes      -- list panes of a window
list-sessions   -- list sessions managed by server
list-windows    -- list windows of a session
```

注意其中的 list-keys 指令，輸入完整然後執行一下，如程式清單 8-41 所示。

程式清單 8-41　tmux list-keys 的指令輸出

```
> tmux list-keys | less
bind-key    -T copy-mode    C-Space         send-keys -X begin-selection
bind-key    -T copy-mode    C-a             send-keys -X start-of-line
bind-key    -T copy-mode    C-b             send-keys -X cursor-left
bind-key    -T copy-mode    C-c             send-keys -X cancel
```

```
bind-key    -T copy-mode    C-e                    send-keys -X end-of-line
...
```

例如輸入 /detach 可以找到如程式清單 8-42 所示內容。

程式清單 8-42　關於中斷連接和跳躍的指令

```
...
bind-key    -T prefix      d                    detach-client
...
```

説得很清楚了，prefix d 連結 detach-client 指令，跳躍到前面建立的 less ~/.tmux.conf 視窗，搜尋 prefix 可以找到如程式清單 8-43 所示的 prefix 的定義。

程式清單 8-43　設定檔中關於 prefix 的定義

```
...
set -g prefix M-q
...
unbind C-b
...
```

將 prefix 設定為 Alt-q，並透過 unbind 指令刪除預設的 Ctrl-b。

上面講了透過指令尋找對應的快速鍵，能不能透過快速鍵查綁定指令呢？當然可以，回到 tmux list-keys | less 視窗，搜尋　s　（s 前後各有一個空格）以及　w　，看如程式清單 8-44 所示的説明。

程式清單 8-44　根據快速鍵搜尋指令

```
...
bind-key    -T prefix      s              choose-tree -s
...
bind-key    -T prefix      w              choose-tree -w
...
```

原來 prefix s 和 prefix w 分別連結 choose-tree -s 和 choose-tree -w 指令，
這兩個指令又是什麼意思呢？再開啟一個視窗，輸入 man tmux 並搜尋
choose-tree，看到如程式清單 8-45 所示的說明。

程式清單 8-45　tmux 使用者手冊中對 choose-tree 的說明

```
choose-tree [-Nsw] [-F format] [-f filter] [-O sort-order] [-t target-pane]
[template]
      Put a pane into tree mode, where a session, window or pane may be
chosen interactively from a list.
      -s starts with sessions collapsed and -w with windows collapsed.  The
following keys may be
      used in tree mode:
      ...
```

當然，搜尋 s 是一種比較偷懶的方法，嚴格來說，應該搜尋 prefix\s+s，
即 prefix 後面跟著幾個空格然後是 s。

現在查查下面這些快速鍵和指令的作用，然後實際操作驗證一下：

☐ prefix z

☐ swap-pane

☐ break-pane

☐ prefix .

☐ prefix $

☐ prefix ,

4. 複製模式

第 7 章講到模式編輯是 vi 的核心特色，tmux 也有模式，其中最常用的是
複製模式（copy mode）。類似於 vi 的標準模式，複製模式主要用於瀏覽
指令記錄、搜尋文字、選擇和複製等操作。

Linux 系統中的 tmux 借助 xsel 或 xclip 實現複製、剪貼操作，所以體驗複製模式之前，請首先執行 sudo apt install xsel 或 sudo apt install xclip。

好，下面進入正題，~/.tmux.conf 中複製模式的定義如程式清單 8-46 所示。

程式清單 8-46　設定檔中關於複製模式的定義

```
setw -g mode-keys vi          ❶

unbind [
unbind ]
bind -n M-c copy-mode         ❷

bind-key -T copy-mode-vi v send-keys -X begin-selection             ❸
bind-key -T copy-mode-vi y send-keys -X copy-selection-and-cancel   ❹
bind-key -T copy-mode-vi r send-keys -X rectangle-toggle            ❺
bind p paste-buffer           ❻
```

❶ 設定複製模式採用 vi 風格快速鍵
❷ 按 Alt-c 快速鍵進入複製模式
❸ 按 v 鍵進入文字選擇模式
❹ 按 y 鍵複製選取的文字
❺ 按 r 鍵切換列選擇狀態
❻ 使用 prefix p 剪貼文字

這裡首先刪掉了 tmux 預設的複製模式快速鍵（畢竟 [、] 都不太好按），改成了相對好按也容易記憶的字母，例如 c 代表 copy mode，r 代表 rectangle，v 和 y 則與 Vim 的 visual 模式以及複製文字快速鍵相同。

下面我們在 tmux 視窗裡按 Alt-c 快速鍵進入複製模式，如程式清單 8-47 所示。

程式清單 8-47　進入 tmux 複製模式

```
# Set the default terminal mode to 256color mode       [0/215]    ❶
set -g default-terminal "tmux-256color"
```

```
# disable mouse scroll
set-option -g mouse off

# fix the window name
set-option -g allow-rename off
...
```

❶ 複製模式標示

注意螢幕右上角的 [0/215] 標示，它表示目前處於複製模式，其中第 1 個數字表示目前游標位置，第 2 個數字表示指令記錄的總長度，隨實際情況下指令記錄的長度而定，不一定是 215。現在你可以像使用 Vim 一樣移動游標了。首先輸入 gg 跳到歷史頂端，這時右上角標記變成了 [215/215]，說明目前游標處於歷史最頂端。此時常用的快速操作如表 8-1 所示。

表 8-1　常用快速操作

快速操作	實現功能
J/K	向下 / 上捲動螢幕
Ctrl-b/Ctrl-f	向前 / 後翻頁（也可以用 PgUp/PgDn）
j/k	向下 / 上移動游標
/	搜尋文字
N/n	尋找上 / 下一處比對
v	進入文字選擇模式
V	按行選擇文字
y	複製選取的文字並退出複製模式

完整的快速鍵列表，請檢視 tmux list-keys 輸出文字中以 bind-key -T copy-mode-vi 開頭的行。

有了這些，再配合 prefix p 剪貼文字，即使在圖 5-1 那樣的 "上古神器" 上工作，也可以實現像圖形化終端那樣瀏覽指令輸出，搜尋和複製、剪貼文字了。

5. 訂製 tmux

tmux 提供了豐富的設定選項，可以訂製 tmux 的各方面。這裡選出比較常用的一些設定，分為全域屬性和狀態列相關屬性兩部分分別介紹。

首先來看 tmux 全域屬性設定，如程式清單 8-48 所示。

程式清單 8-48　tmux 全域屬性設定

```
set -g default-terminal "tmux-256color"      ❶
set-option -g mouse off                       ❷
set -g prefix M-q                             ❸
setw -g mode-keys vi                          ❹
set -g base-index 1                           ❺
setw -g pane-base-index 1                     ❻
```

❶ 設定預設終端類型
❷ 關閉滑鼠支援
❸ 設定 prefix 快速鍵
❹ 使用 vi 風格快速鍵
❺ 視窗標誌從 1 開始
❻ 面板標誌從 1 開始

tmux 的視窗和面板預設從 0 開始標記，不符合日常計數習慣，鍵位與後面的 1、2、3 等不相鄰，不利於形成肌肉記憶，所以這裡改為從 1 開始標記。

程式清單 8-49 是與狀態列相關的設定。

程式清單 8-49　tmux 狀態列相關設定

```
set -g status-interval 60          ❶

set -g status-left "#[fg=green]session: #S #[fg=yellow]#I #[fg=cyan]#P" ❷
set -g status-left-length 40        ❸
set -g status-justify centre        ❹
set -g status-right "%R #[fg=black bg=white]%F"          ❺

set -g status-fg white              ❻
```

```
set -g status-bg black              ❼
setw -g monitor-activity on         ❽
set -g visual-activity off          ❾
set-window-option -g window-status-style fg=cyan,bg=default,dim        ❿
set-window-option -g window-status-current-style fg=white,bg=blue,bright    ⓫
set -g message-style fg=white,bg=black,bright      ⓬
```

❶ 設定狀態列資訊更新頻率為每 60 秒更新一次
❷ 設定左側顯示內容
❸ 設定左側內容最大長度
❹ 設定中間內容置中顯示
❺ 設定右側顯示內容以及前景 / 背景顏色
❻ 設定狀態列前景顏色
❼ 設定狀態列背景顏色
❽ 開啟視窗內容變化監控
❾ 關閉視窗內容變化時的訊息提示
❿ 降低非使用中視窗標題比較度和亮度
⓫ 反白顯示目前視窗標題
⓬ 反白顯示狀態列訊息

以上狀態列設定採用了簡潔實用的風格，但實際上 tmux 的狀態列和 Zsh 提示符號、Vim 狀態列一樣，可以打造得極其炫酷。在搜尋引擎裡輸入 tmux status bar，能找到很多顛覆你對互動列傳統認知的設定指令稿。分析把玩這些充滿美感和創意的作品也是互動列愛好者的一大樂趣。

至此，我們的工作空間組織工具本身已經設定得比較好用了，美中不足的是每次啟動和檢視 tmux 都要敲一大串指令，可以用 4.6 節介紹的 shell alias 技術簡化輸入，例如筆者常用下面兩個別名，如程式清單 8-50 所示。

程式清單 8-50　常用的 tmux 指令別名

```
> alias tn='tmux new -A -s'
> alias tl='tmux ls'
> alias ta='tmux attach -t'
```

現在你可以用 tn mysession 來建立新的 tmux 工作了。如果忘記了已經建立過哪些工作，用 tl 列出工作名稱，然後用 ta mysession 回到上次離開時的狀態。

如果連 tl 都懶得敲也不要緊，直接使用 tn mysession 即可。tmux new 的 -A 選項會幫你檢查 mysession 是否存在，如果存在就連接（相當於 attach 指令），否則建立一個新工作。

tmux 目前處於活躍發展階段，不斷推陳出新滿足開發者的各種需求。例如 tmux 服務很好解決了長時間執行一項工作，又不想放到後台的問題。但如果系統需要重新啟動就比較麻煩了，要關閉所有 tmux 視窗，重新啟動後再依次開啟，為了讓 tmux 服務能夠跨越系統關閉這個界限，人們想出了很多方法，例如：

☐ tmux-plugins/tmux-resurrect

☐ tmuxinator/tmuxinator

另外，隨著 tmux 功能越來越多，如何合理組織程式，同時鼓勵更多開發者參與進來呢？於是有人寫了 tmux 的外掛程式管理員 tpm……這樣的創意還有很多，等著你去探索，並做出自己的貢獻。

◎ 8.3　常用執行緒和服務管理指令一覽

表 8-2 和表 8-3 分別列出了常用的執行緒管理指令和服務管理指令。

表 8-2　常用執行緒管理指令

指令	實現功能
fg	將執行緒放入前台
bg	將執行緒放入後台
Ctrl-c	中斷執行緒（向執行緒發送 SIGINT 訊號）
Ctrl-z	暫停執行緒

指令	實現功能
&	讓執行緒啟動自動進入後台執行狀態
kill	向執行緒發送訊號
pgrep	按名稱搜尋執行緒
pkill、killall	按名稱終止執行緒
jobs	列印工作狀態
ps aux|grep <process-info>	列印某個執行緒的詳細資訊
pstree	列印執行緒樹

表 8-3　常用服務管理指令

指令	實現功能
disown	從作業列表中移除執行緒
nohup	執行緒啟動後中斷與目前 shell 的聯絡獨立執行
systemctl start/stop/restart <service-name>	啟動 / 停止 / 重新啟動服務
systemctl enable/disable <service-name>	開啟 / 關閉系統時自動執行服務

⊙ 8.4 小結

本章我們將焦點從使用工具轉向管理和組織，尤其是針對執行中應用的管理和組織。

在管理部分，我們首先介紹了 *nix 系統執行時管理的幾個核心概念：執行緒、執行緒樹、訊號、前後台等，以及以訊號為基礎管理執行緒的各種工具和使用方法。

接下來我們認識了一種特殊類型的執行緒：服務，介紹了它的使用場景、如何與普通執行緒互相轉化，以及如何借助 systemd 提供的工具管理服務。

第 1 部分的最後我們討論了監控系統狀態工具的使用方法，以及解決桌面環境卡頓甚至崩潰的方法。

第 2 部分的主題是如何佈建工作環境：將手頭的所有工作按工作（task）、視窗（window）和面板（pane）進行分解（對於簡單工作，視窗下面常常不需要再分解為面板），也就是 TWP 模型。然後我們了解了如何以終端重用應用 tmux 為基礎實現 TWP 模型，如何在 tmux 中管理工作、視窗和面板，以及它的說明系統和訂製方法。

TWP 模型不依賴於任何特定的系統或工具，雖然 tmux 是目前 *nix 平台上最好的工作群組織工具，但當技術的進步為我們提供了更好的工具後，依然可以方便地在新平台上實現 TWP 的原則。這是我們一貫堅持的從一般到特殊，但並不被特殊束縛的工作原則。

附錄 A

盲打指南

⊘ A.1 鍵盤

許多人不習慣使用互動列的原因是沒有養成正確使用鍵盤的習慣，使用鍵盤輸入時非常慢，而滑鼠、觸控板和觸控式螢幕則沒有什麼使用門檻，久而久之形成了能不用就不用鍵盤的思維定式。

作為資訊消費者，這樣的選擇無可厚非。但對於以收集、處理、創造資訊為職業的資料分析師或應用程式開發者，鍵盤仍然是目前效率最高的輸入裝置，用好它是成功職業生涯的基礎之一，也是體驗職業樂趣的關鍵所在。

加強鍵盤使用效率的關鍵在於盲打，即打字時眼睛只看螢幕，不看鍵盤，憑一套定位方法（F 鍵、J 鍵上的凸起）和肌肉記憶，以基本和思維同步的速度向電腦輸入資訊。

現在最流行的是 QWERTY 鍵盤，如圖 A-1 所示。

圖 A-1　QWERTY 鍵盤 [a]

---

a　該圖片由 OpenClipart-Vectors 在 Pixabay 上發佈。

另外還有 Dvorak 等佈局方式，但都不如 QWERTY 佈局流行。

QWERTY 鍵盤上，字母鍵區第 2 行的 "ASDFJKL;" 這 8 個鍵叫作 home row keys，即左右手 8 個手指（不包含拇指）在鍵盤上的初始位置。每次按鍵如果需要移動手指，按鍵結束後返回初始位置，再進行下一次按鍵動作。每個按鍵分配給一個固定的手指，以形成固定的按鍵動作，如圖 A-2 所示。

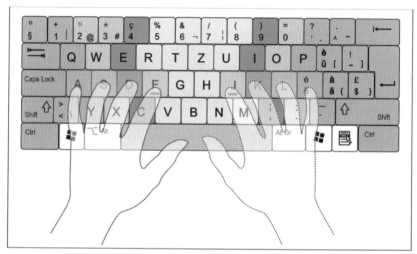

圖 A-2　盲打時按鍵的手指分工 [a]

了解了手指分工後，可以透過盲打練習應用進行專門訓練，例如 GNU Typist，執行 sudo apt install gtypist 安裝，然後執行 gtypist 啟動。如果不想安裝應用，也可以搜尋 touch typing online（或 "線上盲打練習"）在網站上線上練習。當然，最重要的是在日常工作中堅持正確的打字方法，即使開始慢一點，也會很快形成肌肉記憶，越打越流暢。

---

a　Cy21, CC BY-SA 3.0, via Wikimedia Commons。

◯ A.2 調整鍵盤設定

由於鍵盤設定種類繁多，而人手有大有小，手指長短和靈活程度不同，因此，有時候有必要根據我們自己的需求調整鍵盤設定（鋼琴演奏家表示完全不需要改鍵位）。不存在所有人在所有場景下都適用的修改方案，整體原則是：手腕和其他手指不動，只移動小指就能輕鬆按到 Ctrl 鍵和 ESC 鍵。

例如在 Linux 系統中使用 104 鍵鍵盤，最後一排鍵位從左到右依次為：Ctrl、Win、Alt、空格、Alt、Win、Menu、Ctrl。我們要將左側的 Ctrl 鍵和 Win 鍵對調位置，右側的 Ctrl 鍵和 Win 對調，這樣蜷曲小指就能方便地按到左右 Ctrl 鍵，然後將 ESC 鍵和 Caps Lock 鍵對調，透過 setxkbmap 能夠方便地實現上述要求：

```
echo "setxkbmap -option caps:swapescape -option ctrl:swap_lwin_lctl -option
ctrl:swap_rwin_rctl" >>
~/.xsessionrc
```

再例如 Windows 10 筆記型電腦上，空白鍵變短，不需要對調 Ctrl 鍵和 Win 鍵，只需對調 ESC 鍵和 Caps Lock 鍵，這可以透過開放原始碼應用 AutoHotkey 實現。

安裝 AutoHotkey 後，撰寫入檔案 hotkeys.ahk，內容為：

```
Capslock::ESC
ESC::Capslock
```

然後開啟 Windows 的 "啟動" 目錄（快速鍵 Win+R 開啟 "執行" 交談視窗，輸入 shell:startup 並按確認鍵），將 hotkeys.ahk 檔案複製到 "啟動" 目錄下。

這樣每次系統啟動時會自動執行指令稿 ~/.xsessionrc（Linux 系統）或 hotkeys.ahk（Windows 系統），調整鍵位佈局。

附錄 B

推薦資源

⊚ B.1 常用生產力工具

下面列出了幾款開放原始碼、跨平台的圖形應用，與互動列環境配合，共同建構便捷高效的工作環境。

- ☐ 瀏覽器：Chromium、Firefox。
- ☐ 瀏覽器 vi 模式外掛程式：surfingkeys。
- ☐ 剪貼簿管理：copyq，它可以將每一次複製都儲存下來，後續可以方便地選擇其中一項剪貼。
- ☐ 英語字典
  - ■ 本機詞典（不需要上網）：GoldenDict。
  - ■ 線上詞典（需要上網）：Saladict。
- ☐ 管理和閱讀電子書：calibre。

⊚ B.2 閱讀書目和網路資源

如果你希望更詳細地了解 shell 以及 shell 程式設計，推薦閱讀以下圖書。

- ☐ 《Linux 互動列與 shell 指令稿程式設計大全（第 3 版）》（Richard Blum，Christine Bresnahan）
- ☐ 《shell 指令稿實戰（第 2 版）》（戴夫 · 泰勒，布蘭登 · 佩里）

如果你希望了解 *nix 系統、開放原始碼運動、軟體工程的發展歷史和思維脈絡，推薦閱讀以下資料。

☐ "Unix Way"

☐ 《Linux/Unix 設計思想》（Mike Gancarz）[a]

☐ 《大教堂與集市》（Eric Raymond）

☐ 《駭客與畫家》（Paul Graham）[b]

☐ 《人月神話》（Fred Brooks）

如果你對互動列中的資料分析特別有興趣，不妨閱讀 Jeroen Janssens 的《互動列中的資料科學》[c]。

如果你對電腦、程式設計、資訊處理的歷史，以及作為人類所有科技發展基礎的科學哲學發展史有興趣，不妨閱讀以下圖書。

☐ 《電腦簡史（第三版）》（馬丁·坎貝爾－凱利，威廉·阿斯普雷，南森·恩斯門格，傑佛瑞·約斯特）[d]

☐ 《程式設計》（Charles Petzold）

☐ 《資訊簡史》（詹姆斯·格雷克）[e]

☐ 《世界觀（原書第 3 版）》（Richard DeWitt）

最後，對沖基金公司橋水的創始人 Ray Dalio 將演算法和資料分析技術引用投資領域，把經驗歸納成演算法，再透過不斷累積的事實和資料修正並增強演算法，在管理風格上強調極度求真和極度透明，與開放原始碼運動的精神高度契合。他的《原則》一書是採用這種方式工作和生活的精彩歸納，有很高的參考價值。

---

a 本書已由人民郵電出版社出版，詳見 ituring.cn/book/800。——編者註

b 本書已由人民郵電出版社出版，詳見 ituring.cn/book/39。——編者註

c 本書已由人民郵電出版社出版，詳見 ituring.cn/book/1539。——編者註

d 本書已由人民郵電出版社出版，詳見 ituring.cn/book/2829。——編者註

e 本書已由人民郵電出版社出版，詳見 ituring.cn/book/731。——編者註

$\boxed{後記}$

讓我們一起創造歷史

本書的兩位作者就職於一家資料分析公司，開發主要面對能源領域的資料分析和人工智慧演算法，工作充實，歲月靜好。然而隨之而來的 2020 年卻意外頻發、動盪不安。和無數普通人一樣，我們也猝不及防地見證並參與了這個註定寫入人類歷史的關鍵年份。20 世紀 90 年代以來，以網際網路為代表的開放合作、科技創造美好未來的樂觀氣氛日漸消散，取而代之的是商業巨頭主導的資訊門檻高築，以及貿易保護主義、種族主義和激進的民族主義逐漸抬頭，這些都讓我們這個並不寬敞的地球村愈發窘迫。

但我們始終堅信只有真誠合作和科技進步才是解決人類所面臨的問題的出路。作為一本技術普及書，我們希望本書能夠讓更多對互動列有興趣的讀者，以非常低的成本享受科技進步在知識收集、提煉和生產方面帶來的極大紅利。

本書使用了多種工具完成工作目標，這些工具的選擇原則如下。

☐ 在滿足功能的前提下，儘量簡單、透明，避免使用者被沉沒成本鎖定。

☐ 開放原始碼優於閉源：開原始程式碼不屬於任何特定的組織和個人，是全人類的知識財富。

☐ 對於不強調效能的應用，指令稿優於二進位檔案。

☐ 簡單指令稿優於複雜應用，例如在不考慮其他因素的前提下，asdf 優於 Homebrew。

開放和包容是開放原始碼社區活力的泉源，我們不是歷史的旁觀者，我們正在參與和塑造歷史。在此，我鄭重邀請正在閱讀本書的各位參與進來，貢獻你的力量，讓世界變得更美好！最後，如果本書在你成為創造者和開發者的道路上造成了一點作用，乃至為開放原始碼社區做出些許貢獻，將會是筆者最大的榮幸。